铜冶金用镁铬耐火材料

李　勇　于仁红　陈开献　薛文东
陈俊红　陈　卓　蒋明学　孙加林　编著

北　京
冶　金　工　业　出　版　社
2014

内容简介

本书较详细地介绍了镁铬耐火材料的制备、性能及在铜冶金窑炉中的应用。主要内容包括：铜冶金用常见窑炉，镁质和镁铬质耐火原料，镁铬耐火材料的组成、结构与性能，以及镁铬耐火材料在闪速炉、其他熔炼炉和转炉中的应用。本书采用理论与实践相结合的方式，以大量近年来的科研成果为实例来说明和分析问题，既有一定的理论深度又有较强的实用性。

如何有效延长窑炉的使用寿命是耐火材料工作者和用户共同面临的课题。为此，编著本书以助冶金技术人员了解耐火材料，耐火材料技术人员熟悉铜冶金工业的窑炉工况和炉衬损坏原因，从而实现提高镁铬耐火材料使用寿命的目的。

本书可供从事耐火材料与有色冶炼工作的科技人员使用，也可供高等学校相关专业师生参考。

图书在版编目(CIP)数据

铜冶金用镁铬耐火材料/李勇等编著.—北京：冶金工业出版社，2014.1
ISBN 978-7-5024-6422-6

Ⅰ.①铜…　Ⅱ.①李…　Ⅲ.①炼铜—铬镁砖—耐火材料
Ⅳ.①TF811　②TQ175.71

中国版本图书馆CIP数据核字(2013)第263293号

出 版 人　谭学余
地　　址　北京北河沿大街嵩祝院北巷39号，邮编100009
电　　话　(010)64027926　电子信箱　yjcbs@cnmip.com.cn
责任编辑　于昕蕾　美术编辑　彭子赫　版式设计　孙跃红
责任校对　禹　蕊　责任印制　牛晓波
ISBN 978-7-5024-6422-6
冶金工业出版社出版发行；各地新华书店经销；北京慧美印刷有限公司印刷
2014年1月第1版，2014年1月第1次印刷
169mm×239mm；14.5印张；9插页；302千字；220页
50.00元
冶金工业出版社投稿电话：(010)64027932　投稿信箱：tougao@cnmip.com.cn
冶金工业出版社发行部　电话：(010)64044283　传真：(010)64027893
冶金书店　地址：北京东四西大街46号(100010)　电话：(010)65289081(兼传真)
（本书如有印装质量问题，本社发行部负责退换）

序

****

20世纪80年代以来，我国的铜冶金技术得到快速发展。耐火材料作为容器材料并参与了高温反应过程各个物理化学环节，在冶炼技术的发展中起到了支撑作用，共同推进了冶炼技术的发展。作为重有色冶炼的基础材料，碱性耐火材料在这一时期也得到了迅速的发展。从江西铜业公司贵溪冶炼厂150t铜转炉风口砖国产化开始，我国碱性耐火材料品质和装备水平得到快速发展。在辽宁开始菱镁矿的提纯、高纯镁砂制备的工业化研制和铬铁矿的选矿工艺研究的同时，中钢耐火材料有限公司（原洛阳耐火材料厂）建立中试车间，在引进日本耐火材料高温烧成技术的基础上建成了53.6m高温隧道窑，使我国铜冶炼用耐火材料从硅酸盐结合镁铬耐火材料提高为直接结合镁铬耐火材料，表明碱性耐火材料生产达到一个新水平。国家进而在“七五”“八五”和“九五”期间陆续安排甘肃金川公司引进铜镍闪速炉用耐火材料的国产化工作和具有自主知识产权的白银炼铜法用耐火材料品质提升和优化配置工作。项目的完成使我国重有色金属冶炼用耐火材料不仅能自足而且可以实现出口，其生产和使用水平已经达到一个新的台阶。本书是在此背景下完成的。

在我国铜冶炼碱性耐火材料的发展中，本书作者作为技术专家、学术带头人或生产组织者，在耐火材料领域做出了重要的贡献。他们是我国自己培养的耐火材料领域博士，长期处在耐火材料的生产、科研和教学第一线，致力于提高耐火材料的科学性。他们结合我国资源条件的特点，为碱性耐火材料的改进、创新提供了有效的支持。本书既是我国铜冶炼用碱性耐火材料的总结，也融汇了他们的研究成果和生产经验。此书的出版有助耐火材料工作者和冶金工作者了解中国重有色金属冶炼用镁铬耐火材料的水平和发展历程，以便更加合理高效地使用。

北京科技大学教授 **洪彦若**

2013年10月

前　言

****

铜火法冶金用耐火材料在质量和品种方面与钢铁冶金有明显不同的特点。炼铜工业所用矿石多为硫化矿，冶炼过程中产生大量的SO_2、SO_3气体，炉渣多为FeO-SiO_2系，但造渣时间长，渣量大，故耐火材料基本以镁质和镁铬质耐火材料为主。近三十年来，我国铜冶金技术发展迅速，世界范围内成熟的铜熔炼技术几乎都在中国得到应用。伴随着冶金过程的强化，对耐火材料的使用性能要求越来越高，冶金工作者和耐火材料工作者经过不懈努力和联合攻关，攻克了一个又一个难题，使我国铜冶金用耐火材料的品质全面提升，并在生产实践中不断改进和完善；不仅实现了铜冶金炉用耐火材料的国产化，而且实现了铜冶金技术和装备的成套出口，实现了中国冶金技术的跨越式发展。回顾和记录这段历史是编著此书的主要目的。

提高冶金炉的使用寿命和实现不同使用部位的优化配置是耐火材料工作者和冶金工作者共同的课题。编著本书以助冶金技术人员了解耐火材料，耐火材料技术人员熟悉铜冶金炉工况和炉衬损坏机理，从而提高耐火材料使用寿命并实行优化配置。

李勇、于仁红、陈开献、薛文东、陈俊红、陈卓、蒋明学、孙加林等参加了本书的撰写工作。前言、第2~4章、附录由北京科技大学李勇教授、薛文东副教授、陈俊红副教授和孙加林教授编写，中南大学陈卓副教授参加了第4章的编写工作。第1章、第5章、第6章由河南科技大学于仁红副教授、佛山市诚泰材料有限公司总经理陈开献和西安建筑科技大学蒋明学教授编写，姚俊峰参加了第6章的部分编写工作。全书由李勇和于仁红统稿。

本书撰写过程中得到中钢集团洛阳耐火材料研究院资深专家陈肇友教授、北京科技大学洪彦若教授、中南大学梅炽教授和中钢耐火材料有限公司薄均等领导和专家的支持，在此衷心地表示感谢。李玉山为本书第2章提供了部分镁砂照片，特此表示感谢。

我们力求把最新的科研成果和信息奉献给读者，但由于编著者水平所限，阐述的内容难免有疏漏和不妥之处，敬请专家和读者批评指正。

作　者

2013年9月

目　录

****

1　铜冶炼用热工设备

****

1.1　铜的性质与用途

铜（Copper）是人类最早发现和使用的金属。铜元素符号为Cu，原子序数为29，相对原子质量为63.546，属元素周期表第4周期ⅠB族元素，是一种最重要的重有色金属。铜的晶体结构为面心立方晶格。纯铜具有十分良好的延展性，可加工成很细的丝和很薄的片。此外，铜还是优良的导电和导热体，其导电和导热能力在金属中仅次于银。常温下，铜为固体，新断面呈紫红色。铜的主要物理性质见表1-1。

表1-1　铜的主要物理性质

性　质	数　值	性　质	数　值
熔点 T/K	1356.6	密度 ρ/kg·m^{-3}	8960（293K）
沸点 T/K	2840		7940（熔点时）
熔化热 Q/kJ·mol^{-1}	13.0	线膨胀系数 α/K^{-1}	16.5×10^{-6}（293K）
汽化热 Q/kJ·mol^{-1}	306.7	电阻率 μ/Ω·m	1.673×10^{-8}（293K）
		热导率 λ/W·(m·K)$^{-1}$	401（300K）

铜的用途十分广泛，一直是电气、轻工、机械制造、交通运输、电子通信、军工等行业不可缺少的重要原材料。铜在电气、电子工业中应用最广、用量最大，占总消费量一半以上。铜主要用于各种电缆和导线、电机和变压器的绕阻、开关以及印刷线路板等。在机械和运输车辆制造中，用于制造工业阀门和配件、仪表、滑动轴承、模具、热交换器和泵等。在国防工业中用以制造子弹、炮弹、枪炮零件等，每生产100万发子弹，需用铜13～14t。在建筑工业中，用做各种管道、管道配件、装饰器件等。

1.2　铜的生产方法与流程

铜矿物原料的冶金方法可分为火法冶金和湿法冶金两大类。目前世界精铜产量的80%以上是用火法冶金从硫化铜精矿和再生铜中回收的，湿法冶金生产的精铜只占15%左右。火法炼铜的工艺流程如图1-1所示。

由图1-1可见，火法生产铜的基本过程可分为三个阶段：一是硫化铜精矿的

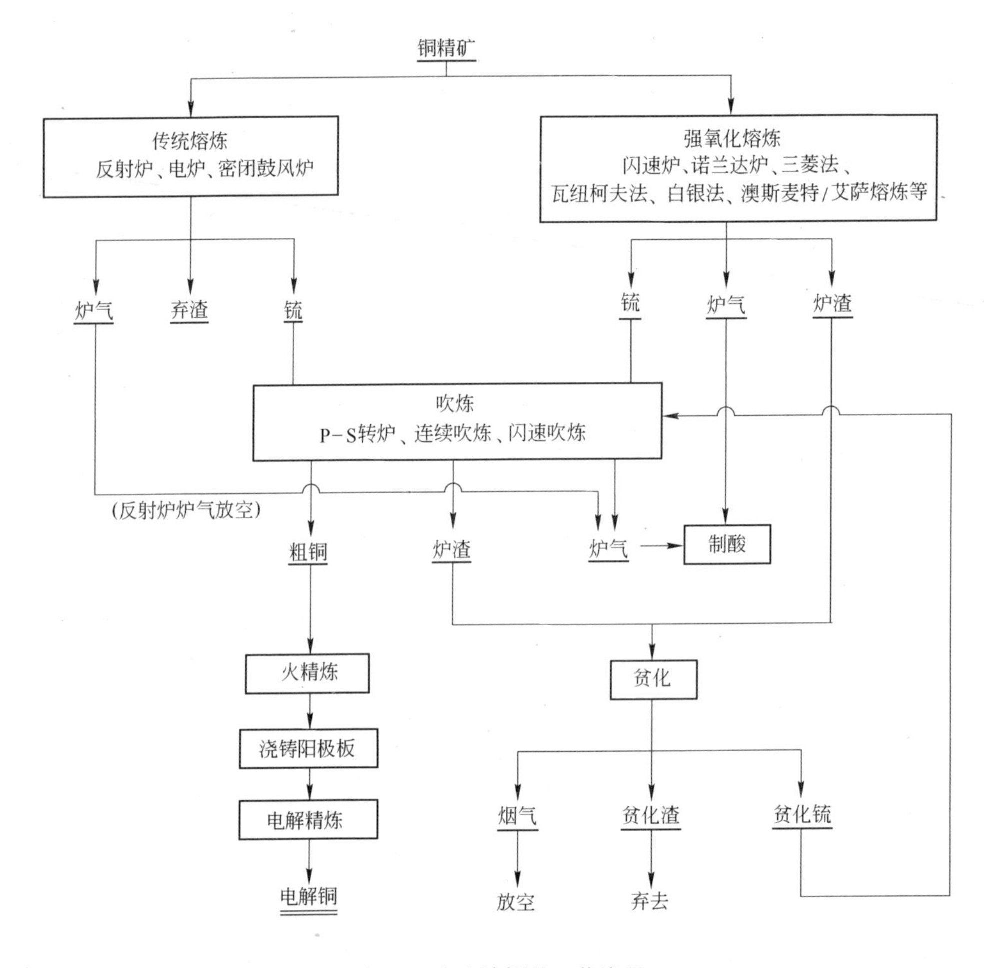

图 1-1 火法炼铜的工艺流程

造锍熔炼，即将浮选后得到的硫化精矿通过熔炼炉熔炼制得铜锍；二是铜锍的吹炼，通过吹炼炉将铜锍脱硫制成粗铜；三是粗铜的精炼与浇铸，即利用精炼设备对粗铜进行成分调整和优化，然后浇铸制得阳极铜。以下就这三个阶段的主要热工设备进行介绍。

1.3 铜锍熔炼用热工设备及所用耐火材料

铜锍熔炼是火法炼铜最重要的冶炼过程，传统熔炼方法是在鼓风炉、反射炉和电炉内进行，这种工艺的主要缺点有两方面：一是不能充分利用炉料中硫化物氧化的化学反应热作为能量，矿物燃料量或电能消耗大；二是产出的 SO_2 烟气浓度低，不能经济地生产硫酸，对环境造成严重污染。因此，传统熔炼工艺正逐渐被高效、节能和低污染的强化熔炼新工艺取代。

近半个世纪来，不少新的强化熔炼工艺已在工业上推广应用，可归纳为两大类：一类是闪速熔炼方法，如奥托昆普闪速熔炼、Inco 氧气闪速熔炼、旋涡顶吹熔炼、氧气喷撒熔炼等；另一类是熔池熔炼方法，如诺兰达熔炼、三菱法熔炼、特尼恩特转炉熔炼、澳斯麦特/艾萨熔炼、瓦纽柯夫法、卡尔多炉熔炼、氧气顶吹熔炼、白银法和水口山法等。这些方法的共同特点是运用富氧技术，强化熔炼过程，充分利用精矿氧化反应热量，在自热或接近自热的条件下进行熔炼，产出高浓度 SO_2 烟气以便有效地回收硫，制造硫酸或其他硫产品，消除污染，保护环境，节约能源，获取良好的经济效益。

1.3.1 闪速熔炼工艺

闪速熔炼（flash-smelting）是一种迅速发展起来的强化冶炼法，它将焙烧、熔炼和部分吹炼过程置于一个设备——闪速炉内结合进行，是现代火法炼铜的主要方法。其主要工艺为：将经过深度脱水（含水量小于 0.3%）的粉状硫化精矿，在喷嘴中与空气或氧气混合后，以高速度（60～70m/s）从反应塔顶部喷入高温（1450～1550℃）的反应塔内。由于精矿颗粒悬浮在高温氧化性气流中，因此会迅速（2～3s）完成硫化矿物的分解、氧化反应和熔化等过程，故称之为闪速熔炼。生成的铜锍和炉渣在沉淀池中分离，并分别由放锍口和渣口排出，烟气从上升烟道进入废热锅炉及收尘、制酸系统。

闪速熔炼炉主要有两种，芬兰奥托昆普型闪速炉和加拿大 Inco 型闪速炉。芬兰奥托昆普型闪速炉（图 1-2）是一种直立的 U 型炉，主要包括垂直的反应塔、水平的沉淀池和垂直的上升烟道三部分。其主要特点是精矿从反应塔顶部垂直吹入炉内，用预热空气或预热富氧空气氧化和熔炼精矿。加拿大 Inco 型闪速炉（图 1-3）的主要特点是精矿从炉子端墙上的喷嘴水平喷入炉膛，采用不预热的工业氧来氧化熔炼精矿。

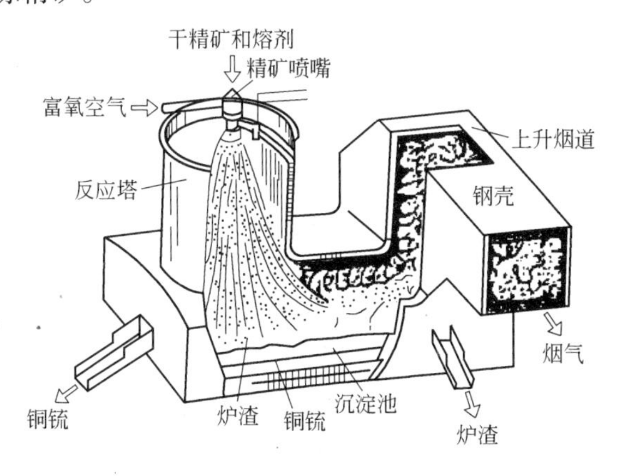

图 1-2 芬兰奥托昆普型闪速炉

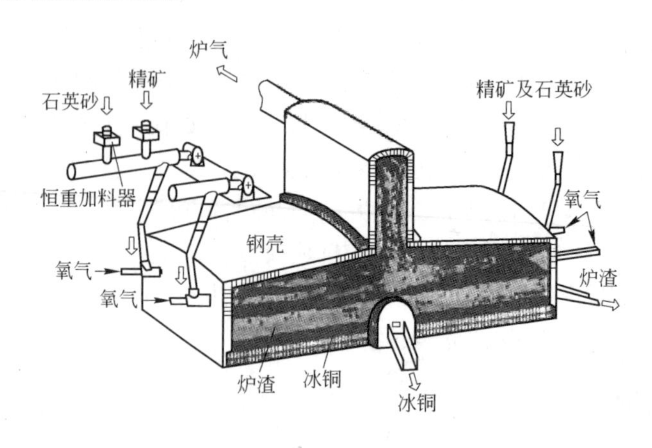

图 1-3 加拿大 Inco 型闪速炉

闪速熔炼法于 1949 年首先在芬兰奥托昆普公司的哈里亚阀尔塔炼铜厂应用于工业生产，至今已经历了 60 余年的历程。与传统熔炼方法相比，闪速熔炼因充分利用了粉状硫化精矿的巨大比表面积和反应放热，故具有能耗低、烟气含 SO_2 浓度高、生产效率高和能产出高品位冰铜等优点。因此，此法在全世界迅速发展，目前已广泛应用于熔炼铜和铜镍硫化精矿，以及处理硫化铅精矿及黄铁矿精矿等。据不完全统计，目前全世界 27 个国家已建闪速炉 60 余座，其中奥托昆普型闪速炉 48 座。闪速熔炼炼铜的生产能力约占粗铜冶炼能力的 50%。此外，闪速炉不仅是铜生产中的主要的熔炼设备，而且已开始取代传统的 P-S 转炉作为连续吹炼设备。

我国自 1985 年贵溪冶炼厂首次引进炼铜闪速炉以来，已陆续建立了许多闪速炉。国内闪速炉的情况见表 1-2。

表 1-2 中国已建闪速炉的概况

公 司 名 称	地 点	用 途	建立年份
江西铜业集团	贵溪	Cu 熔炼	2007
阳谷祥光铜业有限公司	阳谷	Cu 吹炼	2007
		Cu 熔炼	
金隆铜业有限公司	铜陵	Cu 熔炼	1997
金川有色公司	金昌	Ni 熔炼	1992
江西贵溪冶炼厂	贵溪	Cu 熔炼	1985

闪速熔炼法不足之处在于：对精矿干燥的要求高（含水小于 0.3%）；渣含铜高，炉渣需经贫化后才能弃去；附属设备复杂，对耐火材料质量要求高。

闪速炉主要由反应塔、沉淀池与上升烟道等构成。各部分用耐火材料介绍如下。

（1）反应塔。反应塔是闪速炉最重要的组成部分，含精矿粉的气固两相流由塔顶高速喷入，并在塔的上部瞬间完成化学反应并熔化成熔流高速向下运动进入沉降池。因此，气固两相和高温高速熔体对塔衬高速冲刷、侵蚀、磨蚀非常严重，反应塔内衬普遍采用镁铬砖，塔的钢壳采用淋水冷却降温。反应塔上部温度较低，约为900～1100℃，氧分压较高，塔壁形成了Fe_3O_4保护层，内衬采用直接结合镁铬砖；中下部温度较高，为1350～1550℃，并受熔体沿表面迅速流动与冲刷，炉衬易磨损、熔蚀，多采用熔铸镁铬砖作内衬并有水冷铜套加以保护；塔顶为球顶或吊挂平顶结构，通常用烧成镁铬砖吊挂砌筑，砖厚为350～450mm。

（2）沉淀池。沉淀池为长方形熔池，高为2.5～5m，宽为3～10m。沉淀池主要作用是进一步完成造渣反应并沉淀分离熔体。沉淀池的耐火材料工作环境也很恶劣，反应塔下部沉淀池的端墙和侧墙受高速下落的高温气流和熔体冲刷、侵蚀，与反应塔壁的工作条件相似。渣线区的炉墙，由于熔池液面不停波动冲刷是破坏最快的部位，该部位的镁铬耐火材料要求具有良好的抗锍渗透性和炉渣的侵蚀性。由于侧墙和炉顶承受夹带熔体和烟尘的高温烟气的冲刷、侵蚀，炉底承重并受高温和化学侵蚀，这些部位除用再结合镁铬砖砌筑外，同时设置水平铜板水套、冷却铜管，并在渣线附近的耐火砖外侧设置倾斜铜水套。沉淀池顶也是受高温气流冲刷严重的部位，通常在轴向上设带翅片水冷钢管外包耐火浇注料，上部为通冷却水的“H”型水冷梁夹砌在炉顶烧成镁铬砖中，以防止沉淀池顶的轴向变形。

（3）排烟道。排烟道主要承受夹带熔渣和烟尘的高温烟气的冲刷、侵蚀，一般采用直接结合镁铬砖砌筑。

1.3.2 澳斯麦特熔炼与艾萨熔炼工艺

1.3.2.1 澳斯麦特熔炼与艾萨熔炼

澳斯麦特熔炼法与艾萨熔炼法是20世纪70年代由澳大利亚联邦科学工业研究组织（Common-wealth Scientific and Industrial Research Organization）矿业工程部J. M. Floyd博士领导的研究小组发明的，起初以“赛洛”（CSIRO，该组织的缩写）命名。最早的赛洛熔炼小型试验炉主要处理炉渣和锡的还原，随后与澳大利亚的锡冶炼厂、电解精炼和冶炼有限公司、铜精矿有限公司和芒特艾萨矿业有限公司合作建立了较大规模试验厂。1980年，规模为4t/h的赛洛喷枪锡烟化半工业试验炉投产。同年，Floyd离开赛洛并建立了澳斯麦特公司。赛洛喷枪锡烟化半工业试验炉在试验完毕后被出售给了芒特艾萨矿业公司，重新进行了安装，成为铅冶炼试验厂。以后，芒特艾萨公司又向本国和外国出售了基于试验成功的“赛洛”熔炼技术，即现在大家所熟悉的艾萨熔炼法。Floyd的澳斯麦特公司与

CSIRO 重新谈判取得执照权后的该技术则称之为澳斯麦特熔炼法。澳斯麦特法和艾萨法的基础都是“赛洛”喷枪浸没熔炼工艺，两者具有共同的祖先。拥有喷枪技术的这两家公司，按各自的优势和方向，延伸并提高了该项技术，形成了各具特点的澳斯麦特法和艾萨法。

1.3.2.2 澳斯麦特熔炼炉与艾萨熔炼炉

澳斯麦特熔炼炉/艾萨熔炼炉是一直立的圆筒形炉体，内衬镁铬砖，有的外壳采用水幕冷却，炉体下部外壳和耐火砖之间衬有水套。喷枪从炉顶中心的插孔插入。将冶炼气体和燃料输送到渣面下的液态层中，喷枪头由不锈钢制成，正常操作时浸没于熔渣层内，将工艺气体喷射进炉渣层中。炉子上部设有加料口，各种物料由皮带输送，通过溜槽由加料口加入。烟道设于顶部，出口倾斜。炉体下部有两个排放口，可将冰铜和炉渣的混合物放入沉降炉中进行分离。冰铜送往吹炼炉，炉渣水淬后出售。澳斯麦特炉型与艾萨炉型分别如图 1-4 和图 1-5 所示。

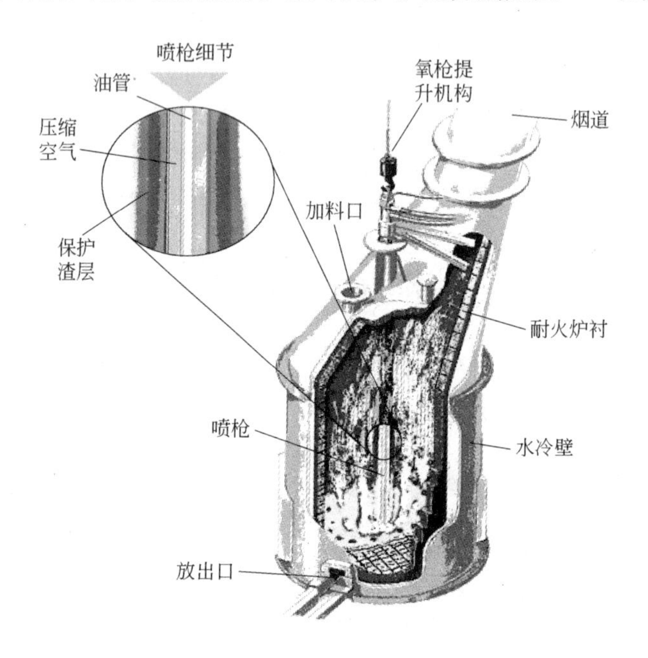

图 1-4 澳斯麦特熔炼炉结构示意图

1.3.2.3 澳斯麦特工艺与艾萨工艺的区别

澳大利亚芒特艾萨矿业公司（MIM）和澳斯麦特股份有限公司（Ausmelt Limited）共同拥有 TSL 技术，但经过多年的发展，两家的技术略有不同，各具特色。主要区别在于：

（1）MIM 采用精矿配碎煤的方式补充燃料，而 Ausmelt 采用喷枪喷粉煤燃烧的方式补充燃料。

（2）MIM 采用间断放熔体的排放方式，而 Ausmelt 采用溢流的方式连续排放熔体。

（3）两者炉体上部结构存在差别（图 1-4、图 1-5），其他部分大同小异。

（4）这两种熔炼炉有时炉体外壳采用水幕冷却，有时无水幕冷却。区别在于：前者靠水幕冷却来提高热导率，维持炉内温度的相对稳定，从而提高炉衬寿命，但能源消耗量大；后者靠炉体内"自燃熔炼"有效地节约能源维持相对稳定的炉温来维持炉子的寿命。

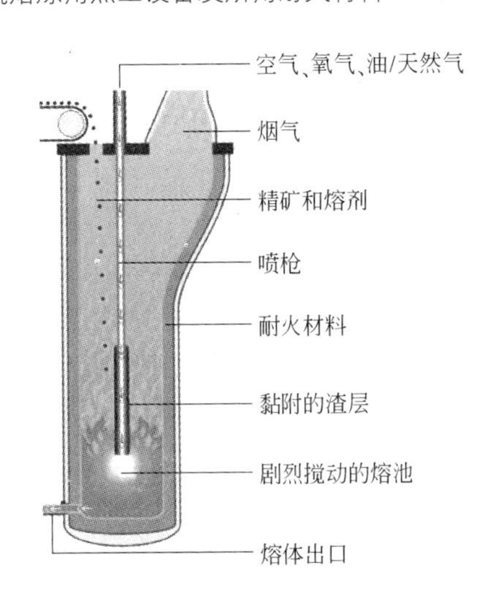

图 1-5 艾萨熔炼炉结构示意图

由于澳斯麦特/艾萨熔炼工艺具有熔炼速度快、建设投资少、原料适应性强、炉体密封性好、符合环保要求等优点，因此在有色冶金工业具有较广泛的应用，具体包括锡精矿熔炼，硫化铅精矿、铜精矿熔炼，炉渣烟化，阳极泥熔炼，铅锌渣、镍浸出渣的处理等。目前，采用澳斯麦特/艾萨熔炼技术的冶炼厂除了澳大利亚外，在荷兰、津巴布韦、韩国、印度、法国、德国、秘鲁、美国等国已达 20 余家。我国自 1999 年中条山有色金属公司侯马冶炼厂引进澳斯麦特技术后，2002 年云南铜业引进的艾萨炉和云南锡业公司引进的澳斯麦特炉也相继建成并投产，2003 年铜陵有色金属公司也采用了澳斯麦特熔炼炉来改造原有的工艺。

但这一熔炼技术对耐火材料要求较为苛刻。澳斯麦特/艾萨炉炉底工作衬一般采用镁质耐火材料，如镁铬捣打料等材质。炉墙则采用耐高温、耐冲刷、导热性能好的直接结合镁铬砖或熔铸镁铬砖等优质镁铬耐火材料。此外，对引进的技术消化吸收后，陈肇友等人通过热力学分析指出，铬铝尖晶石耐火材料是澳斯麦特/艾萨铜熔炼炉用适宜的耐火材料。

1.3.3 诺兰达熔炼工艺

诺兰达熔炼工艺是将铜精矿、石英石、燃料、返料等按冶金计算出的比例混合，通过抛料机从炉头抛入炉内，富氧空气从炉子一侧靠近加料端的一排浸没风眼鼓入，使熔体维持强烈搅动状态。熔体中的硫与铁元素在鼓风吹炼区与鼓入的氧气发生强烈的氧化反应，产生的反应热为熔炼热收入的主要来源。热能不足的部分由随炉料加入的燃料及炉头燃烧器补充。该炉子沿长度方向分成吹炼区（或称反应区）和沉淀区。在吹炼区产生的铜锍与炉渣的熔体流到沉淀区澄清分离。铜锍口设在与风眼同一侧的沉淀区，高品位（65% ~73%或更高）的铜锍从该放出口放进铜锍包，再倒入转炉吹炼。含铜约5%的熔炼炉渣从炉尾一端放出或用包子装运到缓冷场缓冷，经破碎、磨浮选矿，回收渣中铜和铁，或直接进入电炉将渣进行贫化。烟气从反应炉炉口排出，经水冷密封烟罩、余热锅炉（或喷雾冷却烟道）、电收尘器送往硫酸系统制酸。

诺兰达反应炉是一个卧式圆筒形可转动的炉子，类似于常规吹炼铜锍的转炉，其结构如图1-6所示。在50mm或70mm厚的钢板卷成的钢壳内衬有镁铬质高级耐火材料。炉体支承在托轮上，驱动装置使炉体可在一定范围内正、反向转动。整个炉子沿炉长分为反应区（或吹炼区）和沉淀区。反应区一侧装设一排风眼。加料口（又称抛料口）设在炉头端墙上，并设有气封装置，此墙上还安装有燃烧器。沉淀区设有铜锍放出口、排烟用的炉口和熔体液面测量口。渣口开设在炉尾端墙上，此处一般还装有备用的渣端燃烧器。另外，在炉子外壁某些部位如炉口、放渣口等处装有局部冷却设施，一般均采用外部送风冷却。

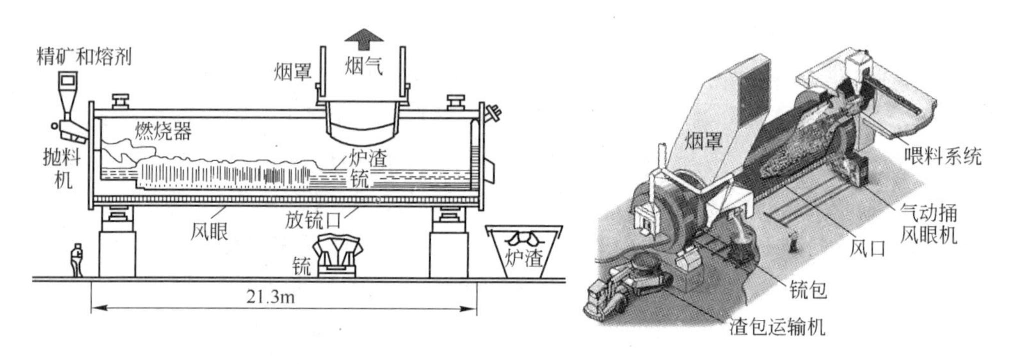

图1-6 诺兰达反应炉结构示意图

诺兰达熔炼工艺是加拿大诺兰达矿业公司历经20余年（1964年~1989年）发展起来的一种自热熔炼技术。在不断改进之后，该方法已成为较为先进的颇具竞争力的一种铜熔炼方法。除在本国外，逐渐在世界上得到推广。1997年10月，我国大冶有色金属公司冶炼厂引进消化诺兰达熔炼工艺，建成年产100kt粗铜的诺兰达生产系统。

诺兰达炉炼铜工艺属富氧熔池熔炼，在一个反应炉内完成干燥、焙烧、熔炼和吹炼造渣工艺过程，熔炼强度大，熔池搅拌剧烈，为了保证工艺过程顺利进行、保证炉子的寿命，对炉衬设计和耐火材料提出了很高的要求。诺兰达炉的易损部位是风口区、炉口，加料端燃烧器及放渣端燃烧器对应的炉筒顶部以及沉淀区渣线上、下圆形墙和渣端墙。风口区由于大量的富氧空气进入熔体，激烈地搅拌与喷溅，化学反应剧烈，侵蚀严重，炉温冷热交替变化而产生频繁的热震，以及捅风眼造成的机械冲刷，使风口炉衬处于极为恶劣的环境中，损坏速度较快，所以风口区炉衬的寿命决定了诺兰达炉的寿命。风口因受高温烟气的冲刷，以及机械清理炉渣时的撞击，也较易损坏。沉淀区渣线上、下圆形墙和渣端墙，由于处在高温区，且放渣、放铜形成频繁的渣层波动，熔渣的严重侵蚀及高温烟气的冲刷，也较易损坏。加料端墙加料口，因炉料含水分及冷空气的进入，使加料口周围炉衬形成鼓肚变形，加料端燃烧器及放渣端燃烧器火焰所对应的炉顶圆周炉衬主要受火焰的直接冲刷，其损毁是由局部热负荷过大和大量冷空气的侵入引起的热震造成的。

根据诺兰达炉的生产条件，要求耐火材料纯度高、抗渣性好、强度大、耐冲刷、耐磨损、热震稳定性好。以前炉衬主要采用两种砖砌筑：一是熔铸镁铬砖，砌于易损部位；其余部位砌筑直接结合镁铬砖。熔铸镁铬砖的用量占总量的30%～40%。随着炉子设计的改进，有些易损部位的损坏程度大有改善，且耐火砖的质量提高，现在已采用熔粒再结合镁铬砖代替了熔铸镁铬砖。熔铸砖耐磨、耐侵蚀和机械冲刷，但耐急冷急热性差，价格昂贵。因此，现在除冰铜口用几块外，其他原来用熔铸镁铬砖砌筑的部位均已改用熔粒再结合镁铬砖，其余部位仍用直接结合镁铬砖砌筑。表1-3为大冶诺兰达炉各部位砌筑的耐火砖种类。

表1-3 大冶诺兰达炉各部位砌筑的耐火砖种类

部 位	材 质
加料端端墙、风口区、炉底上层、炉顶	直接结合镁铬砖
渣端端墙、渣线区	再结合镁铬砖
铜锍放出口及溜槽	熔铸镁铬砖
炉底下层	高铝砖

1.3.4 白银法熔炼

白银炼铜法是我国20世纪70年代发明的一种造锍熔炼新工艺，因主要的发明单位为白银有色金属公司而将其命名为“白银炼铜法”。

含水分8%左右的硫化铜精矿配以返料、石英石和石灰石等，由圆盘给料机控制给料量，经慢速给料皮带和熔炼区炉顶加料口连续地加入到白银炉熔池中。落入熔池的炉料立即散布于由风口鼓入富氧空气所激烈搅动的熔体之中，迅速完成氧化反应和造渣反应。含O_2为21%～50%的鼓风是由压缩空气和工业纯氧（含O_2 95%～99%）混合而成。富氧空气通过熔炼区侧墙风口鼓入1150℃的熔池。

熔炼区生成铜锍和炉渣的混合熔体，经隔墙下部通道进入沉淀区，进行炉渣和冰铜的分离，产出铜锍和炉渣。铜锍由虹吸放铜口间断放出供转炉吹炼，炉渣由排渣口排出弃去或经贫化处理。

高 SO_2 浓度的高温烟气由熔炼区尾部直升烟道排出，经余热锅炉、漩涡收尘器、电除尘器后，再经排烟机送往硫酸车间生产工业硫酸。双室型白银炉沉淀区产出的含 SO_2 很少的烟气先经水冷烟道，再经过辐射换热器、管式换热器，最后由排烟机送往烟囱排空。

白银炼铜法以动态熔炼为特征，即以压缩空气或富氧空气吹入熔体中，激烈搅动熔体。白银炼铜法的另一个重要特征是采用隔墙将熔池分区，在一个炉子内实现了动态熔炼和静态的渣和冰铜分离过程。与其他熔池熔炼炉相比，白银炉的本体结构和配套设备均比较简单，工艺过程稳定，易于被操作人员掌握。

白银炼铜法的工艺技术已达到了世界先进水平，但目前的装备仍比较落后，需进一步完善、提高。白银炉是一种直接将硫化铜精矿等炉料投入熔池进行造锍熔炼的侧吹固定式炉床，它是一个固定的长方形炉子。炉子的结构示意图如图 1-7 所示。

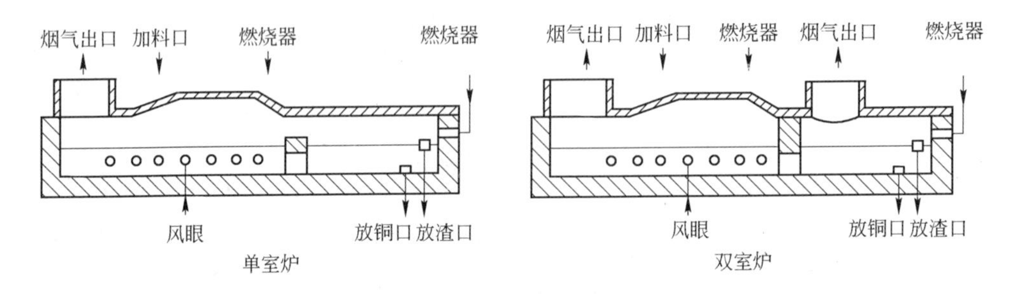

图 1-7 白银炉结构示意图

炉内熔池有一道隔墙，将炉子分为熔炼区、沉淀区两部分，实现了在一个炉子内动态熔炼和静态的熔渣和冰铜分离。按炉膛空间的结构不同又可分为双室炉型和单室炉型。白银炉主体结构由炉基、炉底、炉墙、炉顶、隔墙、内虹吸池及炉体钢结构等部分组成。炉体上多处设置了铜水套，包括吹风水套、渣线水套、炉拱水套、侧墙立水套、压拱水套、加料口水套等。渣口、放铜锍口、返转炉渣口、燃烧器孔等均设置了铜水套。铜水套冷却件已成为白银炉炉体结构的重要组成部分。

白银炉在工作时，炉内温度在 1100 ~ 1350℃，从风口喷吹的空气或富氧速度高达 300m/s 左右，在炉内强烈搅拌熔池，形成沸腾、喷溅状态。因此，白银炉内衬材料要求有较好的高温强度和抗侵蚀性等，主要采用镁质和镁铝质耐火材料。耐火材料的易损部位是：熔炼区风口部位、熔炼区炉拱及中部隔墙附近的炉墙及沉淀区的渣线部位。风口区由于熔体搅动最激烈，化学反应集中，温度高，且承受捅风口时的机械冲击，所以耐火材料的工作条件最恶劣，是影响炉子维修周期的关键部位，采用电熔铸铬镁砖或再结合铬镁砖砌筑。炉拱顶采用镁铝砖，炉墙内衬采用镁砖砌筑，在渣线部位采用铜水套冷却。炉子中间的隔墙采用镁铝砖和镁砖砌筑，并采用冷却水套保护。白银熔炼炉炉床不宽（小于4m），故炉顶为拱顶，用镁铝砖砌筑，炉底为反拱，用镁砖砌筑。

1.4 铜锍吹炼主要热工设备及所用耐火材料

1.4.1 铜锍吹炼的原理

铜精矿造锍熔炼所获得的铜锍是一种中间产品，其主要成分是 Cu_2S、FeS、FeO、Fe_3O_4，并含有少量的 Pb、Zn、Ni、Co、As、Bi、Sb 等元素的硫化物以及金、银和铂族金属。吹炼的任务是将铜锍吹炼成含铜98.5%～99.5%的粗铜。在吹炼过程，铜锍中的铁被氧化后进入炉渣，硫以 SO_2 的形式进入烟气，贵金属如金、银、铂、钯以及硒碲等元素进入粗铜。

铜锍的吹炼过程是间歇式周期性作业，整个过程可分为造渣期和造铜期两个阶段。在吹炼的第一阶段，铜锍中的 FeS 与鼓入空气或富氧空气中的氧发生强烈的氧化反应，此时铜锍中的 FeS 被氧化为 FeO 和 SO_2。添加熔剂后 FeO 会与熔剂中的 SiO_2 发生反应进行造渣，使锍中含铜量逐渐升高。由于铜锍与炉渣的相互溶解度很小而且密度不同，所以在吹炼停风时熔体会分成两层，上层炉渣被定期排出。这个阶段持续到锍中含 Cu 75%以上、含 Fe 小于1%时结束，这时的锍常被称为白锍（含铜70%以上的白冰铜，或纯 Cu_2S）。铜锍吹炼的第一阶段以产出大量炉渣为特征，故又称为造渣期。造渣期发生的主要反应为：

$$2FeS + 3O_2 \xlongequal{\quad} 2FeO + 2SO_2 + 935.484kJ \tag{1-1}$$

$$2FeO + SiO_2 \xlongequal{\quad} 2FeO \cdot SiO_2 + 92.796kJ \tag{1-2}$$

当铜锍中的 Fe 量降到1%以下时，也就是 Fe 几乎全部被氧化之后，开始进入第二阶段。在吹炼的第二阶段，鼓入空气中的氧与 Cu_2S（白锍）发生强烈的氧化反应，生成 Cu_2O 和 SO_2，Cu_2O 又与未氧化的 Cu_2S 反应生成金属 Cu 和 SO_2，直到生成含铜98.5%以上的粗铜时吹炼的第二阶段结束。铜锍吹炼的第二阶段不加入熔剂、不造渣，以产出粗铜为特征，故又称为造铜期。该阶段发生的主要反应有：

$$Cu_2S + \frac{3}{2}O_2 \xlongequal{\quad} Cu_2O + SO_2 \tag{1-3}$$

$$Cu_2S + 2Cu_2O \xlongequal{\quad} 6Cu + SO_2 \tag{1-4}$$

总反应式：

$$Cu_2S + O_2 \xlongequal{\quad} 2Cu + SO_2 \tag{1-5}$$

造渣期和造铜期烟气经余热锅炉后进电收尘，收尘处理后的烟气（含 SO_2 达5%～15%）经高温风机送去硫酸系统。

铜锍吹炼时加入的铜锍温度一般约为 1100℃，由于吹炼时发生的主要是铁、硫及其杂质的氧化反应以及 FeO 与石英的造渣反应，放出的热量足以抵偿作业中热损耗并使体系温度升至 1150～1300℃，因此整个吹炼过程是自热进行的，为了防止熔体温度过高并充分利用反应热，通常需加入冷料。

1.4.2 铜锍吹炼主要热工设备

1.4.2.1 P-S 转炉

火法炼铜生产过程中，从铜锍到粗铜的冶炼过程绝大部分是在转炉中进行的，目前世界各国多采用大中型卧式碱性转炉，也称 Pierce-Smith 转炉，简称为 P-S 转炉，它是铜锍吹炼的主要设备。因具有工艺方法简单、操作容易、效率高等特点，被长期广泛应用于铜锍的吹炼过程中。目前，约有 80% 以上的铜锍是在这种设备中吹炼的。P-S 转炉的结构如图 1-8 所示。

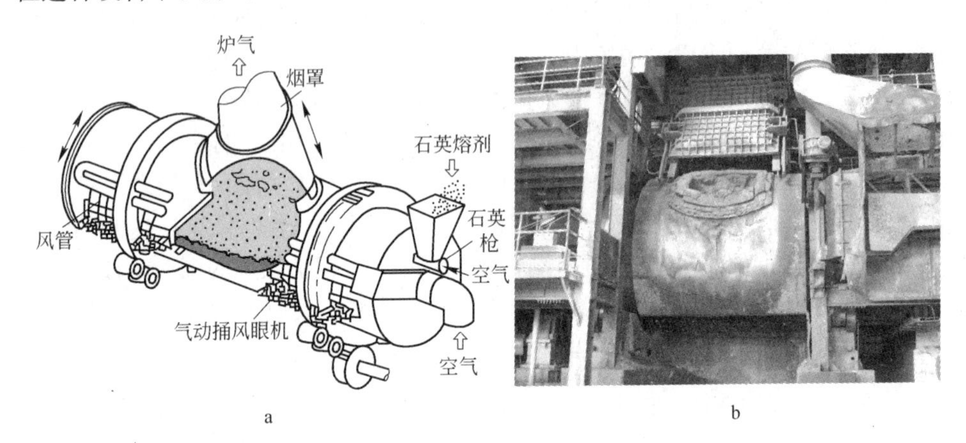

图 1-8 P-S 转炉结构示意图（a）与照片（b）

转炉炉体中部设有炉口，用以加料、排烟、排渣和出铜，炉体一侧沿水平方向设置一排风口，用以鼓入压缩空气或富氧空气。不同冶炼厂家，由于转炉炉型、尺寸及冰铜品位不同，其吹炼操作有所区别，但其吹炼原理是一样的，都是通过将空气或富氧空气鼓入转炉，搅拌炉内的熔体，并与之进行物理化学反应。

传统的 P-S 转炉存在一些明显的不足之处。如铜转炉在进料和倾倒产物时，炉气逸出，污染环境；间歇式操作造成废气中 SO_2 浓度波动较大，使回收 SO_2 制酸过程控制复杂化。针对以上问题，人们对其进行了改进。主要改进炉型有虹吸式转炉和特尼恩特转炉。

1.4.2.2 虹吸式转炉

霍勃肯虹吸式转炉的结构如图 1-9 所示。炉体是圆筒形的，与普通转炉相似。在炉体的一端有一个特殊的倒 U 形的烟道，称为虹吸烟道。转炉烟气经由此烟道虹吸排出。由于虹吸烟道能与炉体一起转动，因此不论炉子转到哪个位置，转炉与烟道都能直接连通。虹吸烟道前端为水平的圆筒烟道，转炉烟气通过圆筒烟道进入固定的竖烟道，再经变速排烟机、废热锅炉后送往除尘和制酸系统。

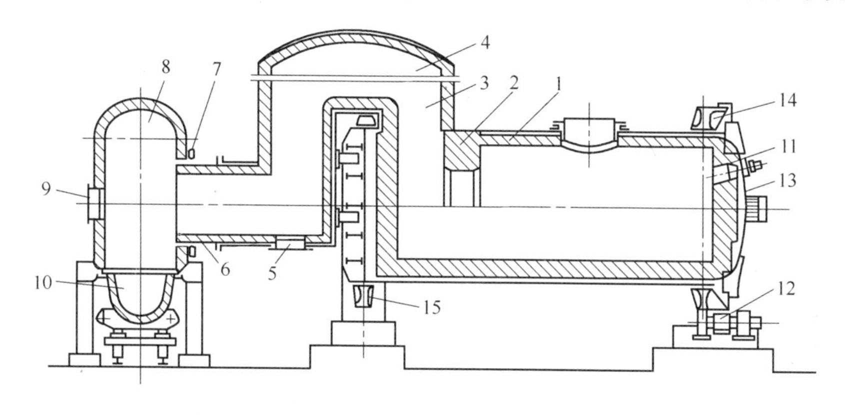

图 1-9 霍勃肯虹吸式转炉结构示意图

1—圆筒形炉体；2— 炉拱；3—虹吸烟道；4—烟道盖；5，9—维修工作孔；6—圆筒形烟道；7—密封圈；8—固定烟道；10—收集烟尘小车 ；11—油喷嘴；12—传动齿轮；13—转炉端盖；14—齿轮箍；15—托轮

虹吸式转炉的主要优点是：烟气不会被稀释，SO_2 的浓度达 11%；不停风就可以加入固体或液体物料，送风时率高，烟气量稳定，而且不会因停风倾转造成烟气外逸污染环境，吹炼时喷溅少，不需清理炉口；由于炉口处没有烟罩和烟道，因此可以无阻碍地从炉口处用勺取得熔体试样。

目前，比利时的 Hoboken 冶炼厂、美国的 Miami 冶炼厂、智利的 Paipot 冶炼厂以及巴西的 Caraiba 冶炼厂等炼铜厂均采用了虹吸转炉吹炼铜锍。

1.4.2.3 特尼恩特转炉

特尼恩特转炉（Teniente Converter）又称特尼恩特改良转炉（Teniente Modified Conrerter），简称 TMC 转炉，1977 年在智利的卡勒托内斯（Caletones）冶炼厂首先生产运用。TMC 是一台长筒形的转炉，其结构如图 1-10 所示。

铜锍通过排放口加入 TMC 内，精矿和石英熔剂由各自料仓用皮带运输机经石英枪连续喷入炉内。加料操作无需转动炉体和停止吹风。在炉内靠侧面吹入铜锍层中的富氧空气，实现精矿的自热熔炼和完成吹炼的造渣期作业。特尼恩特转炉技术旨在反应器中同时进行铜锍的吹炼和铜精矿的自热熔炼，产出高浓度 SO_2（10% ~20%）的烟气、高品位的铜锍或白铜锍。吹炼时通过加料枪连续向炉内加入含水 7% ~8% 的湿精矿和硅质熔剂。干精矿（含水 0.2% ~0.5%）由特殊设计的风口连续地注入，富氧空气（含 O_2 28% ~33%）由常规的风口连续地鼓入，白铜锍（含 Cu）和渣通过各自的水冷排放口间断地放出。

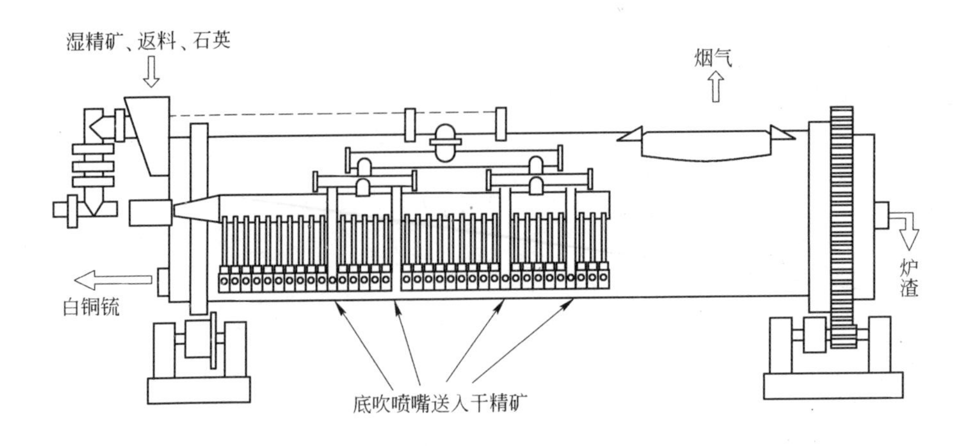

图 1-10　特尼恩特转炉结构示意图

1.4.3　铜锍吹炼技术的新进展

由于转炉吹炼过程是间歇式的周期性作业，产出的烟气量和烟气中 SO_2 浓度都在很大范围内波动，给制酸过程带来很大的麻烦。另外，由于吹炼过程的进料和放渣操作，使烟气逸散到车间，恶化了生产劳动环境。为了解决上述问题，继20 世纪 80 年代日本三菱法连续熔炼成熟运用之后，新的连续吹炼工艺和设备不断地在研究和开发。1995 年，美国的肯尼柯特公司和芬兰的奥托昆普公司合作开发的闪速吹炼技术投入工业生产，2007 年我国阳谷祥光铜业有限公司引进了闪速熔炼—闪速吹炼技术。20 世纪 80 年代加拿大诺兰达霍恩冶炼厂开发了连续吹炼转炉（亦称诺兰达转炉），1997 年 11 月实现了工业化生产。1999 年首台澳斯麦特吹炼炉在我国中条山有色金属公司侯马冶炼厂投产，以及诸如氧气顶吹等其他吹炼技术，开始改变着传统的 P-S 转炉的主导局面。高效连续化的铜锍吹炼新工艺将实现几乎全部的硫回收、无 SO_2 排放和低生产成本的目标。

1.4.4　P-S 转炉用耐火材料现状

转炉吹炼为间歇式操作，每一周期内，有多次停风进料倒渣作业，吹炼过程中炉内温度为 1200 ~ 1300℃，而停风进料、倒渣、倒粗铜时，炉内吸入大量冷空气，温度迅速下降，一般加料时炉温下降 300 ~ 500℃，转炉炉温就会在800 ~ 1500℃波动。因此转炉内衬的耐火材料要有很好的抗热震性能。转炉操作时高压空气通过风口吹出。在风口周围形成强烈的搅动，高温熔体对炉衬有极强的冲刷作用，因此转炉的耐火材料尤其风口区的耐火材料应该有很好的耐磨性。同时，转炉冶炼时还要加入一些冷料及固态的造渣剂，在吹炼时加入石英石造渣，炉渣主要成分有 FeO、SiO_2、CaO。吹炼中的渣型是从弱酸到强碱性，所以要求炉衬有良好的抗碱性渣的性能。

镁铬砖的耐急冷急热性好，耐磨性好，有较好的抗碱性渣侵蚀性能，因此，转炉内衬主要为镁铬耐火材料。内衬的易损部位主要是风口及风口区、炉口和端墙等部位。尤其是风口及风口区，使用条件最为苛刻，也是最易损的部位。延长风口及风口区用耐火材料的使用寿命，既可以降低整个转炉炉衬的蚀损，也可以大幅度地提高转炉炉龄。为了风口的整体性和风口位置的准确性，目前风口砖均用实体砖砌成整体，再用特殊钻头钻风眼，材质采用电熔再结合镁铬砖或直接结合镁铬砖。筒体和端墙在渣线部分采用优质镁铬砖或镁砖。炉口砌砖是结构强度最薄弱的部位，特别是炉口与圆形筒体的交接处，因形状复杂、砖的加工难度大、砖缝多而难以掌握，炉口又是加料、倒渣、排烟的通道，工艺操作极为频繁，温度变化频繁，铜渣喷溅，烟气冲刷，炉口清理机械的碰撞和磨损，Cu_2S，SO_2 的侵蚀非常严重，内衬工作条件极为恶劣。为此，在结构上应采取措施，尽量减少砖型，减少结构上的薄弱环节。在材质选择上，全部选用直接结合镁铬砖，提高炉体的整体寿命。

1.5 铜火法精炼主要热工设备及所用耐火材料

1.5.1 铜精炼的必要性及工序

转炉生产出的粗铜，其含铜量一般为98.5%～99.5%，其余为杂质，如硫、氧、铁、砷、锑、锌、锡、铅、铋、镍、钴、硒、碲、银和金等。这些杂质存在于铜中，对铜的性质产生各种不同的影响，有的会降低铜的电导率，如砷、锑、锡；有的会导致热加工时型材内部产生裂纹，如砷、铋、铅、硫；有的则使冷加工性能变坏，如铅、锑、铋。总之，降低了铜的使用价值。有些杂质如金和银则具有较高使用价值和经济效益，需要回收和利用。因此，为了满足铜的各种用途要求，需要将粗铜提纯精炼。

精炼的目的有两个，一是除去铜中的杂质，提高纯度，使铜含量在99.5%以上；二是从铜中分离回收有价元素，提高资源综合利用率。目前使用的精炼方法有两类：

（1）粗铜火法精炼，直接生产含铜99.5%以上的精铜。该法仅适用于金、银和杂质含量较低的粗铜，所产精铜仅用于对纯度要求不高的场合。

（2）粗铜先经过火法精炼除去部分杂质，浇铸成阳极，再进行电解精炼，产出含铜99.95%以上、杂质含量达到标准的精铜。这是铜生产的主要流程。

粗铜的火法精炼过程包括氧化、还原和浇铸三个工序。在1150～1200℃的温度下，先将空气压入熔融铜中，进行杂质的氧化脱出，而后再用碳氢物质除去铜液中的氧，最后进行浇铸。

1.5.2　粗铜火法精炼用设备

目前，用于铜火法精炼的炉型有反射炉、回转式精炼炉、倾动式精炼炉三种。

1.5.2.1　反射炉

反射炉是传统的火法精炼设备，是一种表面加热的膛式炉，结构简单，操作容易，既可处理冷料，又可处理热料。此外，因反射炉容积、炉体尺寸可大、可小，处理量可以从 1t 变化到 400t，具有很强的适应性。处理冷料较多的工厂和规模较小的工厂，多采用反射炉生产阳极铜。其缺点是操作效率低，劳动强度大，操作环境差。

国内大多采用固定式反射炉进行精炼，炉衬主要采用镁砖、镁铝砖或镁铬砖砌筑。国外精炼反射炉炉顶用不烧镁铬砖、铬镁砖或直接结合镁铬砖砌筑，炉墙上部用镁铬砖，下部用直接结合镁铬砖和普通镁铬砖，炉底使用硅砖。

1.5.2.2　回转式精炼炉

回转式精炼炉是 20 世纪 50 年代后期开发的火法精炼设备。它是一个圆筒形的炉体，在炉体上配置有 2 ~4 个风管、1 个炉口和 1 个出铜口，可作 360°回转。转动炉体将风口埋入液面下，进行氧化、还原作业，精炼完成后进行浇铸，产品为阳极板，因此回转式精炼炉又称回转式阳极炉，其结构如图 1-11 所示。与反射炉相比，回转式精炼炉具有机械化、自动化程度高，散热损失小，利于环保等优点，但由于熔池深，受热面积小，化料慢，故不适宜处理冷料，主要适合于处理热料。

回转式精炼炉炉膛温度高于 1350℃（浇铸期），最高时可达 1450℃（氧化

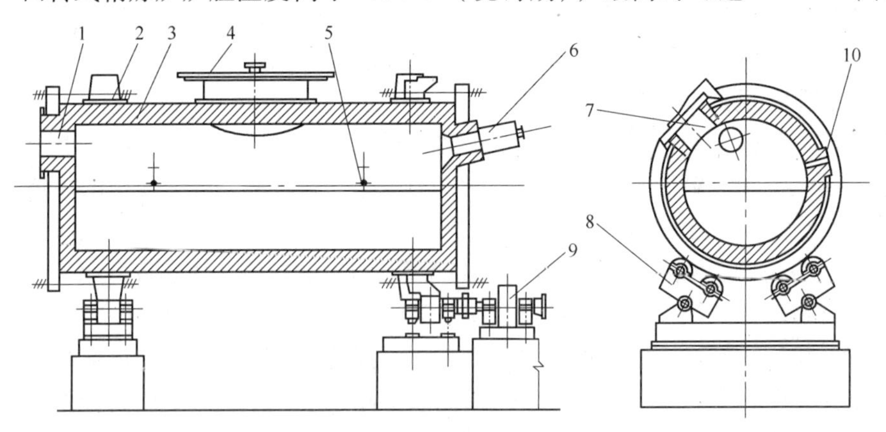

图 1-11　回转式精炼炉结构示意图

1—排烟口；2—壳体；3—砌砖体；4—炉盖；5—氧化还原口；6—燃烧器；7—炉口；8—托辊；9—传动装置；10—出铜口

期），由于炉体是转动的，炉内没有固定的渣线，炉渣的侵蚀和熔融金属的冲刷，几乎占据了2/3以上的炉膛内表面。因此，一般要求内衬镁铬砖 Cr_2O_3 的含量较高，在氧化还原口和出铜口处，要求更高，经常采用直接结合镁铬砖或电熔再结合镁铬砖。

1.5.2.3 倾动式精炼炉

倾动式精炼炉是20世纪60年代中期，由瑞士 Maerz 研究发明的。它在反射炉和回转炉基础上，吸取了两种炉型的长处而设计的。炉膛形状像反射炉，保持其较大的热交换面积，采取了回转炉可转动的方式，增设了固定风口，取消了插风管和扒渣作业，减轻了劳动强度，既能处理热料，又能处理冷料，是较理想的炉型。但因炉体形状特殊，结构复杂，投资高等不足，目前的应用有限。

1.5.3 阳极浇铸

目前，阳极板的生产有两种工艺：铸模浇铸和连铸。铸模浇铸又分为圆盘型和直线型两种。其中圆盘型浇铸机是铜阳极生产的主要生产设备。直线型浇铸机结构简单、紧凑，占地面积小，投资低，但阳极质量差，仅被小型工厂采用。连铸是连续作业，连续浇铸并轧成板带，经剪切或切割成单块阳极。

1.5.3.1 铸模浇铸

目前的阳极板多采用自动浇铸工艺生产。主要设备为圆盘浇铸机，主要由中间包、浇铸包、铸轮（本体）、冷却系统、废板取出装置、顶起装置、阳极取出系统及冷却水槽、涂模系统、液压系统构成。浇铸过程的各个阶段均由PLC进行自动控制。主要流程为：铜水由精炼炉流出，经流槽进入中间包，接收浇铸包指令后由尾部提升，将铜水注入浇铸包。当电子秤自动称量至给定值时，发出信号，中间包收包，回到原位。圆盘模子转到浇铸工位后，发出信号，浇铸包启动，按预定程序向铜模注入铜水。至给定值后，电子秤发出信号，浇铸包回到原位，同时将信号发给中间包，再次注入铜水。信号同时发给圆盘，转动一个工位，空模再次进入浇铸位置。铸好阳极的铜模，进入冷却室冷却后转出冷却室，停止运动，顶杆先以较小的力量对阳极进行松动预顶，而后再以大的力量作最终顶起使模与阳极板分离。装在冷却室后面的摄像机，摄制耳部图像，输入电脑进行不合格判断，结果输入分拣计算机。圆盘转至取板工位，取板机自动提取阳极板，并送到接收机上。接收机是一个滚筒输送机，阳极放在滚筒上后，自动将阳极送到电子秤上。电子秤将阳极称出质量，并把称重信号送到计算机处理。根据质量差异，分出合格、异形、不合格三种类型。分类信号输入分拣计算机。分拣计算机根据耳部摄像监测的信息和电子秤输入的信息指令分拣机，拣出异形阳极及不合格阳极。合格阳极经冷却后，堆码、吊出、抬车送电解整形生产线，修整外形。阳极取走后，圆盘转至下一工位，经摄像机摄取顶针复位图像，并送计算机处理，对未复位的顶针进行锤击复位。顶针复位后，下一工位自动喷涂脱模剂。至此，一块阳极浇铸的作业程序全部完成。圆盘浇铸示意图与现场照片如图 1-12 所示。

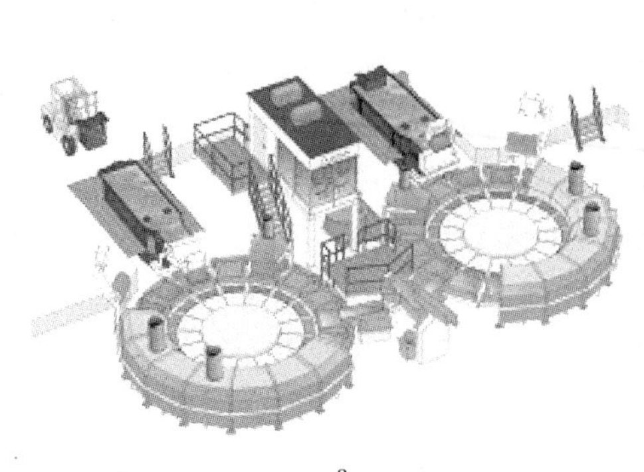

a

b

图 1-12 圆盘浇铸示意图（a）与现场照片（b）

1.5.3.2 连铸

为解决阳极浇铸出现的问题，20 世纪 70 年代开发了 Hazelett 连铸机，亦称双带连铸机。Hazelett 连铸机的构造如图 1-13 所示。连铸机由上、下两组环形钢带组成。每一组环形钢带，由两个辊筒绷直，辊筒由驱动装置带动，钢带可随辊筒转动。上、下两组环形钢带完全平行，组成铸模的顶和底。为保持两钢带的距离一致，上、下两钢带都有鳍状辊支承和固定位置。两带之间的侧面由两串边部挡板链将两侧封严，形成模框。板坯为铸模的末端，前端为铜液注入口。两条钢带，前高后低，有 9°倾角。

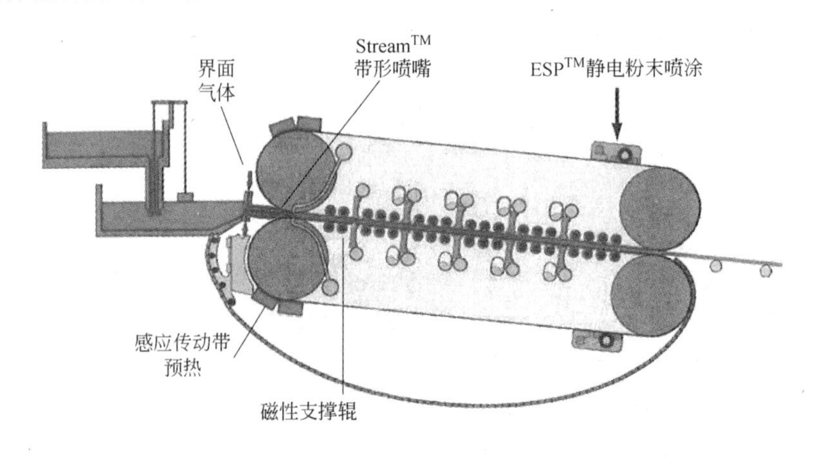

图 1-13 Hazelett 连铸机示意图

由精炼炉中流出的铜水经流槽注入用重油或天然气加热的保温炉。保温炉起缓冲作用，均衡铜水温度，自动控制浇铸机的金属供应量。铜水从保温炉流出后，经流槽流入固定式浇铸包，按给定速度注入浇铸机，铜水进入铸机后，铸模的上、下钢带和边部挡流块连续运动，形成连续铸坯，同时喷淋大量的水，冷却上部和下部钢带，间接冷却铸坯。铸坯出铸机后由牵引辊碾压送至切割机或冲压机，切割成单块阳极。浇铸速度由牵引辊控制。单块阳极板经冷却室冷却后，进入堆码机，按给定数量堆码，再由叉车运送至库房或电解车间。

1.6 铜冶炼用耐火材料的选择

综上可知，在铜冶炼工业，各种冶金窑炉使用最多的炉衬材料是各种镁铬耐火材料。为什么非镁铬耐火材料不可？本部分将主要围绕该问题进行阐述。选择合适的耐火材料，必须要了解耐火材料的使用环境和耐火材料抵抗冶金介质的侵蚀情况。

1.6.1 铜冶炼的主要特点

众所周知，钢铁冶金工业用矿石主要为铁矿石，属氧化物矿；冶炼得到的金属熔体为Fe-C熔体，熔渣为$CaO-SiO_2-Al_2O_3$或$CaO-SiO_2-FeO$渣系，冶炼中产生大量的CO气体。与钢铁工业不同，炼铜或炼镍工业所用矿石多为含铜、含镍甚低的硫化物矿，因此冶炼中产生的气体与遇到的熔体都与钢铁工业有很大差异，其主要特点可归纳如下：

（1）气氛中有大量SO_2气体。由于矿石为硫化物矿，冶炼中的中间产品为硫化物熔体，因此在熔炼与吹炼过程中要产生大量的SO_2气体，即炉内的气氛中含大量SO_2。

（2）冶金过程中遇到的熔体不仅有氧化物熔渣、金属熔体，还有硫化物熔体冰铜或冰镍（铜锍或镍锍）。这些熔体的熔化温度不仅比钢铁工业遇到的熔体要低得多，而且黏度小，流动性好，因此，熔体的渗透性强。

（3）熔渣为$FeO-SiO_2$系渣，而且渣量大。由于硫化物矿与锍中含有大量硫化铁，为了除去铁，在熔炼与吹炼中要将FeS氧化为FeO，因此必须加入SiO_2造渣，故炉渣的成分主要为FeO和SiO_2。此外，由于矿石与锍中含铜或镍都不甚高，所以熔炼与吹炼时，产生的渣量都很大。

（4）铜冶炼用部分窑炉，如转炉等为间断式生产炉，炉内温度波动大，特别是风口与风口区不仅温度波动大而且频繁，因此要求耐火材料不仅要抗熔蚀与冲刷，而且要抗热剥落与结构剥落。而结构剥落却是耐火氧化物材料的弱点，要克服这一弱点是较困难的，因此转炉炉衬寿命一般总是低于其他有色冶炼炉。

1.6.2 各种耐火材料抗$FeO-SiO_2$渣侵蚀性能

由于铜冶炼中耐火材料遇到的炉渣主要为$FeO-SiO_2$系渣，因此，了解各种

耐火材料抵抗 $FeO-SiO_2$ 渣侵蚀能力有助于合理选材。图 1-14 给出了一些耐火氧化物与铁硅系渣构成的三元系在 1500℃ 的液相区。图 1-15 示出了 1500℃ 时 Al_2O_3、MgO、CaO、ZrO_2 等氧化物在 $FeO-SiO_2$ 渣中的溶解度。图 1-16 则给出了 SiO_2、Al_2O_3、MgO、$MgO·Cr_2O_3$ 在铁橄榄石渣中的溶解速度。

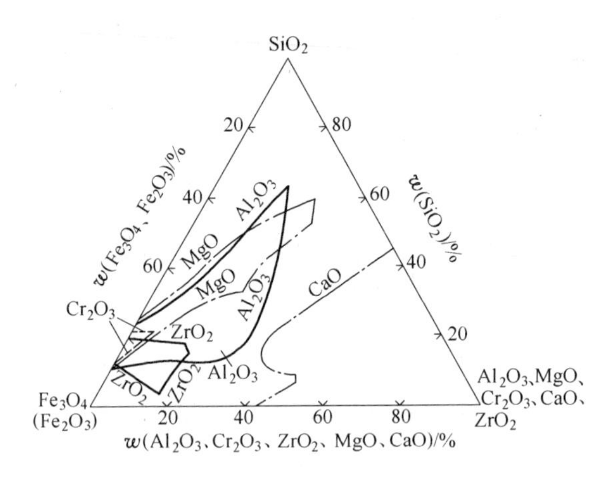

图 1-14 $Al_2O_3-SiO_2-Fe_3O_4$、$Cr_2O_3-SiO_2-Fe_2O_3$、$ZrO_2-SiO_2-Fe_3O_4$、$MgO-SiO_2-Fe_3O_4$、$CaO-SiO_2-Fe_2O_3$ 系 1500℃时的液相区

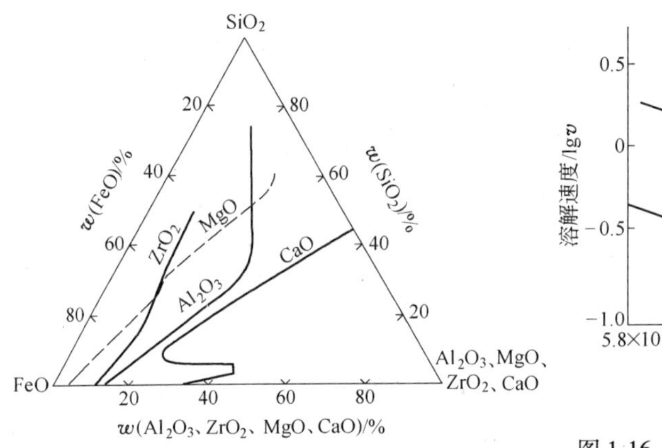

图 1-15 1500℃时 Al_2O_3、MgO、CaO、ZrO_2 在 $FeO-SiO_2$ 渣中的溶解度

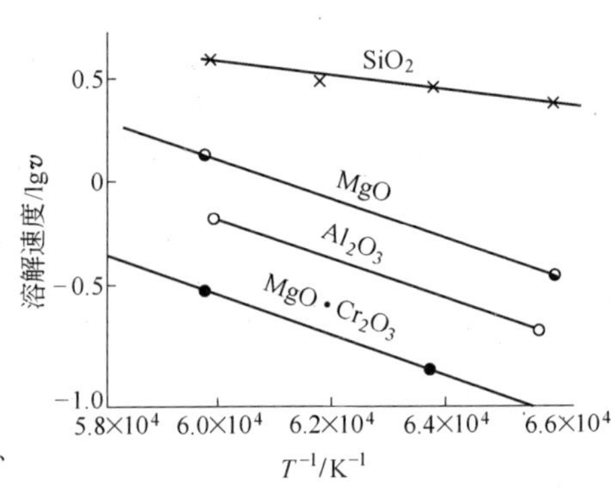

图 1-16 SiO_2、MgO、Al_2O_3 与镁铬尖晶石在铁橄榄石渣中溶解速度的关系（转速为 120r/min）

由图 1-14、图 1-15、图 1-16 可见，CaO 与铁硅系渣形成的液相区最大，在铁硅系渣中的溶解度最高；而 Cr_2O_3、ZrO_2 与铁硅系渣形成的液相区最小，在铁硅系渣中的溶解度也最小。这表明：CaO 质与含 CaO 多的白云石质材料抗铁硅系渣侵蚀性差，不适于用作铜冶炼用耐火材料。Cr_2O_3 质、ZrO_2 质或含 Cr_2O_3、ZrO_2 的耐火材料抗铁硅系渣侵蚀性好。

1.6.3 各种耐火材料的抗铜锍侵蚀性

铜冶炼用耐火材料在冶金过程不仅会遇到铁硅系渣，而且还会遇到含有硫化物的熔体，如冰铜或冰镍（铜锍或镍锍）。因此，抵抗铜锍侵蚀也是铜冶炼用耐火材料应考虑的重要方面。

图 1-17 给出了 Al_2O_3-Cu_2O/CuO、CaO-Cu_2O/CuO、ZrO_2-Cu_2O/CuO、SiO_2-Cu_2O/CuO、Cr_2O_3-Cu_2O/CuO、MgO-Cu_2O/CuO 二元系相图。

由图 1-17 可知，CuO 和 Cu_2O 可以侵蚀 Al_2O_3、CaO、ZrO_2 和 SiO_2 等耐火材料，因为即使很少量的 CuO 和 Cu_2O 便可显著降低这些氧化物出现液相的温度。例如，少量的 Cu_2O/CuO 便可以使 Al_2O_3、ZrO_2 的熔点分别从 2051℃和 2730℃降至 1238℃和 1130℃。相反，MgO，Cr_2O_3 则明显不同。MgO 可以吸收 20% 的 Cu_2O/CuO 而不产生液相，Cr_2O_3 则可吸收 65% 的 Cu_2O/CuO 而不产生液相。因此，MgO 和 Cr_2O_3 有很好的抗 Cu_2O/CuO 侵蚀性。

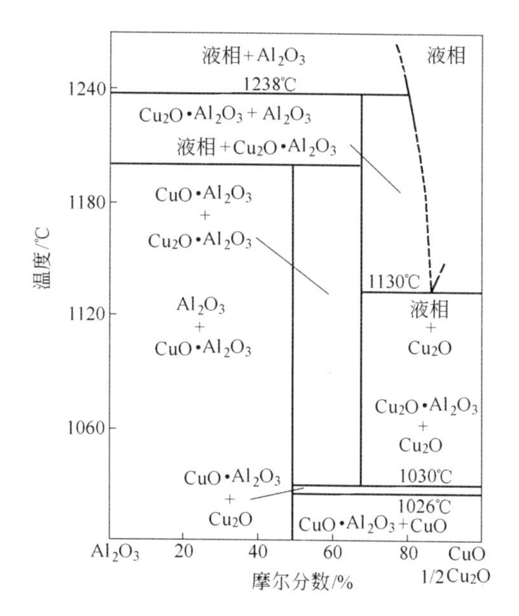

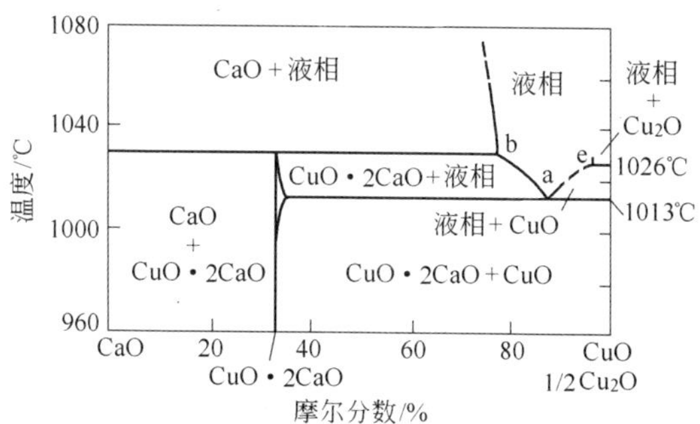

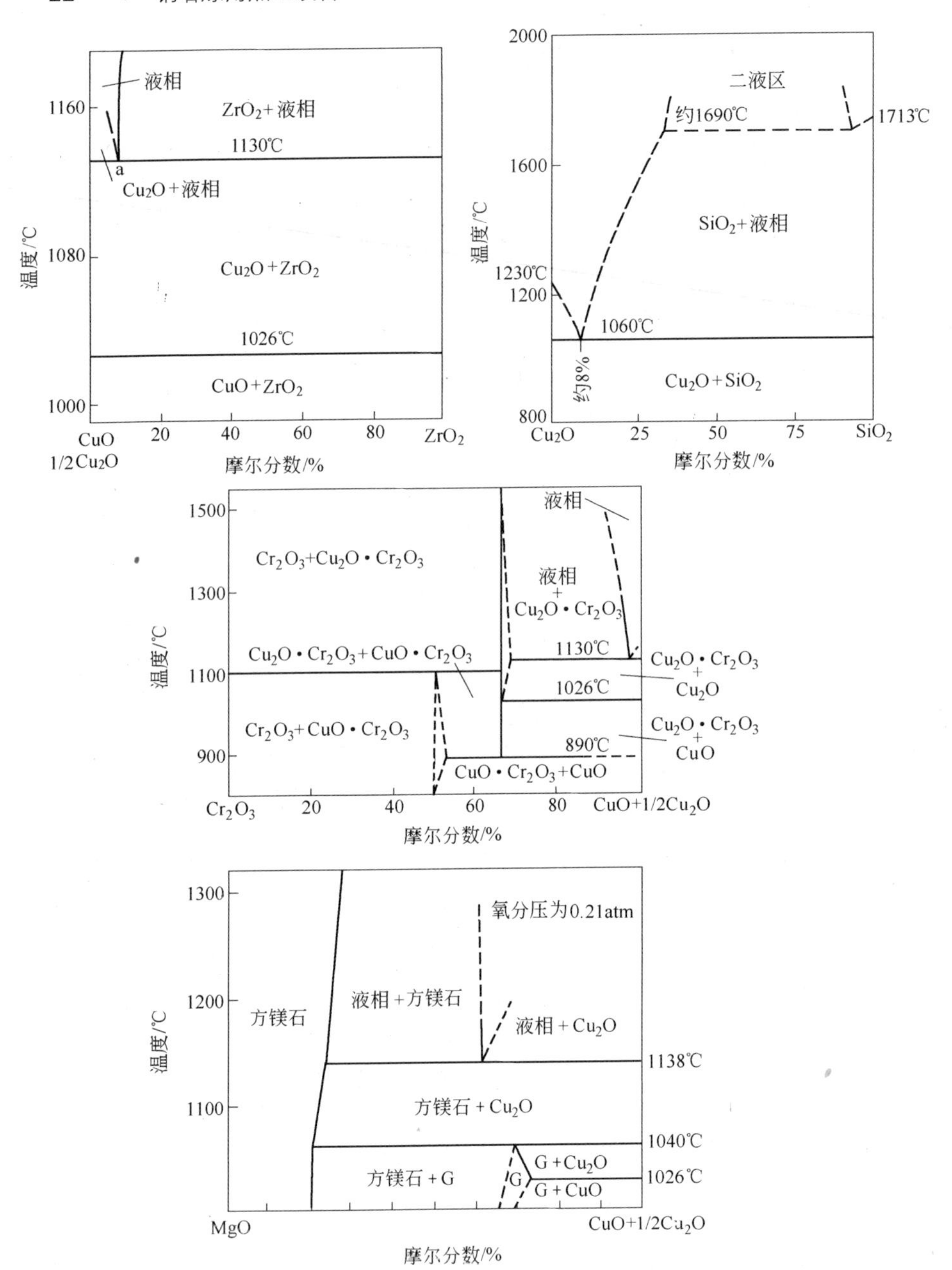

图 1-17 Al_2O_3-Cu_2O/CuO，CaO-Cu_2O/CuO，ZrO_2-Cu_2O/CuO，SiO_2-Cu_2O/CuO，Cr_2O_3-Cu_2O/CuO，MgO-Cu_2O/CuO 二元系相图

1400℃时 MgO-Cr_2O_3-CuO 三元系相图如图 1-18 所示。图 1-18 表明，1400℃时液相中 MgO 和 Cr_2O_3 的溶解度很低。

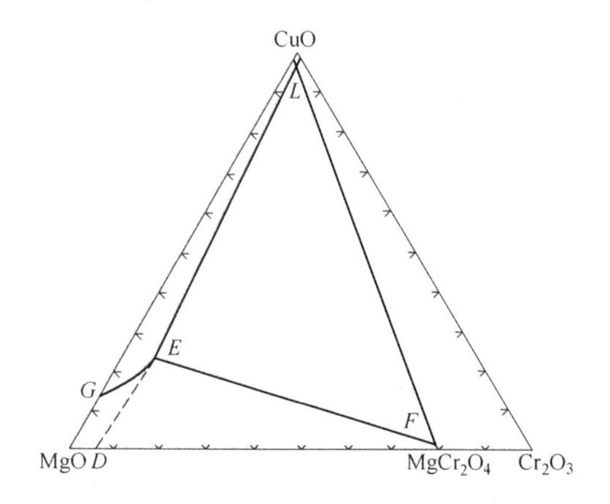

图 1-18 1400℃时 $MgO-Cr_2O_3-CuO$ 三元系相图

1.6.4 含碳耐火材料应用探索性试验与分析

1.6.4.1 实验室研究

由于石墨与熔渣的润湿性差，导热系数大，因此将碳加入到耐火氧化物中可显著提高耐火材料的抗渣性和抗热震性，从而大大减轻耐火材料的热剥落与结构剥落。因此，近年来在钢铁工业的一些间断式生产设备，如铁水预处理包、氧气转炉、盛钢桶、连铸浸入式水口等广泛使用含碳耐火材料，并取得了很好的效果。那么，把含碳耐火材料用于铜、镍冶金炉是否也会取得同样的效果呢？

为此，在实验室研究了 MgO-C（SiC）和 Al_2O_3-C（SiC）耐火材料抗渣和铜锍介质侵蚀性。实验所用原料的化学组成及配料分别示于表 1-4 和表 1-5 中。

表 1-4 原料的化学成分 （质量分数，%）

化学成分	MgO	Al_2O_3	Fe_2O_3	CaO	SiO_2	C	SiC	K_2O+Na_2O
电熔镁砂	97.75	—	0.58	0.62	1.21	—	—	—
电熔刚玉砂	—	97.34	0.35	0.72	1.14	—	—	—
碳化硅	—	—	—	—	—	0.24	96.86	—
石　墨	—	—	—	—	—	97.80	—	—

表 1-5 含碳耐火材料的配料 （质量分数，%）

试样号	成　分	石　墨	添加剂	碳化硅	电熔镁砂	电熔刚玉	结合剂
1	MgO-C	12	5	—	83	—	树脂
2	MgO-SiC-C	12	5	8	75	—	树脂
3	Al_2O_3-C	12	5	—	—	83	树脂
4	Al_2O_3-SiC-C	12	5	8	—	75	树脂

将上述1～4号试样，在180MPa压力下成型，并进行热处理（220℃，8h）后，采用坩埚法进行抗侵蚀试验，将炉渣和镍锍分别装入1～4号坩埚试样中，在匣钵中埋碳烧成，烧成条件为1450℃，3h。炉渣和镍锍成分如下，炉渣：FeO 49.98%，SiO_2 34.74%，Al_2O_3 1.09%，Fe_2O_3 6.70%，CaO 0.28%，MgO 1.85%；镍锍：Ni 13.17%，Fe 44.20%，S 24.04%，SiO_2 3.90%。实验结果表明，四种试样几乎均未被镍锍和炉渣侵蚀，表现出良好的抗侵蚀性。

1.6.4.2　工业应用试验

根据实验室结果，作者用电熔刚玉、高纯石墨及少量添加剂制得了优质Al_2O_3-C砖，并将其用在ϕ3.66m×7.7m转炉的风口试用。正常情况下，该转炉的平均寿命为20炉，此次试验只使用了18炉，整个Al_2O_3-C风口砖已被侵蚀完，比普通镁铬风口砖的使用效果还差。前苏联及日本也曾在炼铜或炼镍转炉上试用过镁碳、镁白云石碳以及铝碳耐火材料，但得出效果与我们研究的一样，都不理想。

1.6.4.3　含碳耐火材料使用效果不理想的原因

为什么含碳耐火材料在钢铁工业特别是在氧气转炉炼钢上的使用效果很好，而在炼铜、炼镍转炉上就不理想呢？

A　炼钢转炉内氧分压的计算

炼钢炉内的氧分压是由碳氧反应所决定的：

$$\text{C(石墨)} + \frac{1}{2}O_2(g) = CO(g)$$

$$\Delta G^{\ominus} = -116315 - 83.89T(\text{J/mol}) \tag{1-6}$$

$$\text{C(石墨)} = [C]_{\text{in Fe}}$$

$$\Delta G^{\ominus} = 21338 - 41.84T(\text{J/mol}) \tag{1-7}$$

$$[C]_{\text{in Fe}} + \frac{1}{2}O_2(g) = CO(g)$$

$$\Delta G^{\ominus} = -137653 - 42.05T(\text{J/mol}) \tag{1-8}$$

$$\Delta G^{\ominus} = -RT\ln\frac{p(CO)p^{\ominus-\frac{1}{2}}}{p(O_2)^{\frac{1}{2}}a_C} \tag{1-9}$$

炼钢用生铁的典型成分为（质量分数）：C 3.5%，Si 0.5%，Mn 1.0%，P 2.0%，活度系数计算公式如下：

$$\log f_C = e_C^C w(C) + e_C^{Si} w(Si) + e_C^{Mn} w(Mn) + e_C^P w(P) \tag{1-10}$$

式中，$e_C^C = 0.19$，$e_C^{Si} = 0.12$，$e_C^{Mn} = -0.012$，$e_C^P = 0.097$。

可算得碳活度系数：$f_C = 8.07$；碳的活度：$a_C = 8.07 \times 3.5 = 28.25$。由于炼钢是在敞开系统中进行，可设$p(CO) = 0.1\text{MPa}$。

将以上数据代入式1-9可得炼钢炉内氧的分压为：$p(O_2) = 1.03 \times 10^{-16}\text{MPa}$。

式 1-6 的自由能式为：

$$\Delta G^{\ominus} = -RT\ln\frac{p(\mathrm{CO})p^{\ominus-\frac{1}{2}}}{p(\mathrm{O_2})^{\frac{1}{2}}a_{\mathrm{C}}}$$

纯物质的 $a_{\mathrm{C}}=1$，如同样设 $p(\mathrm{CO})=0.1\mathrm{MPa}$，则 $p(\mathrm{O_2})^{\frac{1}{2}}=6.38\times10^{-17}\mathrm{MPa}$。

从上面结果可见，炼钢炉内的氧分压只比石墨可能被氧化的氧分压大半个数量级，碳可能被轻微氧化，但因尚有炉渣的保护，因此炼钢炉用含碳材料没问题。

B　炼铜转炉内氧分压的计算

在炼铜炉中氧与 Cu、Cu_2O、CuO、Cu_2S、CuS 及 SO_2 等化合物均可能发生作用，计算氧分压相对复杂得多，因此最好做出氧势图进行分析。其反应有：

$$4\mathrm{Cu}+\mathrm{O_2(g)} = 2\mathrm{Cu_2O}$$

$$\Delta G^{\ominus} = -324678+137.65T(\mathrm{J}) \tag{1-11}$$

$$4\mathrm{Cu}+\mathrm{S_2(g)} = 2\mathrm{Cu_2S}$$

$$\Delta G^{\ominus} = -207777+21.25T(\mathrm{J}) \tag{1-12}$$

$$\frac{1}{2}\mathrm{S_2(g)}+\mathrm{O_2(g)} = \mathrm{SO_2(g)}$$

$$\Delta G^{\ominus} = -362334+71.96T(\mathrm{J}) \tag{1-13}$$

$$2\mathrm{Cu}+\mathrm{O_2(g)} = 2\mathrm{CuO}$$

$$\Delta G^{\ominus} = -334720+192.96T(\mathrm{J}) \tag{1-14}$$

$$2\mathrm{Cu_2S}+\mathrm{O_2(g)} = 2\mathrm{Cu_2O}+\mathrm{S_2(g)}$$

$$\Delta G^{\ominus} = -116902+116.4T(\mathrm{J}) \tag{1-15}$$

$$2\mathrm{CuS}+\mathrm{O_2(g)} = 2\mathrm{CuO}+\mathrm{S_2(g)}$$

$$\Delta G^{\ominus} = -109324+50.44T(\mathrm{J}) \tag{1-16}$$

$$2\mathrm{Cu}+\mathrm{S_2(g)} = 2\mathrm{CuS}$$

$$\Delta G^{\ominus} = -225396+142.52T(\mathrm{J}) \tag{1-17}$$

利用上述数据再加上 Fe 及 SiO_2 参与的反应得出 1573K 时 Cu-Fe-S-O-SiO_2 系的硫-氧势图如图 1-19 所示。

从图 1-19 可见，在设冶炼时炉气中 SO_2 分压为 0.1MPa 时，炉内的氧分压 $p(\mathrm{O_2})=10^{-5}\sim10^{-7}\mathrm{MPa}$；

当炉气的 SO_2 分压为 0.01MPa 时，炉内的氧分压 $p(\mathrm{O_2})=10^{-6}\sim10^{-8}\mathrm{MPa}$。

从上面已得出，氧分压大于 6.38×10^{-17} MPa 后碳即被氧化，炼铜转炉内如此高的氧分压必然使含碳材料中的碳氧化。

1.6.5　小结

通过上述分析，可以得到以下结论：

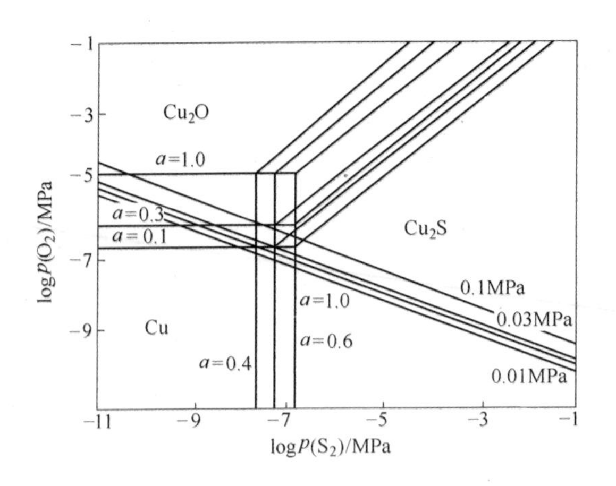

图 1-19　1573K 时 Cu-Fe-S-O-SiO_2 系的硫-氧势图

（1）从抗铁硅渣侵蚀看，Cr_2O_3、镁铬尖晶石与含 Cr_2O_3 耐火材料效果比较好；石灰、白云石与 MgO-CaO 材料抗铁硅渣侵蚀差。

（2）Al_2O_3、CaO、ZrO_2 和 SiO_2 等材料的抗铜锍侵蚀性差，相反，MgO、Cr_2O_3 材料则具有较好的抗铜锍侵蚀性。

（3）由于铜冶金炉内含有大量 SO_2 气体，氧分压大，含碳耐火材料使用效果不理想。

纯 Cr_2O_3 耐火材料不仅烧结性差，难于生产，而且生产成本太高。因此，铜冶炼设备用纯 Cr_2O_3 耐火材料不现实。若用纯镁铬尖晶石、纯 ZrO_2-Cr_2O_3 或 Al_2O_3-Cr_2O_3 制成耐火材料，生产成本也很高。因此，从生产成本和技术要求两方面考虑，以含 Cr_2O_3 的镁铬砖或铝-铬渣砖较为合理。但制造铝铬渣砖用的原料来源有限且成分不够稳定，而我国有丰富的镁质资源，加之镁铬耐火材料的生产工艺已经成熟，因此铜冶炼用耐火材料仍将以镁铬耐火材料为主。

在熔炼炉与吹炼炉内，易蚀损部位应采用一些高档、优质的镁铬材料，甚至熔铸镁铬砖；一些温度不高又不接触熔体的部位，则可用档次低一些的镁铬或其他材质的耐火材料进行综合砌炉，从而达到既经济、炉龄又长的效果。

2 镁质与镁铬质耐火原料

****

耐火原料对耐火制品的性能和质量有直接的影响。只有耐火原料的品种和档次不断进步，才能使耐火材料的品种增多，性能和质量不断提高。优质镁铬耐火制品的生产同样离不开优质原料。我国具有丰富的镁质耐火原料，但由于开采加工手段落后，长期以来耐火原料质量的不稳定一直是制约我国耐火材料工业发展的一大问题。因此，了解镁质、镁铬质耐火原料的基本性能、国内外研究现状，对提高我国现有原料的质量、开发高性能耐火材料是十分重要的。

2.1 镁质耐火原料

镁质耐火原料是指以 MgO 为主成分和以方镁石为主晶相的原料。菱镁矿（Magnesite）及由菱镁矿煅烧或熔融而制得的轻烧氧化镁粉（Caustic Calcined Magnesia）、烧结镁砂（Sintered Magnesia）、电熔镁砂（Fused Magnesia）以及由海水或卤水制得的海水镁砂（Sea-water Magnesia）或卤水镁砂（Brine Magnesia）等，都属于镁质耐火原料。本部分简要介绍烧结镁砂、电熔镁砂以及海水/卤水镁砂等原料的制备原理、理化指标和显微结构特征，并对高密度镁砂的合成进行系统介绍。

2.1.1 烧结镁砂

烧结镁砂是将菱镁矿、水镁石煅烧后的氧化镁，或者由海水或卤水制得的氢氧化镁在 1450 ~ 1900℃下充分烧结而得到的氧化镁原料。我国所说的烧结镁砂通常是指以菱镁矿为原料煅烧而得的产品，由海水或卤水氢氧化镁煅烧而成的镁砂则称为海水镁砂或卤水镁砂。由于镁砂的烧结温度高，烧结程度好，故烧结镁砂也称为死烧镁砂（Dead-burned Magnesia），以与轻烧氧化镁相区别。

在工业生产中，通常将菱镁矿直接压块烧结的方法称为“一步煅烧”；而将菱镁矿先在 1000℃左右轻烧，然后再压块与烧结的工艺称之为“二步煅烧”。根据国际上主要以 MgO 含量、颗粒体积密度和 CaO/SiO_2 比对烧结镁砂划分等级的分类方法，我国国家标准 GB/T 2273—2007 对耐火材料用烧结镁砂的技术条件作了规定，详见表 2-1。

表 2-1　烧结镁砂理化指标

牌　号	化学成分/%				CaO/SiO_2	颗粒体积密度
	MgO	SiO_2	CaO	LOI	质量比	/g · cm^{-3}
MS98A	≥98.0	≤0.3	—	≤0.30	≥3	≥3.40
MS98B	≥97.7	≤0.4	—	≤0.30	≥2	≥3.35
MS98C	≥97.5	≤0.4	—	≤0.30	≥2	≥3.30
MS97A	≥97.0	≤0.6	—	≤0.30	≥2	≥3.33
MS97B	≥97.0	≤0.8	—	≤0.30	—	≥3.28
MS96	≥96.0	≤1.5	—	≤0.30	—	≥3.25
MS95	≥95.0	≤2.2	≤1.8	≤0.30	—	≥3.20
MS94	≥94.0	≤3.0	≤1.8	≤0.30	—	≥3.20
MS92	≥92.0	≤4.0	≤1.8	≤0.30	—	≥3.18
MS90	≥90.0	≤4.8	≤2.5	≤0.30	—	≥3.18
MS88	≥88.0	≤4.0	≤5.0	≤0.50	—	—
MS87	≥87.0	≤7.0	≤2.0	≤0.50	—	≥3.20
MS84	≥84.0	≤9.0	≤2.0	≤0.50	—	≥3.20
MS83	≥83.0	≤5.0	≤5.0	≤0.80	—	—

烧结镁砂中的方镁石晶体多为不规则粒状，其晶体尺寸大小和形状取决于原料的纯度和烧结程度。图 2-1 为中国生产的牌号为 DBM-97 烧结镁砂的显微结构。镁砂的晶体尺寸为 80～130μm，深灰色晶间结合相为 C_2S，多晶间气孔。图 2-2 为 Alpine 山脉高铁烧结镁砂的显微结构。镁砂的晶体尺寸为 120～180μm，亮白色晶间结合相为 C_2F 和 MF，多晶间气孔。两者的化学成分和体积密度等理化指

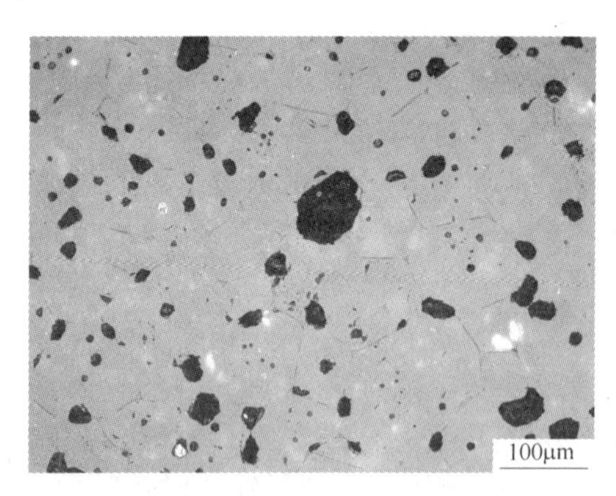

图 2-1　以菱镁矿为原料的烧结镁砂的显微结构（DBM-97）

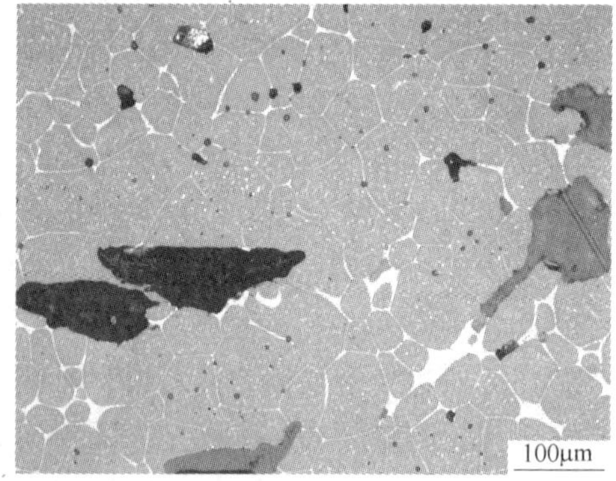

图 2-2　Alpine 山脉高铁烧结镁砂的显微结构

标见表2-2。

表2-2 各种镁砂的理化指标

烧结镁砂类型	化学成分/%						C/S质量比	体积密度/g·cm^{-3}
	MgO	Al_2O_3	SiO_2	CaO	Fe_2O_3	B_2O_3		
DBM-97	97.20	0.21	0.62	1.41	0.78	—	2.3	3.28
Alpine 山脉高铁镁砂	90.42	0.82	0.73	2.03	5.92	—	2.8	3.40
CCM 电熔镁砂	98.03	0.15	0.40	1.00	0.46	—	2.5	3.55
RM 电熔镁砂	97.37	0.17	0.68	1.24	0.52	—	1.8	3.52
海水镁砂	98.80	0.08	0.12	0.91	0.06	0.05	7.6	3.48

2.1.2 电熔镁砂

电熔镁砂（Fused Magnesia）是由天然菱镁矿、轻烧氧化镁粉或烧结镁砂等在电弧炉中高温熔融而成的镁质原料，因其强度、抗侵蚀性及化学惰性均优于烧结镁砂，在镁质及镁碳质耐火材料中正越来越多地取代烧结镁砂。

我国冶金行业标准 YB/T 5266—2004 按理化指标将电熔镁砂分为六个牌号，其技术条件见表2-3。世界各国生产的电熔镁砂的典型性能见表2-4。

表2-3 电熔镁砂的理化指标

牌 号	化学成分(质量分数)/%					颗粒体积密度/g·cm^{-3}
	MgO	SiO_2	CaO	Fe_2O_3	Al_2O_3	
FM990	≥99.0	≤0.3	≤0.8	≤0.3	≤0.2	≥3.50
FM985	≥98.5	≤0.4	≤1.0	≤0.4	≤0.2	≥3.50
FM980	≥98.0	≤0.6	≤1.2	≤0.6	≤0.2	≥3.50
FM975	≥97.5	≤1.0	≤1.4	≤0.7	≤0.2	≥3.45
FM970	≥97.0	≤1.5	≤1.5	≤0.8	≤0.3	≥3.45
FM960	≥96.0	≤2.2	≤2.0	≤0.9	≤0.3	≥3.35

表2-4 电熔镁砂的典型性能

组成、性能指标		加拿大	中国		法国	奥地利	日本	英国	美国
化学成分/%	MgO	97.06	97.47	95.81	97.81	97.36	98.58	97.00	97.30
	SiO_2	0.47	0.90	0.77	0.31	0.20	0.27	0.45	0.70
	CaO	1.68	0.84	1.61	1.29	1.08	0.99	2.45	1.70
	Fe_2O_3	0.63	0.45	0.51	0.25	0.27	0.08	0.12	0.20
	Al_2O_3	0.17	0.16	0.22	0.75	0.65	0.08	—	0.10
CaO/SiO_2 质量比		3.57	0.93	2.09	4.30	5.40	3.67	5.44	2.43

续表 2-4

组成、性能指标		加拿大	中国		法国	奥地利	日本	英国	美国
体积密度/$g \cdot cm^{-3}$		3.54	3.54	3.52	3.53	3.58	3.51	3.60	—
晶体平均直径/μm		454		222	222	235	530		
矿物组成	硅酸二钙	* * *		* *	*	* *			
	硅酸三钙	*							
	镁硅钙石			* * *	* *		*		
	钙镁橄榄石			*			*		

注：* 越多表示 X 射线峰值越强。

图 2-3 和图 2-4 分别给出了以轻烧氧化镁粉和菱镁矿为原料制备的电熔镁砂的显微结构，两者的化学成分和体积密度等理化指标见表 2-2。由图 2-3 和图 2-4 可见：电熔镁砂的显微结构特征为晶体尺寸大，在几百微米以上，晶间多直接结合，少硅酸盐相。用菱镁矿为原料时，会存在较多的晶间或晶内气孔。

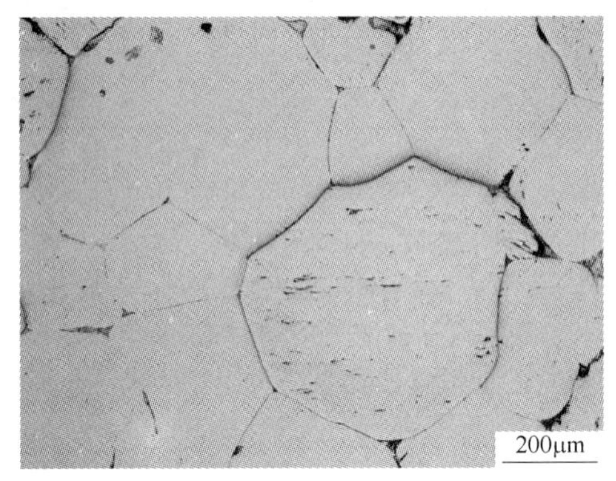

图 2-3 以轻烧氧化镁粉（CCM）为原料制备的电熔镁砂的显微结构

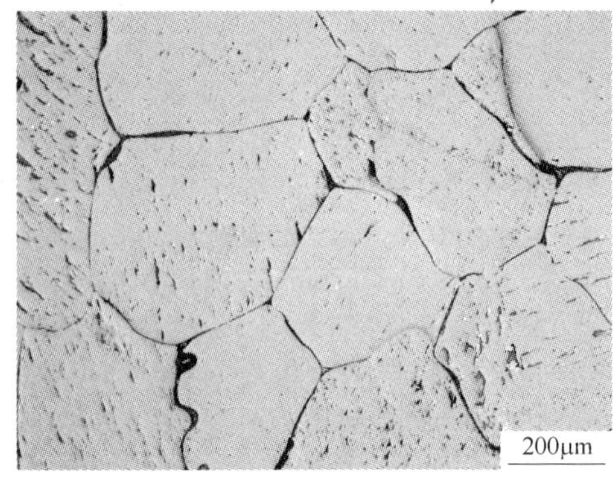

图 2-4 以菱镁矿（RM）为原料制备的电熔镁砂的显微结构

与烧结镁砂相比，电熔镁砂中硅酸盐相含量低，方镁石的直接结合程度高，可以充分地发挥出方镁石的良好性能。此外，由于使用时熔渣多从方镁石的晶界开始侵蚀，因此大结晶电熔镁砂比烧结镁砂中方镁石微晶的抗侵蚀性强得多。因此，近年来世界各国加强了大结晶电熔镁砂的研究与开发。烧结法制得的大结晶镁砂中方镁石平均尺寸为 60 ~ 200μm，而一般电熔镁砂中方镁石结晶尺寸为 200 ~ 400μm，大结晶电熔镁砂可达 700 ~ 1500μm，甚至 5000μm 以上。表 2-5 给出了大结晶镁砂和其他镁砂性能的比较。

表 2-5 各种电熔镁砂的性能对比

电熔镁砂类型	化学成分/%					体积密度/g·cm^{-3}	结晶尺寸/μm	所用原料
	MgO	SiO_2	CaO	Fe_2O_3	Al_2O_3			
大结晶镁砂	98.95	0.10	0.37	0.26	0.10	3.54	2000~15000	轻烧镁粉
大颗粒镁砂	98.41	0.35	0.79	2.36	0.13	3.46	400~800	轻烧镁粉
一般电熔镁砂	96.26	1.00	1.85	0.24	0.21	3.35	100~500	菱镁矿

但对“大结晶”电熔镁砂，高振昕从显微结构角度提出了自己的观点。他认为如果从纯度与晶体尺寸具有一定相关性考虑，要求大晶体以求较高纯度是合理的，但大结晶有结构强度偏低的缺陷。这是因为，首先，大结晶解理发育充分，易沿解理面开裂；其次，大结晶多为平直晶界，受力后也易发生沿晶开裂。因此，用电熔镁砂制砖时在成型中容易使颗粒破碎。国外在生产高档镁质制品时，常采用海水镁砂做大颗粒（2~5mm），用电熔镁砂做中颗粒（0.1~1mm），可能就是为了避免电熔镁砂颗粒在成型过程中破碎。

2.1.3 海水/卤水镁砂

以海水或卤水为原料，通过化学或热分解等方法制得 MgO，然后高温煅烧得到的镁砂称之为海水镁砂或卤水镁砂。海水镁砂或卤水镁砂的优点在于纯度高，成分易于调节。

海水/卤水镁砂的生产主要利用了过饱和原理，即：将海水中的 Mg^{2+} 转变成溶解度较小 $Mg(OH)_2$ 沉淀，将沉淀的 $Mg(OH)_2$ 与溶液分离后煅烧便可得到海水/卤水镁砂。主要反应式如下：

$$(MgCl_2, MgSO_4) + Ca(OH)_2 \longrightarrow Mg(OH)_2\downarrow + (CaCl_2, CaSO_4) \quad (2\text{-}1)$$

$$Mg(OH)_2 \longrightarrow MgO + H_2O \quad (2\text{-}2)$$

海水/卤水镁砂的主要显微结构特征为：晶体大小均匀，晶间多直接结合，晶内多封闭气孔。因具有较多的晶界和微孔，相对于电熔镁砂而言，海水镁砂的热震稳定性略好。图 2-5 为海水镁砂的显微结构。该镁砂晶体大小均匀，多在

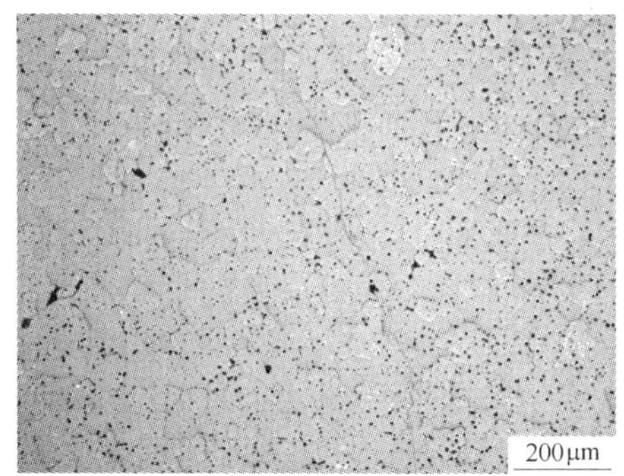

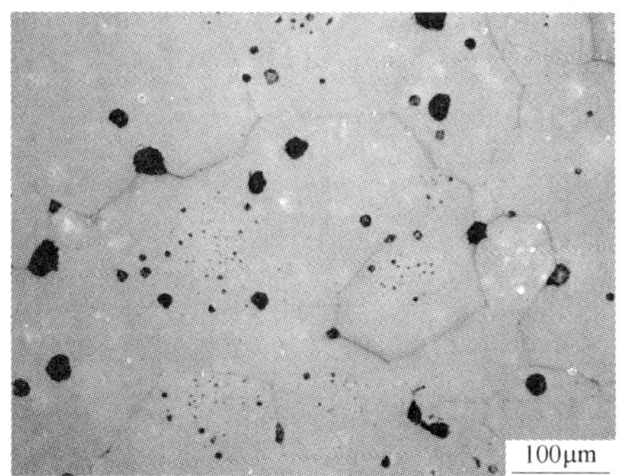

图 2-5 海水镁砂的显微结构

50～100μm 之间，晶间多直接结合，晶内多封闭微孔。

2.2 高致密镁砂的合成

作为碱性耐火材料的基础原料，镁砂的体积密度对于镁质耐火材料的使用性能，特别是抗渣侵蚀性能和高温强度具有重要的影响。研究表明用高密度、高纯度镁砂生产的耐火材料可以显著提高冶金炉窑的使用寿命。因此，提高镁砂的品质如密度、纯度等已成为镁质原料研究的热点。

镁质耐火材料的主要成分是 MgO，主晶相是方镁石。方镁石属等轴晶系，NaCl 结构，晶格能高达 3935kJ/mol，故熔点高达 2800℃。方镁石的晶格常数和真密度分别随煅烧温度升高而减小和提高。充分烧结的方镁石晶格常数为 0.42nm，真密度可达 3.58g/cm^3。但由于熔点很高很难烧至如此高密度。当由菱镁矿制取方镁石时，即使烧结温度高达 2000℃，形成死烧氧化镁，密度也不超过 3.4g/cm^3。而且，以此为原料制取制品时，也是很难烧结的，不易获得高密度材料。因此为了获得高密度镁砂通常采用添加第二相的办法。从氧化镁有关相图可见，添加单一的 Al_2O_3、Cr_2O_3、FeO 或 Fe_2O_3 等虽可使氧化镁熔点有所降低，但均不显著。

从 MgO-CaO-Fe_2O_3 系相图（图 2-6）可见，镁砂中同时含有 Fe_2O_3 和 CaO 时在 1500℃就已有液相出现。此外，由 CaO-FeO 相图（图 2-7）可看出，该体系在 1103℃就出现液相，即含 2CaO · Fe_2O_3(C_2F)镁砂将会有很好的烧结性能。

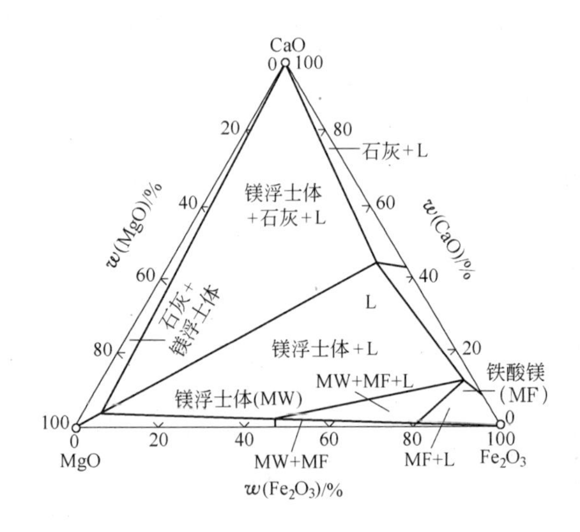

图 2-6　1500℃时 MgO-CaO-Fe_2O_3 相图

但引入第二相 C_2F 后，镁砂原料的耐高温性能如耐火度等会不会下降呢？如果耐火度下降，C_2F 同样不能作为烧结助剂。由图 2-7 可以看出，引入 C_2F 后不

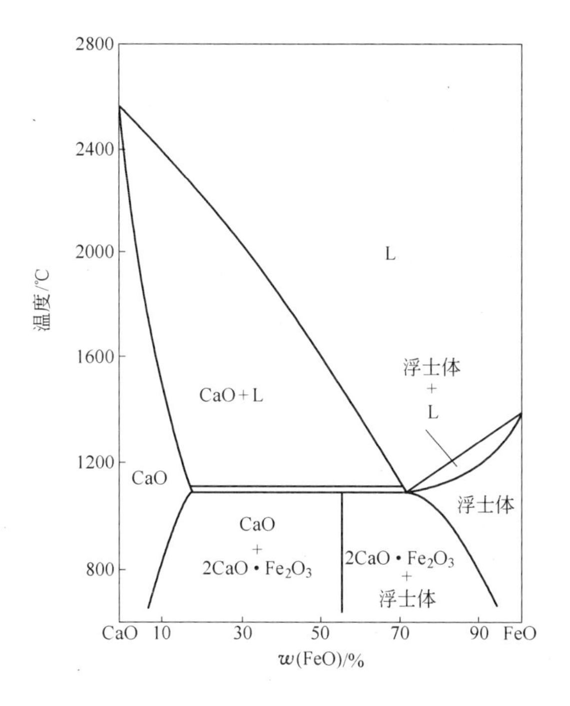

图 2-7 在与金属接触下的 CaO-FeO 系相图

会降低镁砂的耐火度。因为在炼钢工艺过程中，耐火材料内衬常处于强还原气氛条件下。在此条件下 C_2F 将发生分解：

$$2CaO \cdot Fe_2O_3 = 2CaO + 2FeO + \frac{1}{2}O_2(g)$$

$$\Delta G^{\ominus} = 422584 - 175.35T(\mathrm{J/mol}) \tag{2-3}$$

按照下式：

$$\Delta G^{\ominus} = -RT\ln(p(O_2)/p^{\ominus})^{\frac{1}{2}} \tag{2-4}$$

得：

$$\ln(p(O_2)/p^{\ominus}) = -\frac{101656}{T} + 42.18 \tag{2-5}$$

在 1773K 时

$$\ln\left(\frac{p(O_2)}{p^{\ominus}}\right) = -17.51$$

$$p(O_2) = 2.48 \times 10^{-9}\mathrm{MPa} \tag{2-6}$$

即当 $p(O_2) < 2.48 \times 10^{-9}$MPa 时，在弱的还原气氛下，上述分解反应就可进行。从 $MgO\text{-}Fe_2O_3$ 相图可知分解产物 FeO 很容易溶入 MgO 中形成镁方铁矿（MW）。镁方铁矿和氧化钙的熔化温度都很高，这表明该体系在使用过程中，低熔点相可转化为高熔点相，因此含有 C_2F 的材料仍然是一种具有很高耐火度的材

料，即 C_2F 使体系形成液相烧结后，可立即分解并形成高熔点的镁方铁矿，因此并不降低镁砂的耐火度。综上分析可见，C_2F 可以作为良好的烧结助剂，发挥液相烧结作用。

此材料的另一个特点就是具有很好的抗渣侵蚀性能。因为使用中材料已转化为氧化钙（CaO）、铁方镁石（MW）二元系，CaO 和 MW 都是优良的抗渣侵蚀材料。

根据以上分析进行了添加铁磷、白云石的试验，从而分别研究了添加铁磷和白云石对烧结合成镁砂密度的影响。具体过程为：以菱镁矿、白云石等为原料，添加少量铁磷，混合共磨至 200 目（0.074mm）以下，用纸浆废液为结合剂，压制成标型砖 230mm × 114mm × 65mm 或 ϕ50 mm × 50mm 圆柱形样块，在隧道窑中烧成。菱镁矿、白云石原料的化学成分示于表 2-6。

表 2-6 菱镁矿、白云石原料的化学成分 （质量分数,%）

原 料	MgO	CaO	Fe_2O_3	SiO_2	灼 减
菱镁矿	46.90	0.74	0.34	0.31	51.30
白云石	24.11	29.09	0.20	0.67	43.66

图 2-8 为添加铁磷（固定菱镁石、白云石含量）对烧结合成镁砂密度的影响。

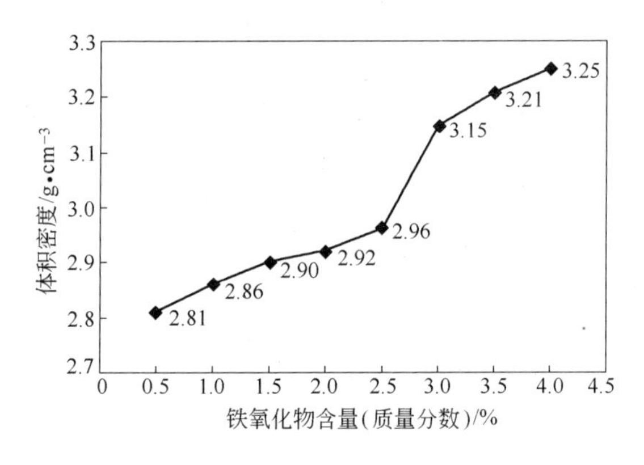

图 2-8 铁氧化物含量对烧结合成镁砂密度的影响

从图 2-8 可见，烧结初期镁砂的体积密度随铁氧化物含量增加缓慢增加，但当铁氧化物含量增至 2.5% 后，体密急剧上升。说明到达这点后，体系中出现了使烧结发生本质性变化的因素。其前或后体积密度的上升是由高体积密度的 Fe_2O_3（$\rho(Fe_2O_3) = 5.2g/cm^3$）代替低体积密度的方镁石（$\rho(MgO) = 3.6g/cm^3$）所引起的。但突变区就不能认为是由 Fe_2O_3 体积密度较大引起的。分析原因可能是：方镁石中铁氧化物大于 2.5% 后出现液相，使烧结过程变为液相烧结，促进镁砂致密化。从图 2-6 可见，在 CaO 存在时，当 Fe_2O_3 含量超过（铁方镁石）MW + CaO 区后就进入 MW + L 区，出现了液相烧结，此转变点在 2.5% 左右。

图 2-9 为添加白云石对烧结合成镁砂密度的影响（固定菱镁石和铁磷的含量）。

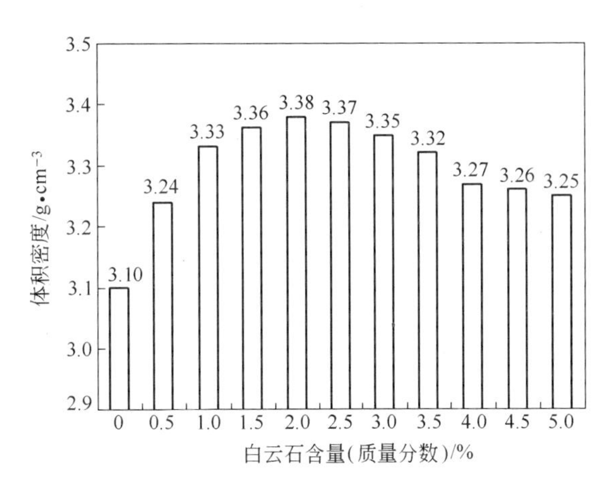

图 2-9 白云石含量对烧结合成镁砂密度的影响

图 2-10 为烧成温度和烧成气氛对烧结合成镁砂密度的影响。图 2-10 中的 A 点为 202.5m 隧道窑，属还原气氛烧成；B 点、C 点均为 156m 隧道窑，属氧化气氛烧成；D、E、F、G、H 点为 98.4m 超高温隧道窑，属氧化气氛烧成。由图 2-10 可知，在还原气氛下，经 1470℃ 烧成即可烧成致密的优质高铁镁砂。此外，在氧化气氛下，随着烧成温度的提高，高铁镁砂的体积密度增加，当烧成温度超过 1700℃ 后，高铁镁砂的体积密度增加不明显。

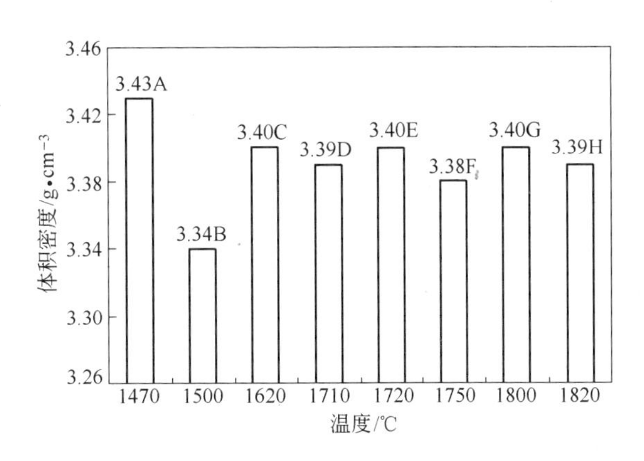

图 2-10 烧成温度和烧成气氛对烧结合成镁砂密度的影响

从图2-10可见，高铁镁砂在弱还原气氛下1470℃烧成即可烧成致密的优质高铁镁砂，而在氧化气氛下则需要比较高的烧成温度，其主要原因如下。

还原性气氛是实现物相转变的条件。使镁铁矿（MF）转变为镁方铁矿（MW）的过程即如以下反应：

$$MgO \cdot Fe_2O_3(MF) - xMgO + (x-2)FeO =\!=\!= (Mg_{1-x}Fe_x)O(FeO\text{在}MgO\text{中的固溶体}) + \frac{1}{2}O_2(g) \quad (2\text{-}7)$$

上述反应实际上是由还原反应和溶解组成的：

$$MgO \cdot Fe_2O_3 =\!=\!= MgO + 2FeO + \frac{1}{2}O_2(g)$$

$$\Delta G^{\ominus} = 92900 - 41.9T(J/mol) \quad (2\text{-}8)$$

$$(1-x)MgO + xFeO =\!=\!= (Mg_{1-x}Fe_x)O$$

固溶过程,溶解自由能(略) (2-9)

由式2-8得：

$$\Delta G = \Delta G^{\ominus} + RT\ln\left(\frac{p(O_2)}{p^{\ominus}}\right)^{\frac{1}{2}} \quad (2\text{-}10)$$

从而可算出1703K时反应的氧分压：

$$\ln\left(\frac{p(O_2)}{p^{\ominus}}\right) = -12.68$$

即氧分压 $p(O_2) < 3.1 \times 10^{-7}$ MPa后，还原反应就会发生。而形成铁方镁石则为致密化烧结奠定了基础。

此外，MF转化为MW时伴随20%的体积收缩，明显提高体积密度。类似的研究在欧洲也已进行，欧洲的高 C_2F 镁砂的性能示于表2-7。

表2-7 含 C_2F 的各种死烧镁砂 （质量分数,%）

种类		A	B	C	D	E
化学组成	MgO	91.2	89.7	82.7	85.8	80.2
	Fe_2O_3	4.8	5.4	8.4	5.2	4.7
	Al_2O_3	0.2	0.3	0.4	0.4	0.4
	CaO	2.9	3.6	7.0	7.4	13.5
	SiO_2	0.3	0.5	0.9	0.7	0.7
计算的共生矿物	方镁石	91.3	89.8	82.9	86.4	80.8
	MF	2.2	2.5	2.0	—	—
	$C_2F(+C_2A)$	5.7	6.3	12.4	9.5	8.9
	C_2S	0.8	1.4	2.7	—	—
	C_3S	—	—	—	2.5	2.5
	C	—	—	—	1.6	7.8

图 2-11 示出了铁酸二钙为结合相的致密镁砂的显微结构。由图 2-11 可见，致密镁砂中主晶相为含有少量 MF 脱溶相的方镁石晶体，多呈浑圆状结构，晶粒在 30～100μm 之间；晶间结合相为亮白色铁酸二钙（C_2F），晶间有均匀分布的微孔。

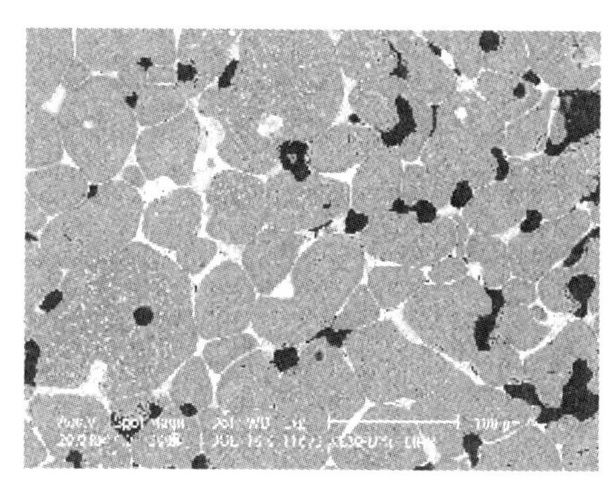

图 2-11　以铁酸二钙为结合相的致密镁砂的显微结构

由于所观察的试样属缓冷样品，在温度降低过程中，Fe^{2+}/Fe^{3+} 降低，即 FeO 获得 Fe^{3+} 转化成 Fe_2O_3。因 Fe_2O_3 在 MgO 内的固溶度低，故会逐渐从 MgO 内迁出并与主晶相间的游离 CaO 反应生成 C_2F 胶结相。

综上分析可见，高铁镁砂的优越性主要体现在以下三个方面：

（1）良好的烧结性能。在弱氧化条件和还原条件，略高于 1300℃ 温度下，高 C_2F（$Ca_2Fe_2O_5$）死烧镁砂中已出现液相促进了混合料的烧结，并可产生优良的陶瓷结合。

（2）高耐火度。在很多炼钢工艺过程中，耐火材料内衬常处于强还原气氛条件下，使之发生 C_2F 分解成 CaO 和镁方铁矿的现象。通过这个过程，易熔体在混合料被侵蚀过程中转换成固态相，通过吸收 Fe_2O_3 形成 MF，进而形成 MW，增强了烧结体（镁砂）。

（3）较强的耐熔渣侵蚀性。在 C_2F 分解过程中释放出 CaO，与渗入的渣发生反应，结果使渗入物的 CaO/SiO_2 比和 CaO/Al_2O_3 比增高，并使固相温度相应地上升。

2.3　普通烧结镁铬砂的合成

从传统的硅酸盐结合镁铬砖到高性能镁铬砖的发展史来看，除了原料的高纯化，压制过程中高压化，以及采用高温烧成的“三高”之外，最具有影响的变化，就是随着钢铁工业、有色金属工业的操作、冶炼的强化，对镁铬耐火材料的抗侵蚀性、抗熔体的冲刷性、高温下化学稳定性及体积稳定性，提出了更高的要求，开发了烧结合成镁铬料和电熔合成镁铬砂。

镁铬砂（Magnesia-chrome Sinter）也称镁铬矿（Picrochromite）或镁铬尖晶石（Magnesium Chromite Spinel），是用镁质原料（烧结镁砂、天然菱镁矿或海水/卤水氢氧化镁制得的轻烧镁粉）和铬铁矿配合，经人工合成（烧结或电熔）得到的以方镁石和铬尖晶石为主要组成矿物的碱性耐火原料。镁铬尖晶石是镁铬砂的主要组成矿物之一，理论组成为 MgO 21.0%，Cr_2O_3 79.0%，属立方晶系，晶格常数 $a_0=0.8305nm$，密度为 4.429g/cm³，熔点为 2180℃，莫氏硬度为 5.5，25~900℃的线膨胀系数为$(5.70\sim8.55)\times10^{-6}℃^{-1}$。由于所用的原料铬铁矿成分比较复杂，所以人工合成的镁铬砂往往含有由 FeO、MgO 与 Fe_2O_3、Al_2O_3、Cr_2O_3 组成的多种尖晶石。

采用预合成的镁铬砂是提高镁铬砖性能的重要途径。这是因为，一方面它提高了制品直接结合程度，使颗粒间的部分直接结合在原料合成阶段就已完成；另一方面，制砖时合成原料的再烧结，可适当降低烧成温度。

烧结合成镁铬砂系由轻烧氧化镁或菱镁石与铬矿共磨混均之后，压制成荒坯（或成球），在高温隧道窑或竖窑中烧成。在高温下，由于镁砂与铬矿进行了充分的反应，形成了大量的尖晶石。因此利用烧结合成镁铬砂来制砖，既提高了镁铬耐火材料的抗侵蚀性，也提高了制品的化学和体积稳定性，所以研究生产烧结合成镁铬砂具有十分重要的意义。

用我国东北的轻烧氧化镁粉和新疆、西藏的铬矿、铬精矿等为原料生产烧结合成镁铬砂。各种原料的性能示于表 2-8。

表 2-8 各种原料的化学成分和堆积密度 （质量分数,%）

组成/性能	铬铁矿	铬精矿	轻烧 MgO	$CaCO_3$ 以调整 C/S
SiO_2	3.89	1.59	1.50	0.16
Fe_2O_3	13.91	14.64	0.26	0.01
Al_2O_3	26.05	27.23	0.30	—
Mn_3O_4	0.19	0.20	0.06	—
Cr_2O_3	34.30	36.51	—	—
CaO	0.14	0.03	2.35	55.0
TiO_2	0.20	0.20	—	—
MgO（差值）	21.32	19.60	95.53	痕量
LOI	2.44	0.75	7.00	43.28
C/S	—	—	1.57	—
堆积密度/g·cm⁻³	2.28	2.01	0.916	—

按照 Cr_2O_3 含量不同，分别配制了 $M_1\sim M_5$ 各种试样。其中，轻烧 MgO 组分均细磨至粒度小于 63μm。

混合料 1（M_1）：以铬精矿为基础，在混合料中 Cr_2O_3 含量为 7.5%，加入纯 $CaCO_3$ 粉调整 C/S >2。

混合料 2（M_2）：以铬精矿为基础，在混合料中 Cr_2O_3 含量为 11%，加入纯 $CaCO_3$ 粉调整 C/S >2。

混合料3（M_3）：以铬矿为基础，在混合料中 Cr_2O_3 含量为11%，C/S 低于0.5。

混合料4（M_4）：以铬矿为基础，在混合料中 Cr_2O_3 含量为7.5%，加入纯 $CaCO_3$ 粉调整 C/S >2。

混合料5（M_5）：以铬精矿为基础，在混合料中 Cr_2O_3 含量为15%，加入纯 $CaCO_3$ 粉调整 C/S >2。

表2-9为试样 M_1 ~ M_5 的化学成分。为了便于比较，表2-9中还列出了奥镁公司生产的两种烧结合成镁铬砂（Radex MC-5 和 Radex MCC）的化学组成。

表2-9 烧结合成镁铬砂的化学组成 （质量分数,%）

成分	M_1		M_2		M_3		M_4		M_5		Radex MC-5	Radex MCC
	A	C	A	C	A	C	A	C	A	C		
SiO_2	1.08	1.52	1.26	1.53	2.28	2.27	1.48	2.02	1.33	1.54	0.66	0.97
Fe_2O_3	3.73	3.20	4.64	4.58	5.18	4.64	3.55	3.24	6.47	6.16	6.47	9.74
Al_2O_3	6.54	5.81	8.52	8.40	9.68	8.57	5.97	5.93	11.81	11.36	1.50	3.77
Mn_3O_4	0.08	0.09	0.10	0.10	0.10	0.10	0.08	0.09	0.11	0.12	0.22	0.22
Cr_2O_3	9.58	7.50	12.14	11.00	12.42	11.00	8.74	7.5	16.28	15.0	4.56	16.79
CaO	2.50	3.04	2.58	3.06	1.56	1.64	3.38	4.04	2.88	4.08	2.82	1.84
TiO_2	0.05	0.04	0.07	0.06	0.07	0.06	0.05	0.04	0.08	0.08	—	—
MgO（差减值）	76.44	78.80	70.70	71.27	68.71	71.72	76.75	77.14	61.04	61.66	83.77	66.67
C/S	2.31	2.00	2.05	2.00	0.68	0.72	2.28	2.00	2.17	2.00	4.27	1.90
$CaO + SiO_2$	3.58	4.56	3.84	4.59	3.84	3.91	4.86	6.06	4.21	5.62	3.48	2.81

注：A代表实测值，C代表计算值。

将试样 M_1 ~ M_5 在奥镁公司的试验厂进行试验，烧结所用竖窑的重要参数如下：

（1）有效高度为8.5m，内径为0.7m，外径为1.9m；

（2）用重油作燃料，均由计量泵控制，供油烧嘴两排共16个；

（3）燃料消耗550kcal/kg熟料（1cal =4.1855J）。

试样 M_1 ~ M_5 生料与熟料的体积密度示于表2-10。试验结果表明：从 M_1 到 M_5 所有试样均出现严重的黏结现象，用高温竖窑烧结这种镁铬砂并不适合。这与以前试用菲律宾产铬矿烧结合成镁铬砂出现了同样的结果（各种铬矿组成见表2-11）。当时用回转窑生产烧结镁铬砂，因在回转窑内结块并形成环状结圈而严重影响了生产。说明 Al_2O_3 含量高的普通铬矿不能用来在高温竖窑或回转窑生产镁铬合成原料。试验所用两种铬矿均含 Al_2O_3 约27%。

表 2-10 合成镁铬料生料与熟料的体积密度

编号	生料体积密度/$g \cdot cm^{-3}$	烧后体积密度/$g \cdot cm^{-3}$	
		试验窑	竖窑
M_1	2.15	3.16	3.24
M_2	2.25	3.37	3.37
M_3	2.24	3.33	3.33
M_4	2.16	3.26	3.28
M_5	2.30	3.40	3.39
Radex MC-5	—	—	3.36

表 2-11 商业可购铬矿与中国铬矿主要化学组成质量对比

（质量分数，%）

化学成分	南非铬精矿	土耳其			菲律宾		中国			
							新疆		西藏	
		铬矿 1	铬矿 2	铬精矿	铬铁矿	铬精矿	铬铁矿	铬精矿	铬铁矿	铬精矿
SiO_2	0.50	1.74	2.04	1.30	4.40	1.8	3.89	1.59	3 ~ 4	1.50
Al_2O_3	14.61	10.20	10.60	10.5	27.0	28.9	26.05	27.23	12 ~ 14	14.58
Fe_2O_3	28.70	16.60	15.60	18.4	16.0	17.7	13.91	1.64	18 ~ 20	15.41
Cr_2O_3	47.20	55.90	56.00	56.40	33.0	36.0	34.30	36.51	50 ~ 54	52.92
CaO	0.04	0.12	0.10	0.00	0.30	0.1	0.14	0.03	—	0.41

试样 M_1、M_4、M_5 的显微结构分别示于图 2-12、图 2-13 和图 2-14。

由图 2-12 ~ 图 2-14 可知，试样 M_1 和试样 M_4 的显微结构比较相近。试样中主晶相为浑圆状的方镁石，方镁石已呈现出尖晶石化特征，即在方镁石晶体内部

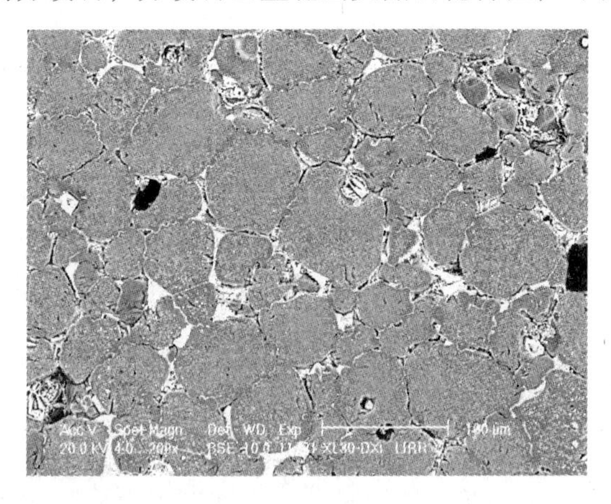

图 2-12 试样 M_1 的显微结构

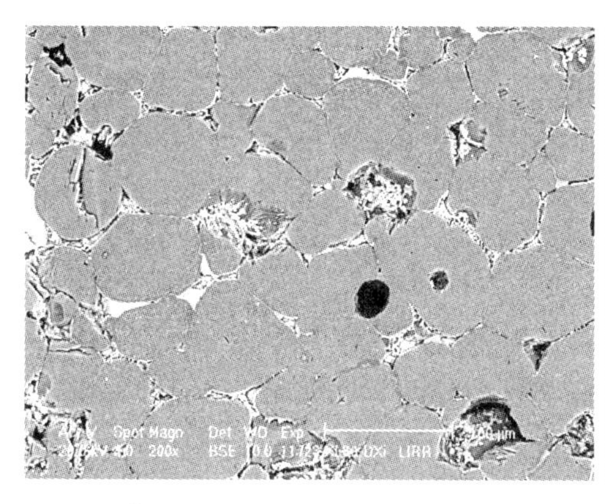

图 2-13　试样 M_4 的显微结构

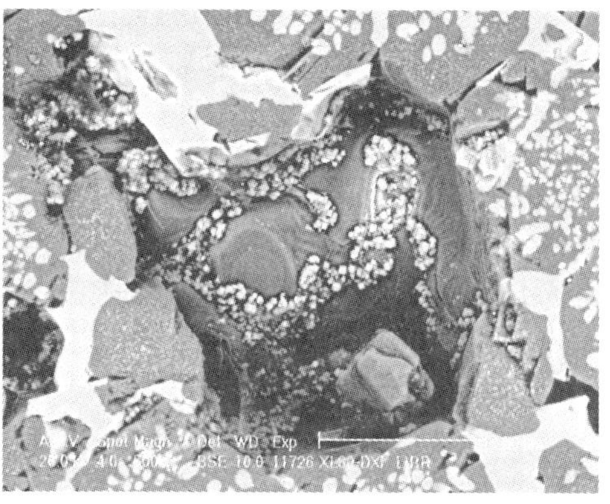

图 2-14　试样 M_5 的显微结构

有星点状镁铬尖晶石脱溶相，但尺寸较小，一般不足 10μm。与前两者不同，试样 M_5 中主晶相仍为浑圆状的方镁石，但晶内有较多的尖晶石脱溶相，且尺寸较大。方镁石晶体之间有发育完整的镁铬尖晶石。

2.4　优质烧结镁铬砂的合成

由于普通烧结镁铬砂合成中选用的铬矿存在杂质含量高等问题，为此，选用杂质含量低的优质铬矿进行了试验。

2.4.1　试验原料

在 Radenthein 用 X-RFA 对所用试验原料苛性氧化镁（试样号：OS1166/01/001）和铬矿（试样号：OS1166/01/002）进行了化学成分分析（烧失后），其结果见表 2-12，两种原料的粒度尺寸分布如图 2-15 所示。

表 2-12　原料烧失后的化学分析　（质量分数,%）

试样号	OS1166/01/001	OS1166/01/002
试样名称	苛性氧化镁	铬　矿
SiO_2	0.82	0.52
Fe_2O_3	0.75	16.30
Al_2O_3	0.12	11.85
Cr_2O_3	0.01	60.23
CaO	1.08	0.16
MgO（Diff）	97.22	10.94
LOI	3.44	1.36

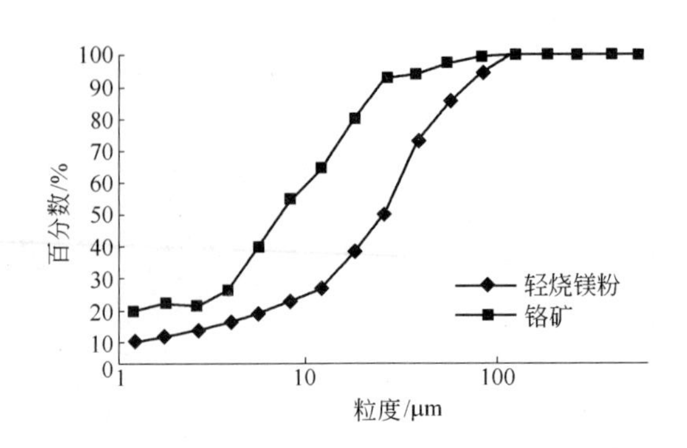

图 2-15 铬矿和苛性镁原料的粒度分布曲线

2.4.2 混合

原料在 Leingarten 的 Bepex 进行混合，其目的是生产出 Cr_2O_3 含量（质量分数）分别为 5%、12%、18% 的烧结镁铬料。根据表 2-12 中原料的化学组成，苛性氧化镁和铬矿按表 2-13 中的比例混合。

表 2-13 三种不同混合料的配比

项　目	Cr_2O_3 5%	Cr_2O_3 12%	Cr_2O_3 18%
苛性氧化镁/kg	68.0	68.0	70.0
铬矿/kg	6.0	16.5	29.2
总计/kg	74.0	84.5	99.2

2.4.3 压块

上述混合料在 Leingarten（德国）的 Bepex 中间试验室进行压块，设备为 MS150 压块机，该设备装有 4 个杏仁状滚子和 1 条锥形螺杆作为压制装置。Cr_2O_3 含量（质量分数）分别为 5%、12%、18% 的混合料成型压力分别为 78kN/cm²、80kN/cm²、83kN/cm²，坯块宽为 124mm。制得的镁铬坯块封于塑料袋中，运往 Radenthcin 进行化学分析，测定坯块的体积密度，并用于最后的烧结试验。坯块的化学组成及体积密度见表 2-14。

表 2-14 坯块的化学组成及体积密度 （质量分数,%）

试样编号	OS1166/01/011	OS1166/01/012	OS1166/01/013
试样名称	Cr_2O_3 5%	Cr_2O_3 12%	Cr_2O_3 18%
SiO_2	0.79	0.72	0.73
Fe_2O_3	2.09	3.86	5.25

续表 2-14

试样编号	OS1166/01/011	OS1166/01/012	OS1166/01/013
Al_2O_3	1.15	2.41	3.42
Cr_2O_3	5.15	11.83	17.09
CaO	1.04	0.88	0.79
MgO(Diff)	89.71	80.22	72.63
LOI	4.84	3.48	3.53
体积密度/$g \cdot cm^{-3}$	2.26	2.36	2.47

2.4.4 烧结

3 组镁铬坯块在燃气炉内进行热处理，并在 1900℃ 保温 2h，其烧成温度曲线如图 2-16 所示。根据 DIN EN9933-17 检测方法测定烧结合成镁铬砂的体积密度，其结果见表 2-15。

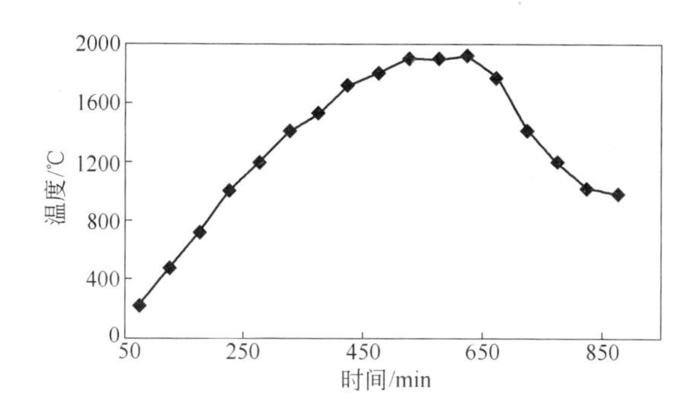

图 2-16 烧结试验温度曲线

表 2-15 烧结合成镁铬砂的体积密度

试样编号	试样名称	体积密度/$g \cdot cm^{-3}$
OS1166/01/011	Cr_2O_3 5%	3.16
OS1166/01/012	Cr_2O_3 12%	3.18
OS1166/01/013	Cr_2O_3 18%	3.22

烧成三种试样的显微结构分别如图 2-17、图 2-18、图 2-19 所示。由图 2-17 ~ 图 2-19 可知，随着 Cr_2O_3 含量的增加，合成镁铬砂中的尖晶石含量增大，当 Cr_2O_3 含量为 18% 时，合成料中已有较多预合成尖晶石存在。与普通镁铬砂相比，三种试样的气孔数量均较高。这表明当杂质含量较低时（$w(SiO_2) < 1.0\%$），即使烧成温度达到 1900℃，仍未能形成致密烧结，可见优质高纯镁铬砂的合成需要在更高的温度下进行。

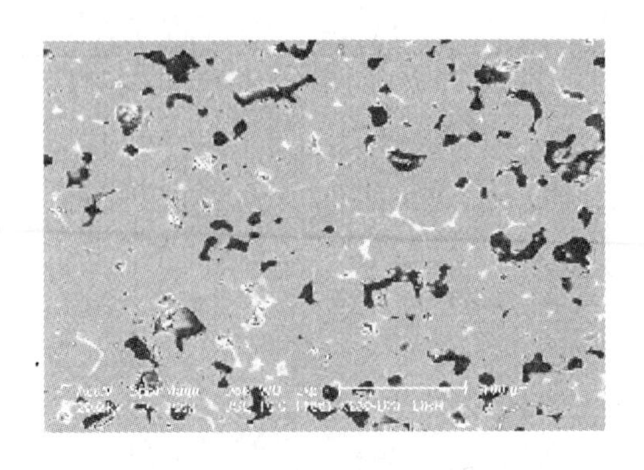

图 2-17 Cr_2O_3 含量为 5% 时烧结镁铬试样的显微结构

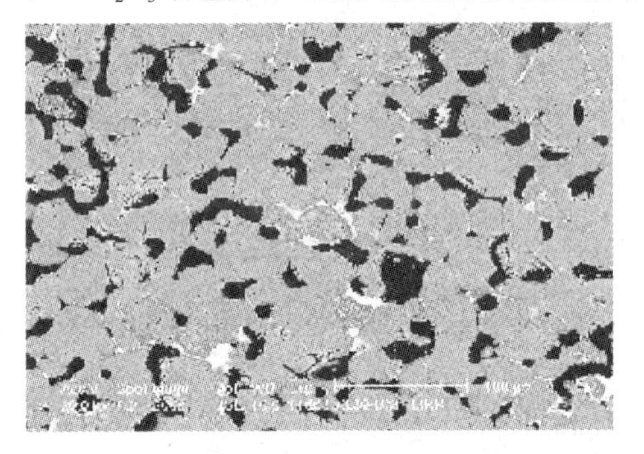

图 2-18 Cr_2O_3 含量为 12% 时烧结镁铬试样的显微结构

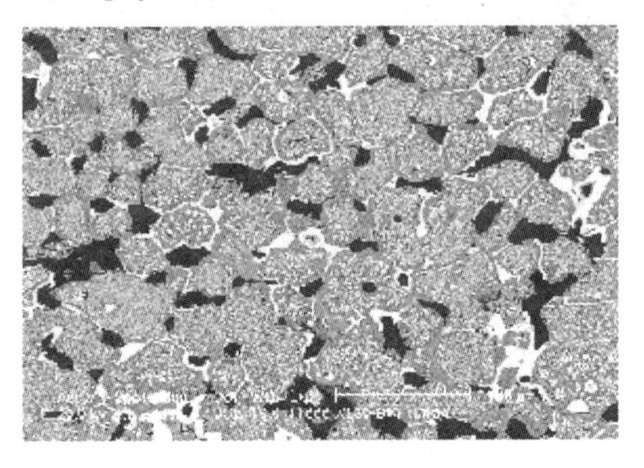

图 2-19 Cr_2O_3 含量为 18% 时烧结镁铬试样的显微结构

3　镁铬耐火制品的组成、结构与性能

****

耐火制品的性能取决于其组成与结构，而组成与结构又由原料和制备工艺所决定。为此，本章将着重介绍镁铬耐火制品的常见种类与特征，原料和工艺条件对镁铬制品性能的影响，共烧结和熔铸耐火制品的制备、结构与性能。

3.1　镁铬耐火制品的种类与特征

自 1915 年生产镁铬砖以来，镁铬砖的生产用原料和工艺在不断改进。镁铬耐火制品的品种也日益丰富，有硅酸盐结合镁铬砖、直接结合镁铬砖以及优质镁铬砖，如熔铸镁铬砖、电熔再结合镁铬砖、半再结合镁铬砖以及全合成镁铬砖等。现就常用镁铬砖的制备、特点和显微结构特征总结如下。

3.1.1　硅酸盐结合镁铬砖

硅酸盐结合镁铬砖（Silicate Bonded Magnesia-chrome Brick）又称普通镁铬砖。这种砖是由杂质（主要是 SiO_2 与 CaO）含量较高的铬矿与镁砂制成的，烧成温度不高，在1550℃左右。其显微结构特点为：耐火物晶粒之间由熔点或软化点低的硅酸盐相结合在一起，故称之为硅酸盐结合镁铬砖。硅酸盐结合镁铬砖的典型显微结构照片如图 3-1 所示。

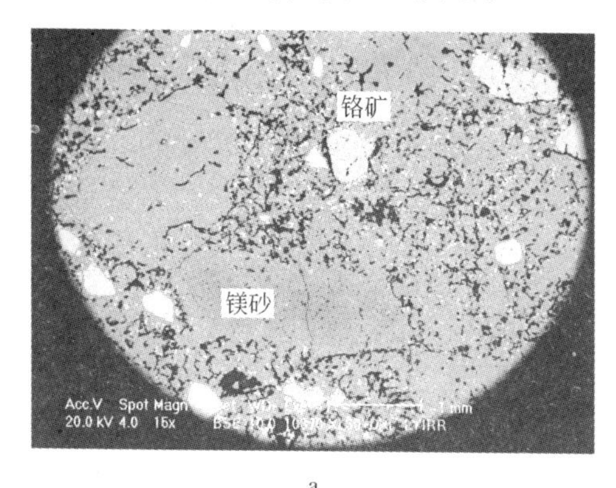

a

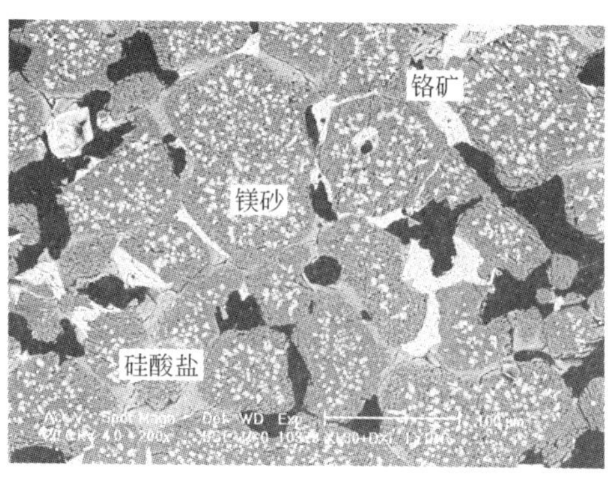

b

图 3-1　硅酸盐结合镁铬砖的显微照片

在图 3-1a 中，灰色颗粒为镁砂，白色的中颗粒为铬矿。在图 3-1b 中，白色颗粒为铬矿，灰色浑圆状颗粒为镁砂，由于该硅酸盐结合镁铬砖烧成温度高，大于1580℃，因此，镁砂颗粒内包含有大量的尖晶石脱溶相。由图3-1可知：硅酸盐结合镁铬砖的基质中主晶相为粒状方镁石，镁砂和铬矿颗粒间或各自颗粒间则多以灰白色薄膜状硅酸盐（CMS）胶结相或为气孔所隔离，其次有少量的复合尖晶石（白色）填充于方镁石晶间，但直接结合程度很低。基质为较致密的网络状结构，气孔多为条状，少部分呈封闭趋势。由于硅酸盐结合的显微结构特征不利于普通镁铬耐火制品的高温力学性能和抗化学侵蚀性能，因此硅酸盐结合镁铬砖通常用于对性能要求不苛刻的部位。

3.1.2　直接结合镁铬砖

直接结合镁砖（Direct Bonded Magnesia-chrome Brick）是在硅酸盐结合镁铬砖的基础上，尽可能降低原料中杂质（尤其是SiO_2和CaO的含量）的含量，即采用杂质含量较低的铬精矿和较纯的镁砂为原料制备而成的镁铬砖。由于砖中的杂质含量低，故多采用高温烧成（烧成温度通常在1700℃以上）。由于采用了纯度较高的原料，因此砖中的硅酸盐结合相数量减少，杂质含量少，耐火物晶粒之间多呈直接接触，故称之为直接结合镁铬砖。直接结合镁铬砖的典型显微结构照片如图3-2所示。

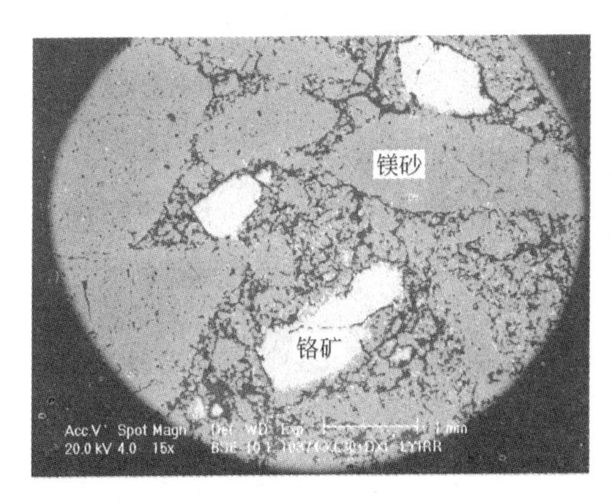

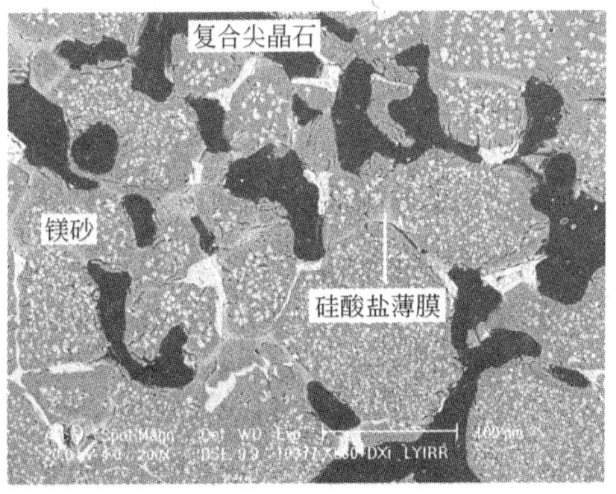

图3-2　直接结合镁铬砖的显微照片

从图3-2中可以明显看出，直接结合镁铬砖基质中的主晶相仍为粒状方镁石，其晶内亦包含有大量的尖晶石脱溶相（方镁石晶粒内的白色析出物），其次有少量的复合尖晶石（白色）和灰白色薄膜状硅酸盐相填充于方镁石晶间。主晶相方镁石主要通过方镁石-方镁石、方镁石-铬矿（复合尖晶石）结合在一起，即晶粒间以直接结合为主；另一部分则通过少量的硅酸盐相薄膜胶结在一起。直接结合的显微结构特点显著提高了该种镁铬砖的高温性能、抗侵蚀与抗冲刷，使其成为目前应用较普遍的一种镁铬砖。直接结合镁铬砖在有色冶炼炉、水泥窑等使用条件苛刻的部位均得到了广泛应用。

3.1.3 电熔再结合镁铬砖

国外通常将全由人工合成原料、共烧结镁铬料或电熔镁铬料（或加有部分电熔镁砂）制作的镁铬砖皆称为再结合镁铬砖。而国内生产的电熔再结合镁铬砖（Rebounded Magnesia-chrome Brick）通常以电熔预合成的镁铬料为原料，由于原料纯度高，故需要在1750℃以上的高温或超高温下烧成。此外，因该工艺借助电熔法预先制取尖晶石化完全、直接结合率高、相分布均匀的镁铬合成料，从而获得了较为均匀的结构，使方镁石固溶体兼备抗热震性和抗侵蚀性的优点，提高了制品的性能。电熔再结合镁铬砖的结构显微照片如图3-3所示。

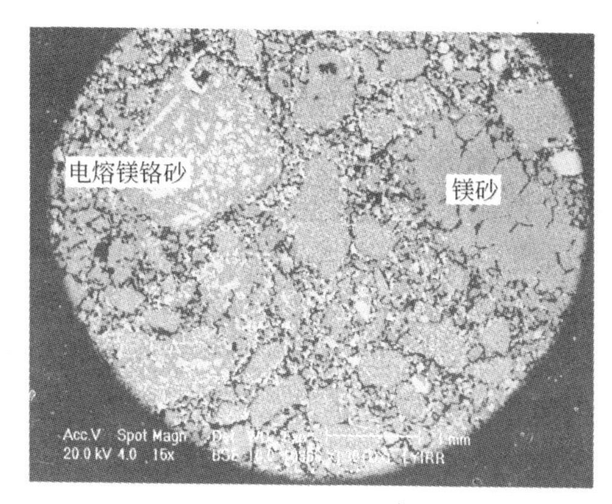

a

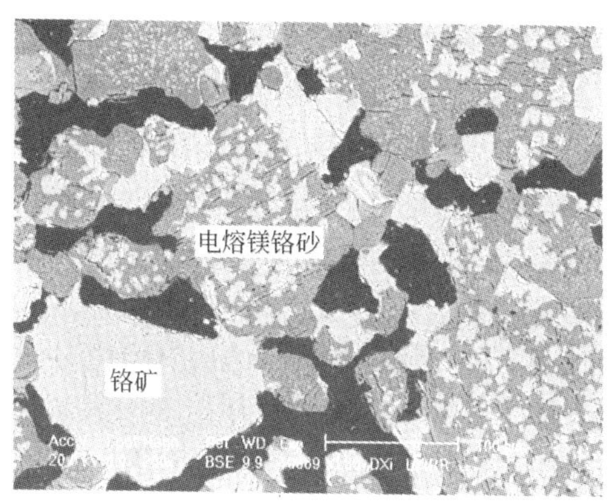

b

图3-3 电熔再结合镁铬砖的显微照片

在图3-3a中，灰色颗粒为镁砂，含白色脱溶相的颗粒为电熔预合成的镁铬砂。在图3-3b中，白色颗粒为铬矿，灰色所含脱溶相较小的颗粒为镁砂，灰色所含脱溶相较大的颗粒则为电熔预合成的镁铬砂。由图3-3可知：电熔再结合镁铬砖基质部分以电熔镁铬砂为主，其次有较多的复合尖晶石（白色）填充于镁铬砂晶间。基质结构呈致密的网络状，耐火晶粒间呈直接结合，无硅酸盐结合相。

3.1.4 半再结合镁铬砖

半再结合镁铬砖（Semi-rebounded Magnesia-chrome Brick）是介于电熔再结合镁铬砖和直接结合镁铬砖之间的一种镁铬砖。生产所用原料既有电熔预合成镁铬砂，又有铬精矿和镁砂。这类砖也是在1700℃以上高温烧成，砖内耐火物晶粒之间常以直接结合为主。其优点是抗热震性较好，抗侵蚀、抗冲刷也不错。半再结合镁铬砖的显微照片如图 3-4 所示。

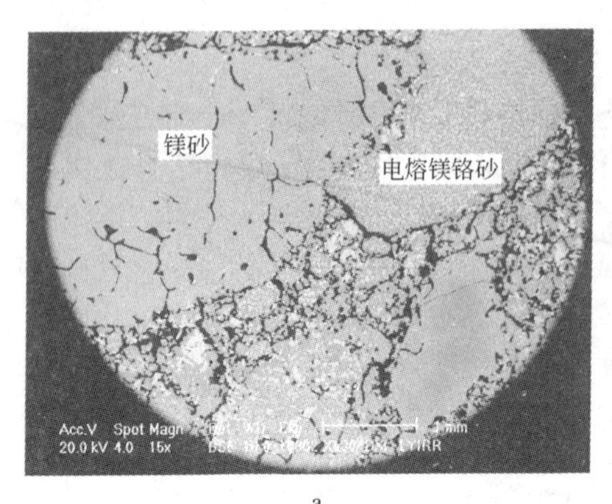

a

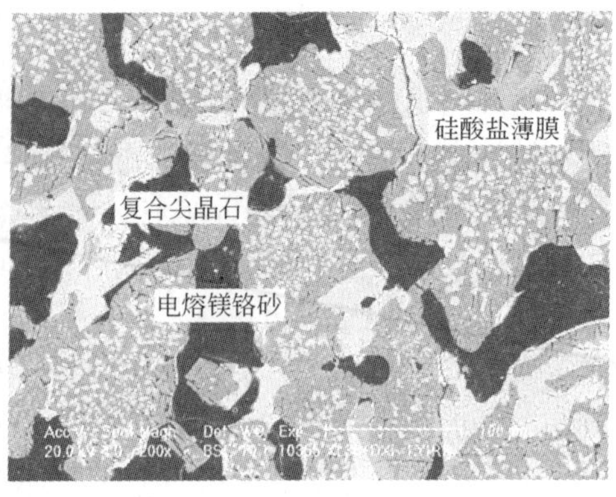

b

图 3-4 半再结合镁铬砖的显微照片

由图 3-4 可见，半再结合镁铬砖的显微结构既有直接结合镁铬砖的特点又有电熔再结合镁铬砖的特点。基质部分，主晶相为粒状方镁石，其晶内包含有大量的尖晶石脱溶相，其次为复合尖晶石（白色）和少量灰白色薄膜状硅酸盐相（CMS）填充于方镁石晶间。基质结构呈多孔的网络状。主晶相方镁石大部分通过方镁石-复合尖晶石直接结合，少数通过硅酸盐相胶结在一起。

3.1.5 熔铸镁铬砖

熔铸镁铬砖（Casting Magnesia-chrome Brick）主要生产过程为：用镁砂和铬矿加入一定量外加剂，经混合、压坯与素烧，破碎成块，进电弧炉熔融，再注入模内退火，生产成母砖；母砖经切、磨等加工制成所需要的砖型即可。熔铸镁铬砖的结构特点是成分分布均匀，耐火物晶粒之间主要为直接接触，硅酸盐以孤岛状存在。这种砖抗熔体熔蚀、渗透与冲刷特别好，是专为有色冶炼开发的制品，最适宜砌在连续式生产设备熔炼炉如闪速炉反应塔下部与沉淀池渣线区等。

3.1.6 化学结合不烧镁铬砖

该类型的砖通常采用镁砂与铬矿为制砖原料，以聚磷酸钠或六偏磷酸钠或水玻璃为结合剂压制而成，因不需高温烧成，只经 200℃左右温度烘烤，故称之为化学结合不烧镁铬砖。由于这种砖未经高温烧成，砖中镁砂会发生水化，因此这种砖不能长期存放。

综上可见，镁铬耐火材料的种类繁多。现常用的镁铬耐火材料有直接结合镁铬砖（一般由镁砂与铬矿直接结合）、电熔再结合镁铬砖（以电熔镁铬砂为原料）、半再结合镁铬砖（添加部分电熔镁铬砂）等。

3.2 制备工艺对镁铬砖性能的影响

生产工艺的不同使得镁铬材料的结构存在明显差异，进而影响镁铬砖的性能。例如，直接结合镁铬砖热震稳定性好，电熔再结合镁铬砖的抗侵蚀性能强，半再结合镁铬砖的性能介于两者之间。为此，本部分将详细讨论生产工艺对镁铬砖性能的影响。

3.2.1 组织结构性能

不同生产工艺制备的镁铬耐火材料的显气孔率、体积密度如图 3-5 所示。

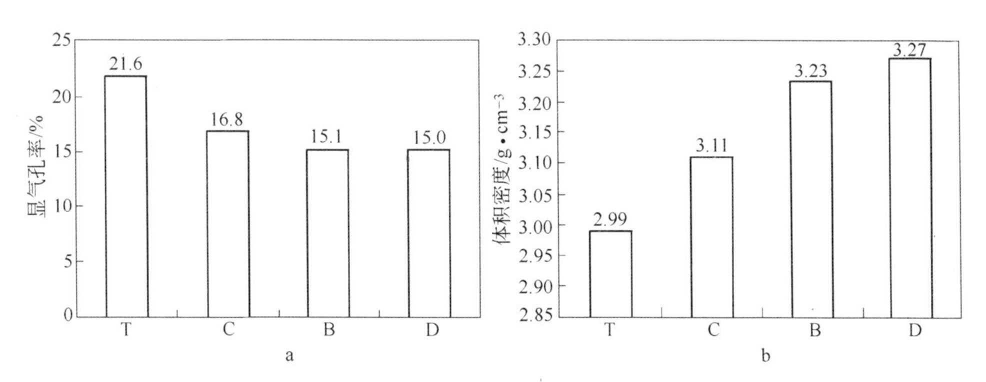

图 3-5 不同生产工艺镁铬耐火材料的显气孔率（a）和体积密度（b）

T—硅酸盐结合镁铬耐火材料；C—直接结合镁铬耐火材料；

B—半再结合镁铬耐火材料；D—电熔再结合镁铬耐火材料

从图 3-5 可知，不同工艺的镁铬耐火材料的气孔率和体积密度差异较大，气孔率变化规律如下：硅酸盐结合镁铬耐火材料(T) > 直接结合镁铬耐火材料(C) > 半再结合镁铬耐火材料(B) > 电熔再结合镁铬耐火材料（D)；体积密度则呈相反趋势。这主要是由工艺不同引起的，优质镁铬砖（电熔再结合镁铬砖、半再结合镁铬砖和直接结合镁铬砖）由于其生产原料纯度高、成型压力高、烧成温度高，因此制品的结构致密，气孔率低，体积密度大。由此可见，生产工艺对耐火材料性能影响很大。

3.2.2 热态强度

生产工艺对镁铬耐火材料高温强度的影响如图 3-6 所示。

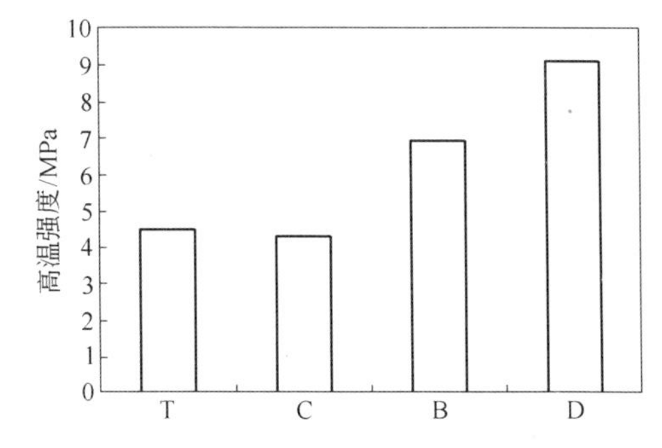

图 3-6 不同生产工艺镁铬耐火材料的高温强度

从图 3-6 中可以看出，不同工艺的镁铬耐火材料高温强度变化规律如下：硅酸盐结合镁铬耐火材料 < 直接结合镁铬耐火材料 < 半再结合镁铬耐火材料 < 电熔再结合镁铬耐火材料。由于高温抗折强度主要代表了砖中各矿物的结合情况，这说明电熔再结合镁铬砖的结合强度最大，因而高温下其抗侵蚀冲刷能力最好。

由于液相在不同晶粒间的渗透能力要低于在相同晶粒间的渗透能力，当液相含量固定时，第二固相的出现会使固-固接触增加，从而能够提高砖的高温强度。在生产电熔再结合镁铬砖或半再结合镁铬砖时，添加预合成镁铬砂为原料，从而提高了第二固相的含量，使砖的高温强度增大。

3.2.3 热震稳定性

采用 1100℃，风冷 1 次后的残存强度百分率比较各种镁铬砖的热震稳定性，结果如图 3-7 所示。由图 3-7 可知，不同生产工艺镁铬砖中普通镁铬砖的热震稳定性最好，半再结合镁铬砖和直接结合镁铬砖次之，电熔再结合镁铬砖最差。

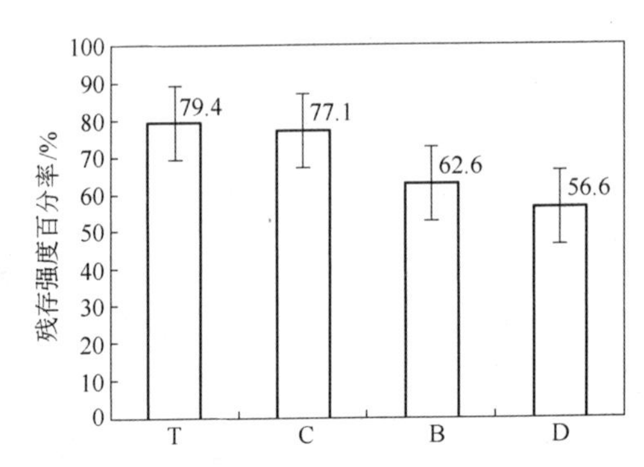

图 3-7 不同生产工艺镁铬耐火材料的抗热震性能

T—硅酸盐结合镁铬耐火材料；C—直接结合镁铬耐火材料；

B—半再结合镁铬耐火材料；D—电熔再结合镁铬耐火材料

3.2.4 抗渣性

由于晶间尖晶石是从硅酸盐液相中析出的，因此少量 SiO_2 的存在对晶间尖晶石形成有利。但 SiO_2 含量多了，液相量会显著增加，从而降低镁铬砖高温强度并有助于外来熔体沿液相渠道的渗入，使侵蚀加剧。CaO 含量高了，会显著降低出现液相的温度，对高温强度与抗侵蚀不利，特别是在镁铬砖中 Al_2O_3 与 Fe_2O_3 含量高时更为显著。因此，在制作优质镁铬砖时，应尽量选用 SiO_2、CaO、Fe_2O_3(FeO)含量低，而 Cr_2O_3、Al_2O_3 含量高的铬矿为原料。

以我国目前实际使用的普通镁铬砖（即硅酸盐结合镁铬砖）、电熔再结合镁

铬砖与共烧结镁铬 $K_{18}A_5F_5$ 为试样，进行了抗低冰镍及抗转炉渣侵蚀的实验，结果示于表 3-1。

表 3-1 不同镁铬砖抗渣性能的比较

试 样	冰镍的相对渗透深度	转炉渣熔蚀量对比
普通镁铬	1.7	1.5
电熔再结合镁铬	1.5	1.2
共烧结镁铬	1.0	1.0

注：以共烧结镁铬砖为 1 进行比较。

3.3 铬矿对镁铬砖性能的影响

铬矿是生产镁铬砖的主要原料，因来源的不同，其主要杂质含量各异。此外，铬矿的加入量也会对镁铬砖的性能产生影响。本部分将主要阐明铬矿来源及加入量对直接结合镁铬砖性能的影响。

3.3.1 铬矿粒度的影响

国产的高铬矿（$w(Cr_2O_3)\geqslant53\%$）虽氧化铁含量远低于南非铬矿，但二氧化硅含量较高。为此，主要研究了国产高铬矿的粒度组成对直接结合镁铬砖性能的影响，结果示于图 3-8。由图 3-8 可知，制品的耐压强度随着铬矿临界粒度的减小而提高，高温抗折强度（1400℃，0.5h）则随着铬矿临界粒度的减小而降低，铬矿临界粒度为 1.5mm 时，热震稳定性出现峰值。

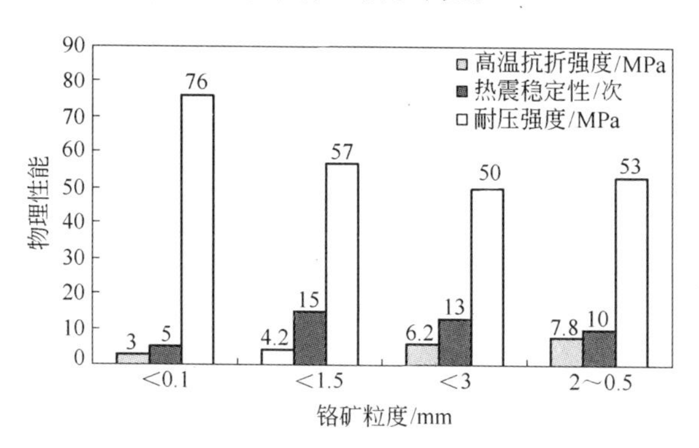

图 3-8 铬矿粒度对制品性能的影响

3.3.2 铬矿加入量的影响

将电熔镁砂与南非铬矿按照不同的比例配制成 Cr_2O_3 含量不同的直接结合镁铬试样，在 1740℃的高温随道窑中烧成，所用电熔镁砂、南非铬矿以及镁铬试样的化学成分见表3-2。

表3-2 原料及镁铬试样的化学成分 （质量分数，%）

试 样	MgO	Cr_2O_3	Al_2O_3	Fe_2O_3	CaO	SiO_2
南非铬矿	9.83	47.19	14.45	27.63	0.20	0.70
电熔镁砂	96.90	—	0.11	0.5	0.91	1.58
MK_3	70.78	14.16	4.41	8.64	0.70	1.32
MK_4	62.07	18.88	5.85	11.35	0.63	1.23
MK_5	53.39	23.62	7.28	14.07	0.47	1.17
MK_6	44.06	28.31	8.27	16.78	0.48	1.05

南非铬矿对直接结合镁铬砖性能的影响分别示于图3-9～图3-11。

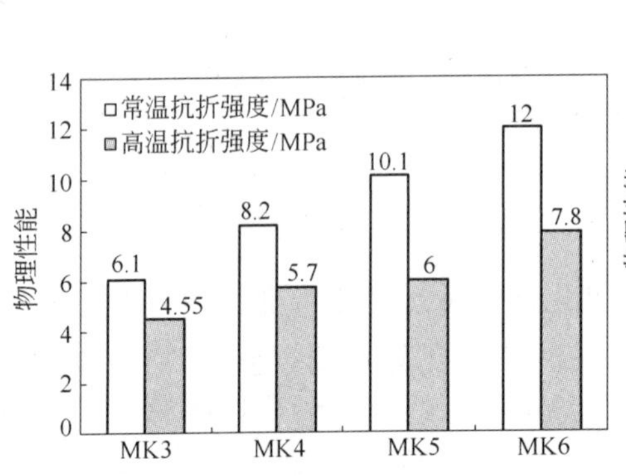

图3-9 南非铬矿含量变化对镁铬试样强度的影响

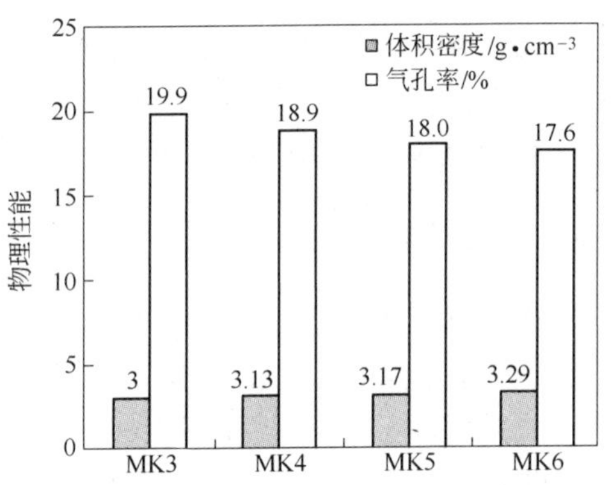

图3-10 南非铬矿含量对镁铬试样显气孔率和体积密度的影响

由图3-10～图3-11可知，随着铬矿含量的增加，直接结合镁铬试样的显气孔率降低、体积密度增加、热震稳定性提高。光学显微镜、SEM和EDAX分析表明，高温煅烧之后，南非铬矿中的绝大多数氧化铁均进入方镁石相中，形成（MgO、FeO）固溶体或铁酸镁二次尖晶石。在前面分析中曾提到，形成(Mg,Fe)O时体积收缩20%，而且在有CaO存在下，在1500℃就已有液相出现，促使致密烧结，这就是南非矿使烧结合成料体积密度增加，气孔率下降的原因之一。EDAX分析镁富氏体相成分可知：各倍半氧化物

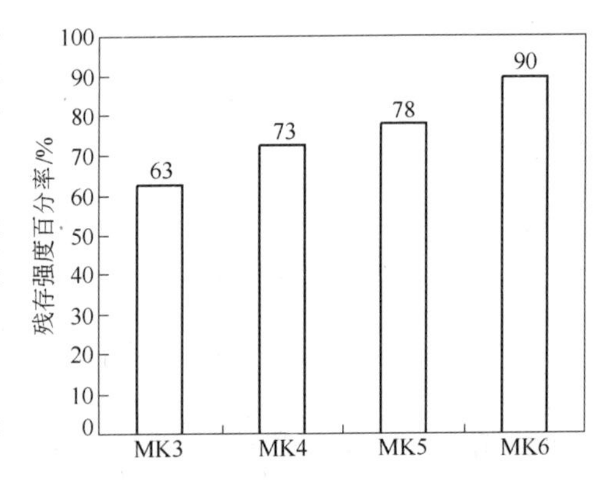

图3-11 南非铬矿含量变化对镁铬试样抗热震性的影响

在方镁石的固溶量次序为：$Fe_2O_3 > Cr_2O_3 > Al_2O_3$，虽也有一定量氧化镁通过扩散进入铬铁尖晶石中，但比较而言，铬铁尖晶石中的倍半氧化物（尤其是Fe_2O_3）进入方镁石中的量大于氧化镁进入铬铁复合尖晶石中的量。故经高温煅烧后，镁砂与铬矿的成分均发生变化，方镁石中形成了较多的二次尖晶石，其典型成分（EDAX 分析，质量分数）为：MgO 75.90%，Al_2O_3 3.21%，Fe_2O_3 15.49%，Cr_2O_3 5.42%。铬矿颗粒的成分变化也较大，铬矿颗粒的典型化学成分为(直接结合的边界)；MgO 21.69%，Cr_2O_3 47.35%，Al_2O_3 12.31%，Fe_2O_3 12.73%，故该直接结合镁铬材料的直接结合程度高。所以随着铬矿含量的增加，显著地改善了镁铬试样的物理性能。

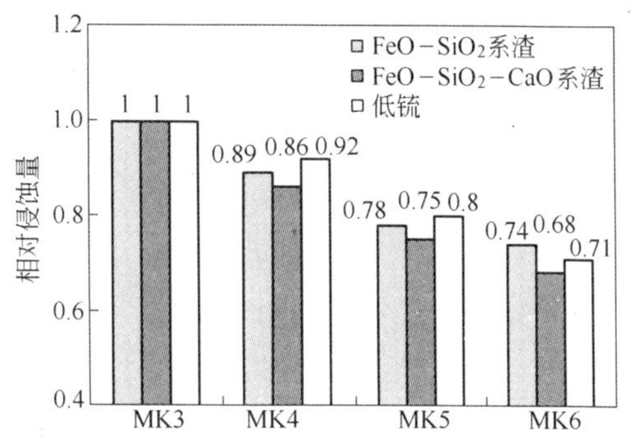

图 3-12 南非铬矿含量变化对镁铬试样抗有色冶炼介质侵蚀性的影响

直接结合镁铬砖抗有色冶炼介质侵蚀性能与铬矿含量的关系示于图 3-12。

随着试样中 Cr_2O_3 含量的增加，其抗有色冶炼介质的侵蚀能力明显增加，表明试样中的 Cr_2O_3 含量增加可增强砖的抗侵蚀和抗渗透能力。

3.4 共烧结镁铬耐火材料的性能

随着有色冶炼工艺的强化，对镁铬耐火材料提出了新的要求。因此，进一步提高各种镁铬耐火材料的性能或研发新型的镁铬耐火材料，具有十分重要的意义。本部分重点研究了 Cr_2O_3、Al_2O_3、Fe_2O_3 含量对共烧结镁铬耐火材料性能的影响以及添加剂 ZrO_2 对共烧结镁铬耐火材料性能的影响。

3.4.1 Cr_2O_3、Al_2O_3、Fe_2O_3 含量对共烧结镁铬材料的性能影响

实验所用原料主要有：轻烧菱镁矿、铬精矿、工业氧化铬、工业氧化铝与试剂级三氧化二铁，其化学组成示于表 3-3。

表 3-3 原料的化学组成 （质量分数，%）

原料名称	MgO	Cr_2O_3	Al_2O_3	Fe_2O_3	CaO	SiO_2	灼减
轻烧菱镁矿	97.34	—	0.085	0.10	1.09	0.37	1.12
国产铬精矿	16.41	52.39	13.57	15.02	痕量	1.61	0.20
菲律宾铬精矿	16.50	35.72	27.84	16.90	0.55	1.70	0.14
工业 Al_2O_3	—	—	99.60	0.03	—	0.075	—
工业 Cr_2O_3	—	>98	—	—	—	—	—

用上述原料配制出如表 3-4 所示的各种镁铬料，然后磨细至小于 0.088mm。经混练、压制成荒坯，并于 1750℃ 烧成。烧成后的各种料中，以 $K_{18}A_{16}F_5$ 共烧结料的显气孔率最低（13%），密度最高（3.27g/cm^3），$K_{25}A_5F_5$ 与 $K_{18}A_5F_{12}$ 的显气孔率（分别为 21% 与 20%）最高，密度（分别为 3.00g/cm^3 与 3.03g/cm^3）最低。

表 3-4　各种共烧结镁铬样的化学成分　（质量分数，%）

试　样	MgO	Cr_2O_3	Al_2O_3	Fe_2O_3	CaO	SiO_2
$K_{12}A_5F_5$	79.7	12.0	3.2	3.5	0.85	0.66
$K_{18}A_5F_5$	70.4	18.0	4.7	5.2	0.72	0.80
$K_{25}A_5F_5$	59.5	25.1	6.6	7.2	0.58	0.96
$K_{18}A_{12}F_5$	63.1	18.1	12.1	5.3	0.65	0.79
$K_{18}A_{16}F_5$	59.2	18.1	16.1	5.2	0.64	0.76
$K_{18}A_5F_8$	67.6	18.1	4.7	8.1	0.70	0.79
$K_{18}A_5F_{12}$	63.6	18.1	4.7	12.1	0.65	0.83

将上列各种共烧结料破粉碎分级，以亚硫酸纸浆废液为结合剂，于 150MPa 压力下制成各种不同规格的样块与坩埚，并在 1750℃ 烧成。各种共烧结镁铬样的性能示于表 3-5。

表 3-5　各种共烧结镁铬样的物理性能

试　样	显气孔率 /%	体积密度 /g·cm^{-3}	耐压强度 /MPa	常温抗折强度 /MPa	高温抗折强度 /MPa
$K_{12}A_5F_5$	16	3.09	80	32.5	13.6
$K_{18}A_5F_5$	17	3.07	52	16.6	15.5
$K_{25}A_5F_5$	22	2.98	25	10.5	14.8
$K_{18}A_{12}F_5$	16	3.12	49	17.5	18.2
$K_{18}A_{16}F_5$	13	3.34	61	19.3	19.4
$K_{18}A_5F_8$	18	3.04	29	11.7	9.4
$K_{18}A_5F_{12}$	23	2.98	28	11.2	7.3

从表 3-5 可以看出，在相同烧成温度下制成的试样，随着 Cr_2O_3 含量的增加，镁铬试样的常温耐压强度降低，高温抗折强度变化不大；但 Al_2O_3 含量增加，常温强度和高温强度皆增大；Fe_2O_3 含量增加，则常温强度和高温强度皆降低。

各种镁铬共烧结样的抗热震性用 1100℃，空冷循环 5 次后试样的残余抗折强度百分数来表示。试验结果示于图 3-13。

从图 3-13 可以看出：随着 Cr_2O_3 含量或 Al_2O_3 含量的增加，镁铬共烧结样的

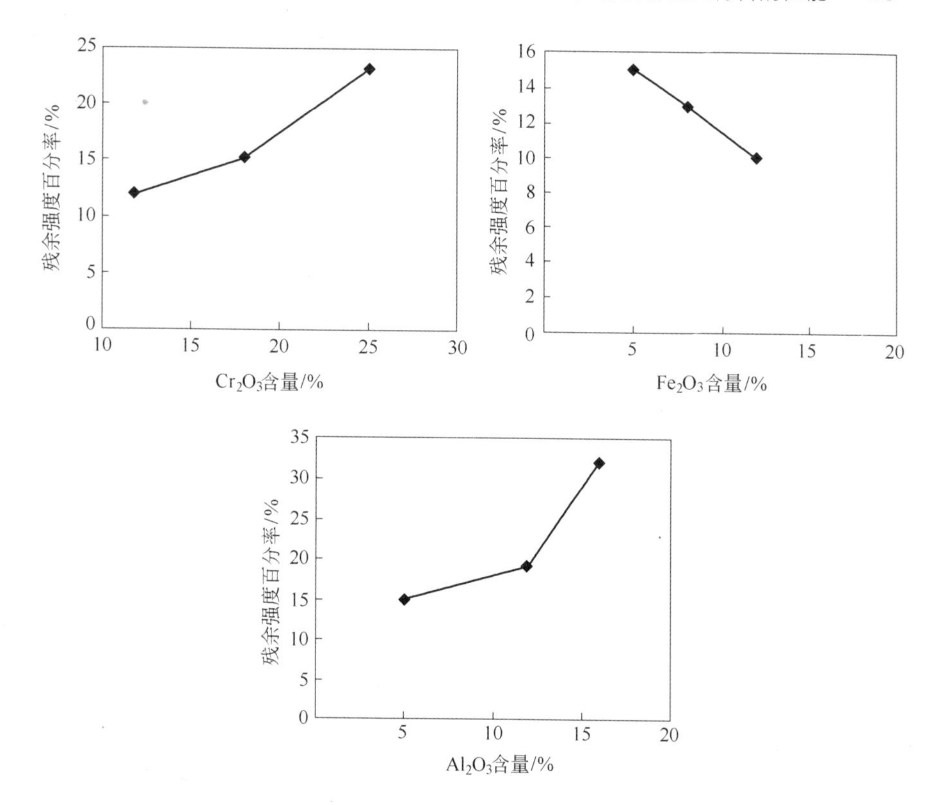

图 3-13 Cr_2O_3、Al_2O_3、Fe_2O_3 含量对共烧结镁铬样抗热震性的影响

抗热震性增加；随着 Fe_2O_3 含量的增加，抗热震性则降低。

抗炼镍转炉渣与低冰镍的侵蚀试验采用坩埚法进行。低冰镍与转炉渣均取自现场，其成分（质量分数）如下：转炉渣成分：FeO 49.98%，SiO_2 34.74%，Al_2O_3 1.09%，Fe_2O_3 6.70%，CaO 0.78%，MgO 1.85%，低冰镍成分：Ni 13.17%，Fe 44.24%，Cu 6.70%，Co 0.46%，S 24.04%，SiO_2 3.90%。

抗渣侵蚀实验具体过程为：将 15g 转炉渣置于坩埚内，升温至 1500℃，保温 3h；冷却后再加 15g 渣，升温至 1500℃，保温 3h。抗低冰镍侵蚀实验是在 1300℃进行，也分两次装低冰镍，每次 15g，保温 3h。由于渣蚀后，各坩埚试样中孔尺寸变化甚微，而残渣量却明显不同。因此抗转炉渣侵蚀大小以残渣量来表示。低冰镍侵蚀后，由于低冰镍全部渗入坩埚，熔蚀量极少，因此用渗透深度来表示侵蚀程度。两次抗侵蚀试样中，抗侵蚀性大小都是以 $K_{18}A_5F_5$ 试样的侵蚀率为 1 来进行相对比较的。实验结果示于图 3-14、图 3-15。

从图 3-14、图 3-15 可知，增加镁铬共烧结样中的 Fe_2O_3 含量对抗转炉渣与低冰镍侵蚀不利；增加 Al_2O_3 含量对镁铬样抗转炉渣侵蚀影响不大，但对抗冰镍渗透有好处，增加 Cr_2O_3 含量对抗转炉渣与低冰镍侵蚀都有好处。

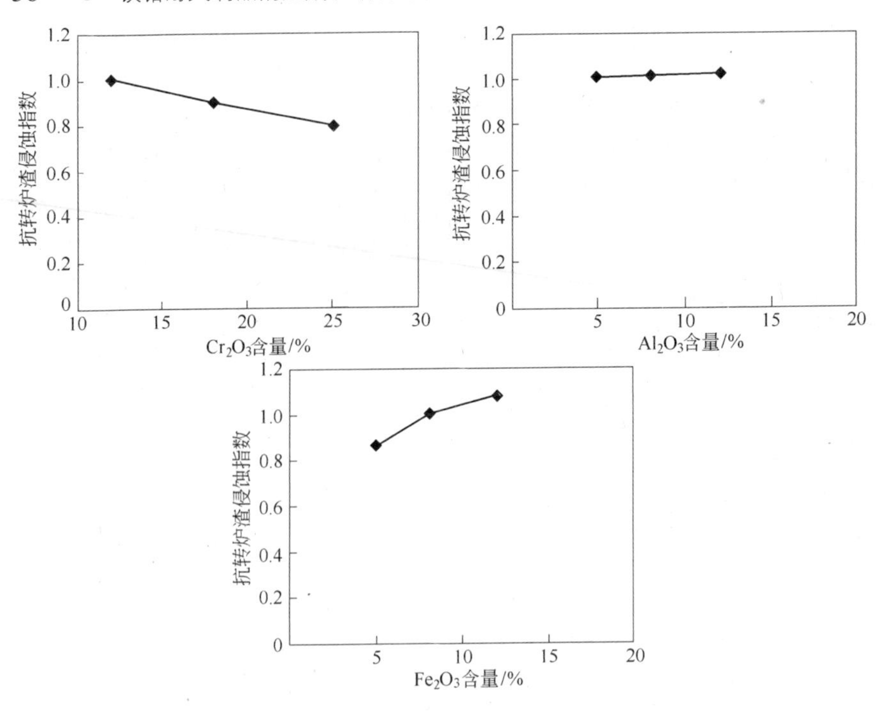

图 3-14　Cr_2O_3、Al_2O_3、Fe_2O_3 含量对共烧结镁铬样抗转炉渣侵蚀的影响

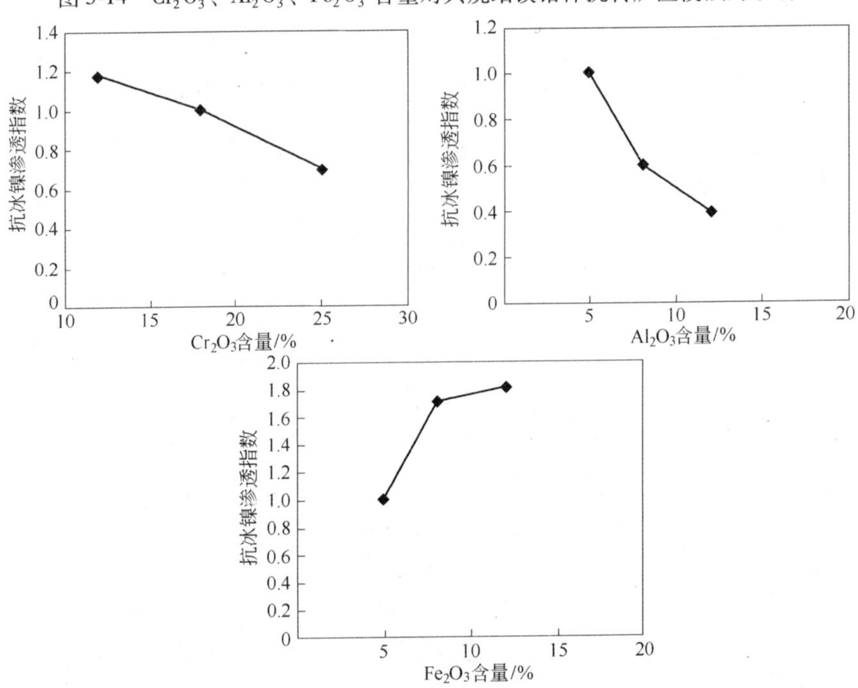

图 3-15　Cr_2O_3、Al_2O_3、Fe_2O_3 含量对共烧结镁铬样抗冰镍渗透的影响

图3-16、图3-17分别示出了$K_{18}A_5F_5$与$K_{18}A_5F_{12}$渣蚀后的电镜照片。

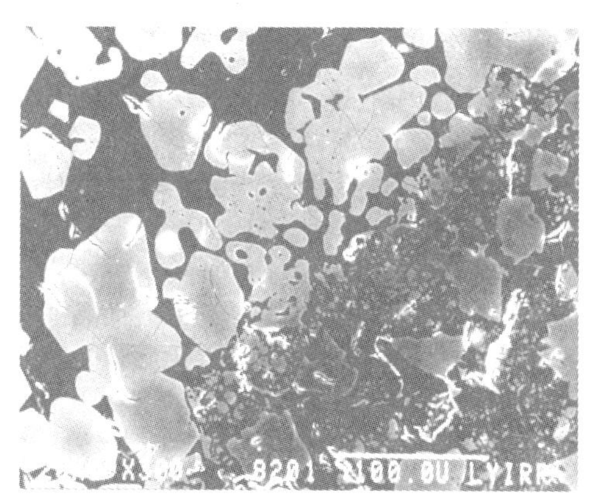

图3-16　$K_{18}A_5F_5$试样渣蚀后的电镜照片
（左边为接触渣面，右边为原砖层）

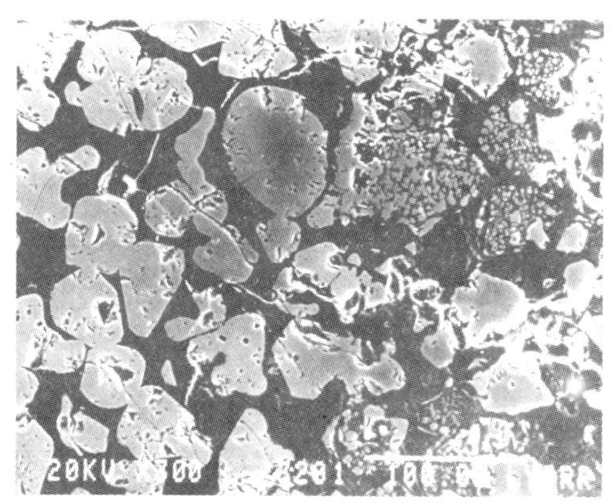

图3-17　$K_{18}A_5F_{12}$试样渣蚀后的电镜照片
（左边为接触渣面，右边为原砖层）

从图3-16、图3-17对比可以看出，含氧化铁高的镁铬试样抗渣性要明显差些。从这些照片还可看出，界面上方镁石已被溶解，而尖晶石已增多。此外，还观察到即使Cr_2O_3含量高的$K_{25}A_5F_5$试样，熔渣也能绕到“复合尖晶石”背后继续熔蚀方镁石的情况。这些都表明方镁石固溶体抗有色冶炼渣的熔蚀远不如复合尖晶石。

对悬浮在渣与$K_{18}A_5F_5$与$K_{18}A_{16}F_5$试样界面的复合尖晶石，经电子探针分析，其成分如下：

$K_{18}A_5F_5$渣蚀样：MgO 22.1%，Cr_2O_3 48.2%，Al_2O_3 16.7%，FeO 12.9%；

$K_{18}A_{16}F_5$渣蚀样：MgO 20.7%，Cr_2O_3 53.2%，Al_2O_3 17.2%，FeO 6.4%。

这表明相当于上面组成的镁铬复合尖晶石在抗炼镍转炉渣侵蚀上效果可能是较好的。

图3-18～图3-21示出了$K_{25}A_5F_5$与$K_{18}A_5F_5$试样经低冰镍侵蚀后的显微照片以及试样内渗透带的情况。图中白色亮点为外来渗入物。经探针分析白色亮点的主要化学成分为Cu、Fe、S及少量Ni，这表明冰镍（硫化物）可以渗透很深。

比较图3-20与图3-21可以看出，氧化铬含量高的镁铬试样渗入带内白色亮点较少，说明其抗冰镍的渗透性较好。

Cr_2O_3、Al_2O_3、Fe_2O_3对镁铬试样强度、抗热震性与抗侵蚀性的影响，与倍半氧化物R_2O_3在方镁石及硅酸盐液相中的溶解度，Cr_2O_3的倒溶解现象以及冷却时析出的二次尖晶石、晶间尖晶石量有关，也与这些倍半氧化物的变价有关。

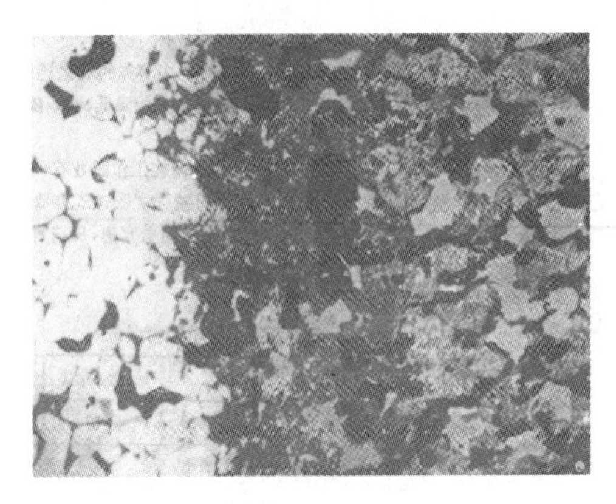

图 3-18　$K_{25}A_5F_5$ 试样经低冰镍试验后的显微照片（250 ×）
（左边为接触冰镍面，右边为原砖层）

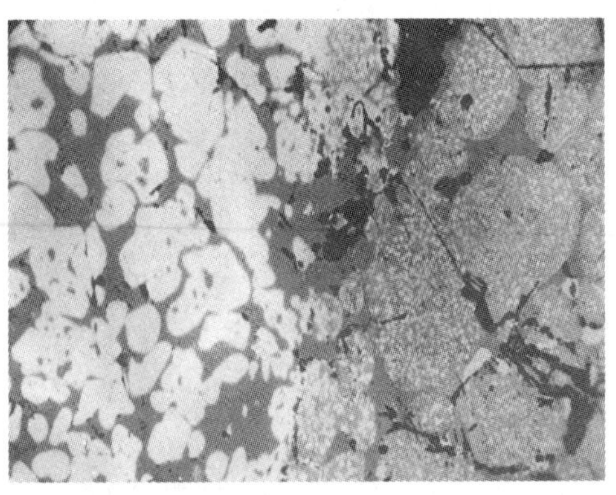

图 3-19　$K_{18}A_5F_5$ 试样经低冰镍试验后的显微照片（250 ×）
（左边为接触冰镍面，右边为原砖层）

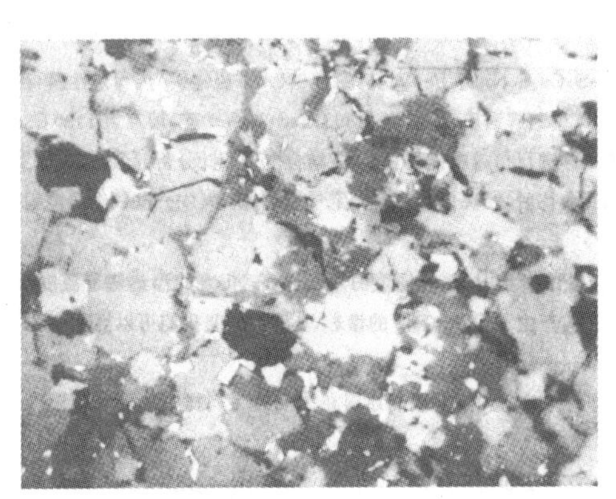

图 3-20　$K_{25}A_5F_5$ 试样经低冰镍侵蚀后渗透带显微照片（250 ×）
（图中白亮点为外来物）

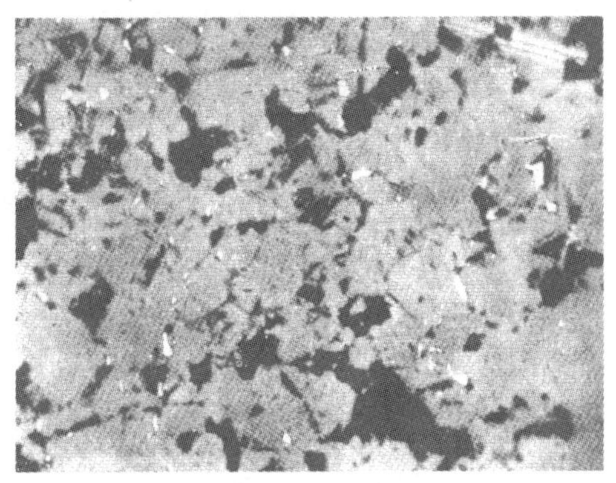

图 3-21　$K_{18}A_5F_5$ 试样经低冰镍侵蚀后渗透带显微照片（250 ×）
（图中白亮点为外来物）

3.4.2　ZrO_2 对镁铬材料性能的影响

作为一种高性能耐火氧化物，ZrO_2 优势主要体现在两个方面：一是对炉渣的润湿性差，二是可利用 ZrO_2 的相变增韧提高耐火材料的热震稳定性。因此，为提高镁铬耐火材料的使用性能，本部分主要研究了加入 ZrO_2 对镁铬材料性能的影响。

将轻烧菱镁矿、铬精矿、工业氧化铝粉按 60∶33∶7 的比例配料。配料后的化学组成（质量分数）为：MgO 62.0%，Cr_2O_3 18.1%，Al_2O_3 13.0%，Fe_2O_3

5.3%，SiO_2 0.8%，CaO 0.7%。然后分别外加（质量分数）0%、2.5%、5%的 ZrO_2 粉（ZrO_2 99%），共磨、压成荒坯，于1730℃煅烧成共烧结熟料。共烧结熟料的气孔率与体积密度示于表3-6。

表3-6 ZrO_2 对镁铬共烧结料性能的影响

ZrO_2（外加）/%	0	2.5	5
显气孔率/%	18	11	10
体积密度/$g \cdot cm^{-3}$	3.08	3.38	3.43

从表3-6中可以看出，加入 ZrO_2 可降低镁铬共烧结料的气孔率，增加体积密度。

用上述共烧结料分别制成了 Z_0、$Z_{2.5}$、Z_5 三种镁铬试样。试样的烧成温度为1730℃。ZrO_2 含量对镁铬试样性能的影响见表3-7。

表3-7 ZrO_2 对共烧结镁铬试样性能的影响

编号	显气孔率/%	体积密度/$g \cdot cm^{-3}$	耐压强度/MPa	常温抗折强度/MPa	1400℃热态抗折强度/MPa	热震稳定性（1100℃水冷）/次
Z_0	16	3.19	68	15.6	5.6	2.5
$Z_{2.5}$	15	3.25	50	15.8	11.8	5
Z_5	12	3.40	91	18.5	13.1	5

从表3-7中可以明显看出，加入 ZrO_2 可以提高共烧结镁铬试样的常温强度与高温强度。此外，添加 ZrO_2 还可以明显地改善共烧结镁铬材料的热震稳定性。从试样切口比较发现，加有 ZrO_2 的试样，其内部都有大量微细裂纹存在。可能正是由于这些微细裂纹的存在，吸收了裂纹扩展的能量，从而增强了试样的热震稳定性。

采用静态坩埚法对上述三种试样进行了抗转炉渣侵蚀试验。结果表明，加 ZrO_2 的镁铬试样优于不加 ZrO_2 的试样。

为了进一步探讨加入 ZrO_2 对镁铬耐火材料性能的影响，以电熔再结合镁铬砖为例，研究了在基质中加入 ZrO_2 对电熔再结合镁铬试样性能的影响。实验结果示于图3-22。

从图3-22可以看出，加入 ZrO_2 可提高再结合镁铬样的高温强度与热震稳定性，但加入量不宜超过5%。

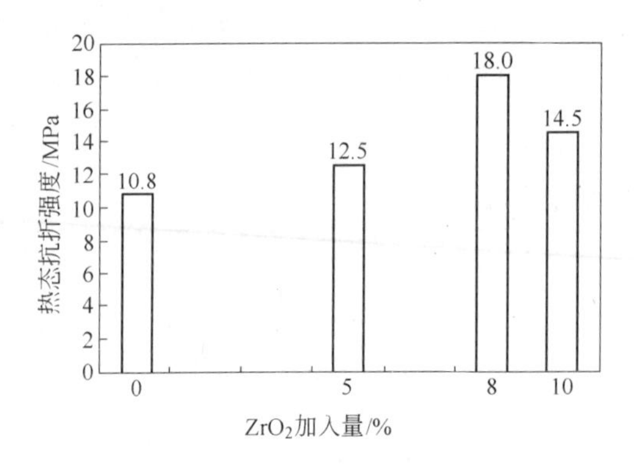

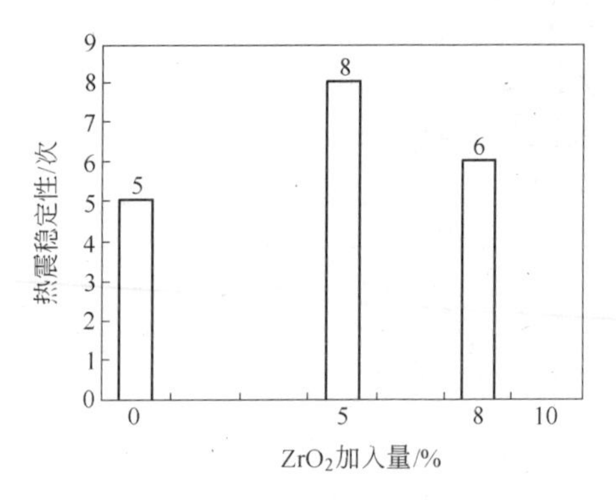

图 3-22 基质中 ZrO_2 加入量对电熔再结合镁铬试样性能的影响

3.5 熔铸镁铬耐火材料的研制

3.5.1 研制熔铸镁铬耐火材料的必要性

常规的烧成耐火材料，耐火材料之间存在一定量的微气孔和微裂纹，这些微气孔和微裂纹在高温下可以吸收和缓解一部分热应力，但同时也带来一些弊病，即非常容易受到冶炼渣的渗透。有色冶炼同钢铁工业相比，冶炼温度相对较低，但熔渣量较多，熔渣是侵蚀性很强的铁酸盐或硅酸盐，熔渣黏度低，界面张力小，具有极强的浸润性和渗透性。因此，烧成耐火材料在有色冶炼炉上使用后，渗透变质层都比较厚，易出现结构疏松、强度下降、剥落等损毁。炉渣渗透导致结构剥落是有色冶炼耐火材料消耗高、寿命低的主要原因。

熔铸镁铬砖相对炉渣渗透这种损毁机理来说，具有独特的优越性，因为它是经熔融、浇注、整体冷却制成的致密熔块，熔渣只能在砖表面有熔蚀作用，而不可能出现渗透现象（这已被使用后的熔铸镁铬砖断面鉴定而证实）。因此尽管熔铸镁铬砖生产难度大，价格昂贵，在技术发达国家用于有色冶炼炉的关键部位，仍然保留着其他耐火材料不可取代的优势地位。

富氧闪速熔炼和富氧熔池熔炼，是目前国际上先进的有色金属冶炼技术；这些冶炼新技术的共同特点是富氧鼓风和强化冶炼，由此，炉衬耐火材料承受十分苛刻的使用条件，国内现有耐火材料还难以满足这些使用要求。在开发、引进先进冶炼技术的同时，开发研制富氧熔炼技术使用的耐火材料，特别是熔铸镁铬砖，对引进技术的消化吸收，加速国产化进程都是十分必要的。

熔铸镁铬砖的生产工艺完全不同于常规的烧结耐火材料生产方法，它用镁砂和铬矿加入一定量的外加剂、混合配料，在电弧炉中熔融，浇注到模型中，控制冷却退火，生产成母砖，经过切、磨、钻、冷加工，制出需要的砖型。

3.5.2 熔铸镁铬耐火材料生产的理论基础

图3-23为MgO-德兰士瓦铬矿假二元系相图，以及把假二元相图与三元系统联系起来组成三角形，图中包含一典型的德兰士瓦铬矿组成。由图3-23明显可见，在共熔点温度下，有多达60%（质量分数）的铬矿可进入方镁石晶格形成固溶体相。但要想将镁铬耐火材料熔融到能够顺利浇注到模型中，所要求的温度太高，给生产工艺过程带来很大的难度。为此，在不降低熔铸镁铬耐火材料高温性能的前提下，如何降低熔铸镁铬耐火材料的熔融和浇注的温度，并使其从熔铸温度冷却至室温时不易于开裂，显得很重要。加入微量的氟化物（0.26%F）可以防止开裂。氟化物能降低MgO-铬矿耐火材料的熔化温度，并扩大凝固范围。在高温下氟化物增大耐火材料的塑性流动，并能缓解较大的应力防止开裂。

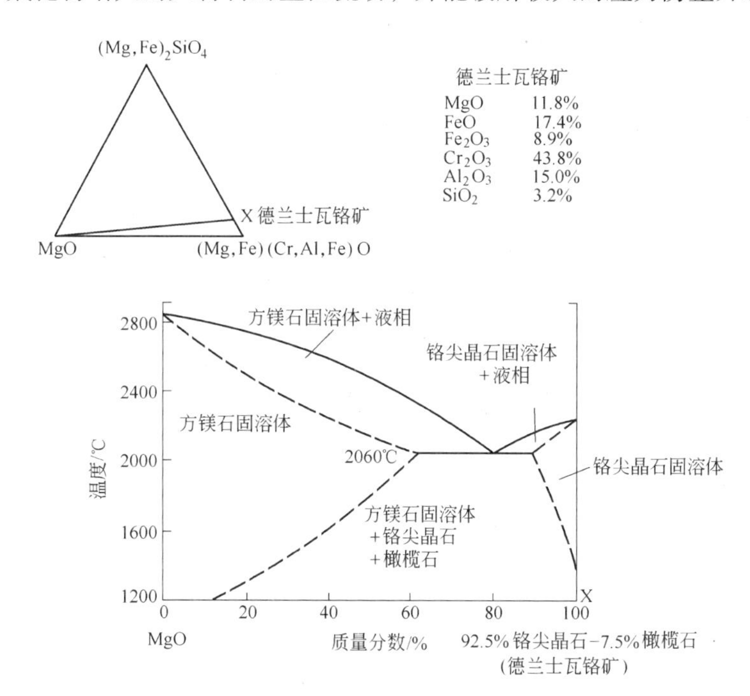

图3-23 MgO-德兰士瓦铬矿系统的假二元平衡图
（德兰士瓦铬矿的组成为：MgO 11.8%，FeO 17.4%，Fe_2O_3 8.9%；Cr_2O_3 43.8%，Al_2O_3 15.0%，SiO_2 3.2%）

在MgO-铬矿-CaF_2系统中，有一个方镁石-橄榄石-尖晶石-氟化钙四元共熔点，压低了完全熔化温度线。MgO-德兰士瓦铬矿系统中的氟含量与熔化温度关系见表3-8。

文献报道在氧化镁-铬矿系统中加入二氧化钛能改进温度波动时的耐崩裂性。TiO_2含量提高时，变形由脆性变为塑性流动。塑性流动能消除高温下的应力，有助于温度波动时产生裂纹。在 MgO-德兰士瓦铬矿坯体中增加 TiO_2，将导致熔铸制品中尖晶石含量的提高。基于以上分析，我们选用轻烧氧化镁、铬矿为主要原料，二氧化钛及萤石为添加剂来试制熔铸镁铬耐火材料。

表 3-8 MgO-德兰士瓦铬矿系统中的氟含量与熔化温度关系

项　目	残留氟含量/%	完全熔化温度/℃
55% MgO-45% 德兰士瓦铬矿	0.00	2540
	0.41	2440
	1.71	2350

3.5.3 熔铸镁铬砖的试制

以镁砂和铬矿为基本原料，经在电弧炉内熔融，浇注成型，保温缓冷，切割等工艺生产。熔铸镁铬砖生产的工艺条件如下：

（1）配料：轻烧氧化镁：铬矿 = 50：50，添加少量添加物，混磨，成坯，干燥。

（2）熔融、浇注：坯料在三相电弧炉内熔融，熔融温度为 2450～2550℃；熔体浇注到石墨板组成的模型中，浇注温度为 2300～2380℃。

（3）退火：浇注体置于填充蛭石的保温箱中缓冷退火，总退火时间为 25d 左右。

（4）切磨：浇注体脱模后，经切磨制成需要的砖型。

3.5.3.1 电炉衬的砌筑

利用 HDG-3 型电炉，变压器功率为 2200kV · A，炉底采用锆质捣打料、石墨炭砖，炉衬采用黏土轻质砖和中档镁铬砖，炉衬砌筑如图 3-24 所示。

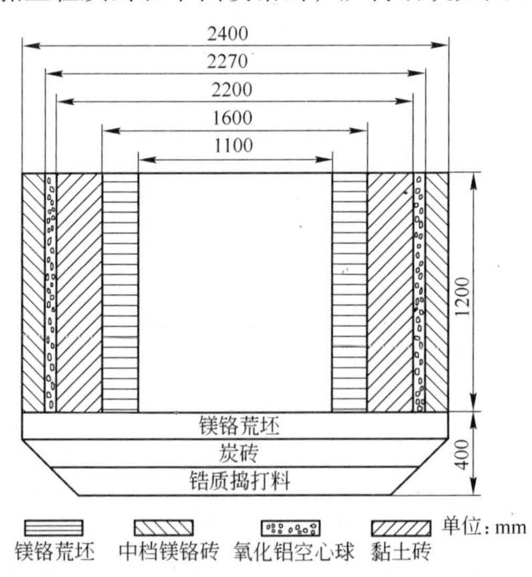

图 3-24　炉衬砌筑图

3.5.3.2 浇注模板

模板采用石墨质，为了延长寿命，缓和温差在石墨板外用石英砂板包裹。模型上部加盖留出浇口和帽口，如图 3-25 所示。

浇模设计：230mm × 357mm × 800mm；

浇注质量：250kg。

浇模设计：260mm × 400mm × 800mm；

浇注质量：280kg。

模板：内模石墨质，厚度 40mm；

外模：石英砂质，厚度 40mm。

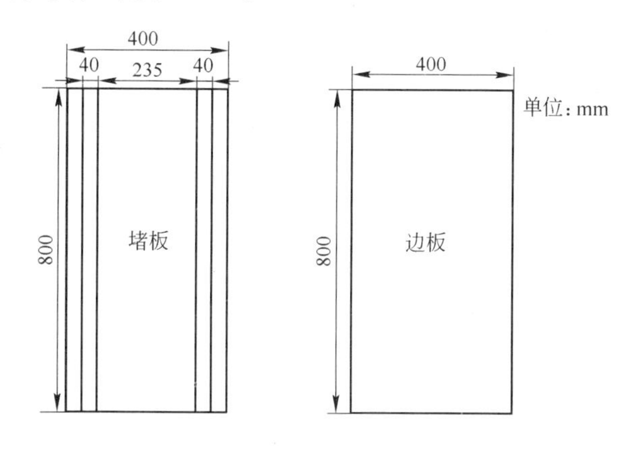

图 3-25　浇注模板

3.5.3.3 原料

根据熔铸镁铬砖的技术条件，选用水洗铬矿、高铬矿、轻烧氧化镁、制砖镁砂、工业氧化铝、钛白粉、萤石粉为原料。各种原料的理化指标见表 3-9。

表 3-9　原料的理化指标　　（质量分数，%）

原　料	SiO_2	Al_2O_3	Fe_2O_3	MgO	Cr_2O_3	CaO	CaF_2	烧失量 LOI
萤石粉	16.7	—	0.34	—	—	—	78.94	—
制砖镁砂	5.00	—	—	90.06		1.71	—	0.18
低铬砂	4.06	24.62	17.99	20.07	33.38	0.23	—	—
高铬矿	3.21	—	—		55.14	0.95	—	—
轻烧镁粉	0.62	—	0.30	92.39		3.30	—	2.28
水洗铬矿	4.10	—	—		51.96	0.56	—	—
工业氧化铝	0.17	98.19	0.025	0.07		—	—	1.26

原料经配料、混磨、机压成坯，600℃干燥。熔铸镁铬砖试制过程中，不同批料、不同编号的坯料的化学成分见表 3-10。

表 3-10　坯料的化学成分　（质量分数，%）

成 分	A	B		C		
		1 号	2 号	1 号	2 号	3 号
Cr_2O_3	22.28	20.48	19.72	20.52	20.58	20.62
MgO	50.47	53.84	54.69	50.92	50.92	50.45
CaO	1.57	2.47	2.05	1.89	1.73	1.66
TiO_2	0.91	1.03	1.06	0.97	1.03	0.89
Fe_2O_3	9.95	8.95	6.98	8.51	8.11	7.96
Al_2O_3	8.24	8.16	9.02	11.28	11.10	11.15
SiO_2	2.76	3.03	2.97	3.70	3.68	3.62

3.5.3.4　熔铸工艺

熔铸过程的主要工艺参数见表 3-11。

表 3-11　熔铸过程的主要工艺参数

项　目	电压/V	电流/A	时间/min
起　弧	190	3000 ~ 4000	—
熔　化	127	4000 ~ 5000	120
精　炼	127	4000 ~ 5000	40
脱　气	110	—	2

采用光学高温计测量的熔融温度为 2450 ~ 2550℃，浇注温度为 2300 ~ 2350℃。熔铸镁铬砖浇注成型后，放在填充了蛭石的保温箱中退火，总退火时间为 25d 左右。但对砖的显微结构，热应力的分布以及体积效应的缓解而言，最关键的时间是浇注成型后最初的几个小时。图 3-26 是浇注成型后在石墨模外表面测得的退火曲线（热电偶测得），其中实线是实测曲线，虚线是推测的浇注砖表面的退火曲线。

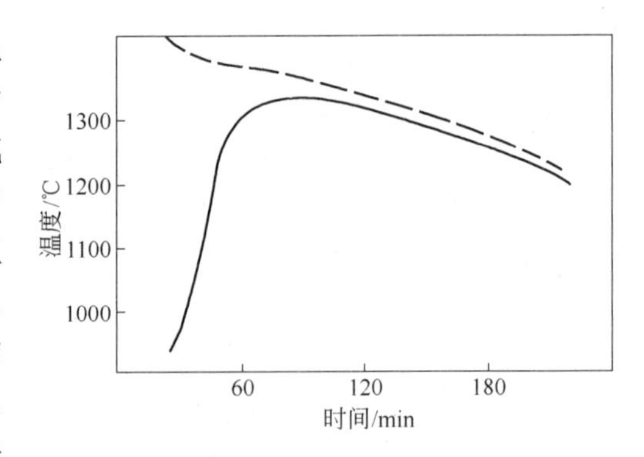

图 3-26　熔铸镁铬砖表面的退火曲线

3.5.3.5　熔铸镁铬砖的性能

将脱模后的铸块进行理化性能检测。不同批料、不同编号的铸块理化检测结果列于表 3-12，同表 3-10 的批料是一一对应的。

表 3-12 熔铸镁铬砖的理化性能

性 能	A			B			C
	1号	2号	3号	1号	2号	3号	
$w(SiO_2)$/%	2.32	2.12	2.07	3.32	4.65	3.45	3.72
$w(Al_2O_3)$/%	7.78	7.37	6.48	—	—	—	11.49
$w(Fe_2O_3)$/%	9.11	8.32	8.16	6.31	9.35	7.61	7.26
$w(CaO)$/%	1.35	1.79	1.58	2.05	0.95	0.87	2.00
$w(MgO)$/%	56.51	59.44	61.87	57.09	50.69	57.41	54.29
$w(Cr_2O_3)$/%	23.02	20.89	20.14	20.31	21.23	19.88	20.15
$w(TiO_2)$/%	—	—	—	—	—	—	1.03
显气孔率/%	8	8	10	8	10	8	—
体积密度/$g \cdot cm^{-3}$	3.50	3.55	3.37	3.49	3.43	3.50	—
耐压强度/MPa	100.7	115.3	93.2	88.9	107.7	185.1	—

通过这些不同批量、不同编号熔铸镁铬砖的试验，确定了完整的配料、熔融、浇注工艺参数，可以保证生产出优质的熔铸镁铬耐火材料。

3.5.4 熔铸镁铬耐火材料的显微结构分析

对试制的熔铸镁铬耐火材料进行化学成分和显微结构分析。首先对熔铸镁铬砖进行化学成分分析，结果示于表 3-13。C-5 取样点处于制品的中心，其他编号的取样点依次向制品的两个方向的外表面过渡。从表 3-13 中列出的化学成分可以看出，不同取样点的化学组成，以 C-5 为对称点，呈现非常有规律的向两边递变的趋势，比如 SiO_2 含量，C-5 点含量最低，依次向 C-1 方向和 C-7 方向递增，同样的规律也表现在 Al_2O_3、Fe_2O_3、Cr_2O_3 的含量上，与此相反 MgO 含量则以 C-5 点最高，依次向两个方面递减。这些规律说明熔铸镁铬砖，方镁石固溶体是最先结晶的固体相，硅酸盐是熔点最低的熔体，最后凝固。

表 3-13 熔铸镁铬砖化学成分 （质量分数,%）

编 号	SiO_2	Al_2O_3	Fe_2O_3	TiO_2	CaO	MgO	Cr_2O_3	CaF_2
C-1	2.59	7.06	11.98	0.27	0.92	56.08	19.92	0.72
C-2	2.47	7.01	11.93	0.28	0.88	56.57	19.63	0.68
C-3	2.67	6.77	11.21	0.26	1.08	57.90	19.24	0.55
C-4	2.43	6.52	10.83	0.26	0.77	59.97	18.68	0.74
C-5	1.83	5.53	12.57	0.18	1.04	62.48	18.76	0.21
C-6	2.38	6.14	11.61	0.22	1.22	59.50	20.28	0.38
C-7	2.58	7.25	12.40	0.31	1.03	56.05	20.01	0.40

由化学分析结果可以看出，熔铸镁铬砖的组成是相当复杂的，这决定了熔铸镁铬砖的矿物组成和显微结构也相当复杂。

在熔铸镁铬砖组成中，最先凝结析晶的是方镁石相。这些方镁石相呈浑圆状，周围被其他矿物分隔包围，如图3-27所示。图中带有白色斑点的浑圆区域就是方镁石相，它们被白色的条状区（尖晶石）和熔点更低的灰色浸润状区（硅酸盐相）所包围或彼此分隔。

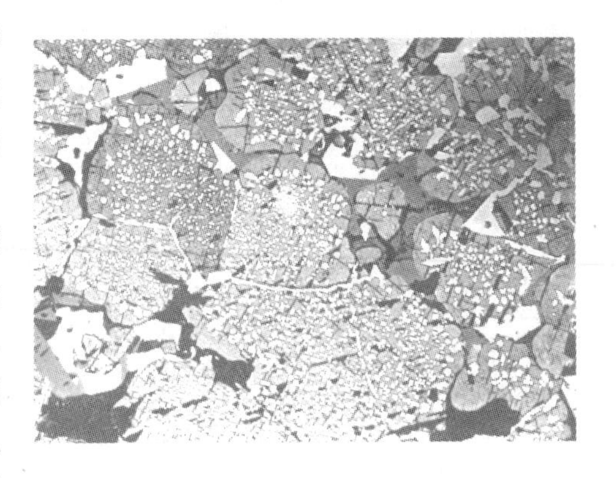

图3-27 熔铸镁铬砖显微结构（250×）

图3-27中还可以看到几小块边角整齐的白色区域，这是尖晶石相，结晶状态完整，是在比较理想的条件下由熔点较低的硅酸盐相中析晶长大的，它的周围伴生存在着大面积的硅酸盐相（灰色浸润状区域）。

利用电子显微镜能谱仪分析熔铸镁铬砖中的主晶相的成分，可以发现它是个成分复杂的组合体，见表3-14，氧化镁含量（质量分数）仅为51.63%，而Cr_2O_3、Al_2O_3、Fe_2O_3含量均较高。表3-14还列出了用电镜能谱仪分析的两种尖晶石的成分。

表3-14 熔铸镁铬砖主晶相的化学成分 （质量分数，%）

化学成分	SiO_2	Al_2O_3	Fe_2O_3	MgO	Cr_2O_3	CaO
方镁石相	1.49	5.27	19.61	51.63	21.15	0.58
晶内尖晶石	1.32	9.51	16.17	46.13	26.20	0.40
晶间尖晶石	1.27	22.22	6.23	22.52	46.56	0.54

将表3-14列出的晶内尖晶石的化学成分与Al_2O_3、Cr_2O_3在MgO熔体中的固溶度相对照可知，两者在Al_2O_3、Cr_2O_3的相对比例上是相符的，而且非常接近理论值。说明由于Al_2O_3在MgO熔体中的固溶度比较低，因此只要在熔铸镁铬砖组分中增加Al_2O_3含量，那么熔铸镁铬砖相结构中就会有更多的晶间尖晶石存在。

图3-28是Al_2O_3含量相对较高的熔铸镁铬砖的显微结构，同图3-27相比，晶间尖晶石含量明显增加，晶粒尺寸也相对增大。图3-28中边角整齐的白色区域为晶间尖晶石，灰色带斑点的浑圆状区域为方镁石。像这样有两种数量差不多的高温矿物相共存的结构，比以单一矿物相为主的结构更为合理也更为有利，因为从热应力和体积效应角度考虑，它们会相互消长，相互缓解。

图 3-28 Al_2O_3 含量相对较高的熔铸镁铬砖显微结构（250×）

在熔铸镁铬砖中还有一个熔点较低的相，就是硅酸盐相，硅酸盐相包括镁橄榄石、钙镁橄榄石甚至软化点更低的玻璃相，它们的存在主要取决于熔铸镁铬砖中的 SiO_2 含量。硅酸盐相是最后凝结的物相，所以往往存在于方镁石相、晶间尖晶石相之间的缝隙中，过多的硅酸盐当然对熔铸镁铬砖的耐火性能不利，但是如果控制数量合理，结构合理，对缓解熔铸镁铬砖的热应力和体积效应也是有利的。

熔铸镁铬砖的结晶结构不仅与化学成分有关，而且与凝结过程的冷却条件有很密切的关系。图 3-29、图 3-30 是同一块砖，在相同的放大倍数下，拍得的岩相照片。图 3-29 是靠近砖的表面，由于冷却速度较快，结晶晶粒比较小，发育也不完全，特别是晶间尖晶石表现更为明显。图 3-30 是砖的中心部位，由于冷却速度较慢，晶间尖晶石发育非常完整，也较前者大得多。

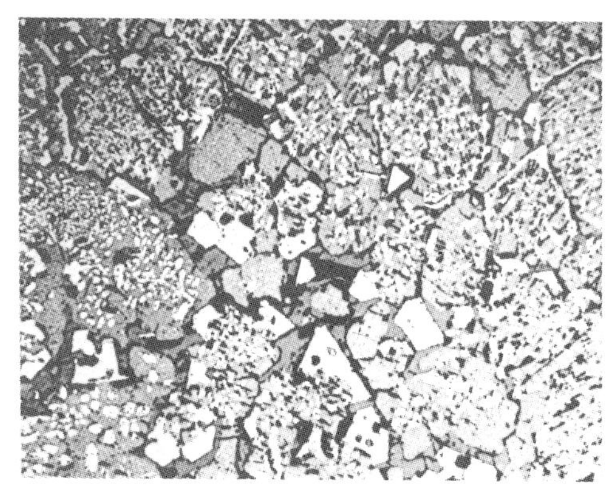

图 3-29 靠近砖表面的显微结构（反光，250×）

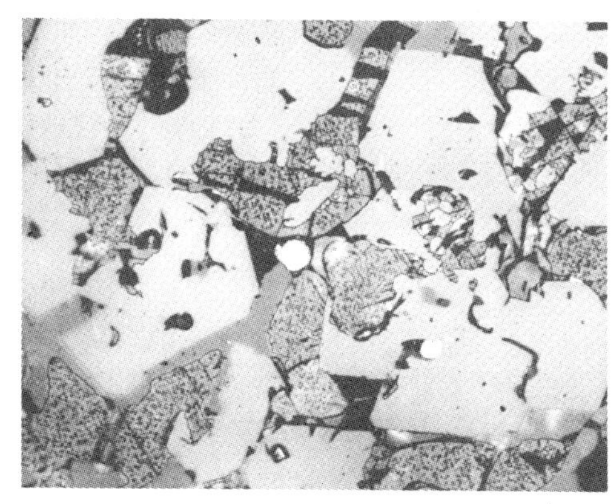

图 3-30 砖中心部位的显微结构（反光，250×）

3.5.5 熔铸镁铬砖的热工性能

通常认为熔铸镁铬砖抗热冲击的性能较差，给热工窑炉的设计、施工、烘炉、热工制度带来一些麻烦，为此本文对熔铸镁铬砖的热工性能作了一些对比，对比的样品为同一档次的烧成直接结合镁铬砖。

3.5.5.1 抗热冲击性

把熔铸镁铬砖、烧成直接结合镁铬砖切成 30mm × 30mm × 120mm 样棒，急速放入 1100℃炉膛内，如此反复 3 次后，两种样棒均未断裂，测定试样的抗折强度，结果（3 组试样的平均值）见表 3-15。

表 3-15 两种镁铬砖抗热冲击性能比较

项　目	熔铸镁铬砖	烧成镁铬砖
初始常温抗折温度/MPa	16.48	8.63
3 次骤冷后常温抗折温度/MPa	4.00	5.95
强度保持率/%	24.3	68.9

3.5.5.2 重复加热试验

将熔铸镁铬砖、烧成直接结合镁铬砖切成 30mm × 30mm × 120mm 样棒（共 3 组）同时置入炉内加热，2h 内升温到 1300℃，保温 2h，试样随炉缓冷，20h 冷却到室温，重复加热到 1300℃，如此反复 6 次，测定每一次重复加热后试样的抗折强度，结果如图 3-31 所示。

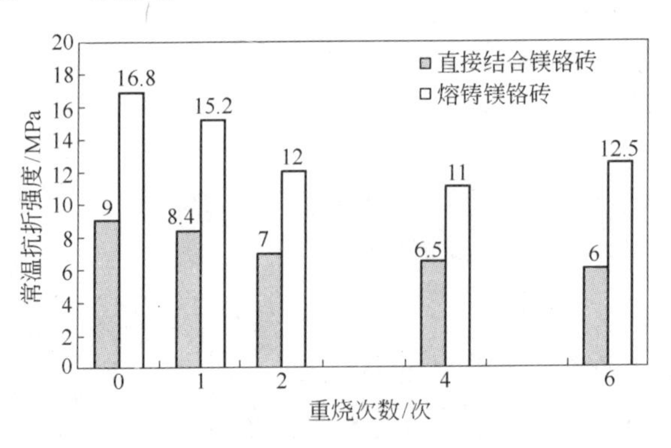

图 3-31 熔铸镁铬砖与直接结合镁铬砖的抗折强度与重烧次数的关系

通过对熔铸镁铬砖和烧结直接结合镁铬砖抗热冲击性、重烧性能的比较，可以得出如下结论：在连续作业的热工窑炉上使用熔铸镁铬砖，它的热工性能基本上与烧成镁铬砖等同。

4 镁铬耐火材料在闪速炉上的应用

****

随着闪速冶炼技术的不断进步与发展，闪速熔炼以其成功可靠的工艺和设计、较低的工厂综合投资和生产成本、良好的劳动条件以及较高的有价元素回收率，逐渐成为火法炼铜工艺中发展最快、应用最广的一种铜矿熔炼技术。根据炉型的不同，闪速熔炼可分为奥托昆普（Outokumpu）闪速熔炼和因科（INCO）闪速熔炼两种类型。目前，我国已建立的闪速炉主要为奥托昆普型，因此本章将着重介绍奥托昆普型闪速炉的结构与发展，闪速炉主要部位用镁铬耐火材料的损毁机理以及闪速炉反应塔热场数值仿真和结构优化。

4.1 奥托昆普型闪速炉的结构与发展

4.1.1 奥托昆普闪速炉结构

奥托昆普闪速炉炉体包括反应塔、沉淀池和上升烟道三部分。图 4-1、图 4-2 分别示出了我国铜、镍闪速炉的结构示意图。由图 4-1、图 4-2 可见，闪速炉主要由反应塔、沉淀池与上升烟道三部分构成。

4.1.1.1 闪速炉反应塔

闪速炉反应塔由塔顶和塔壁两部分组成。反应塔塔顶有拱顶和吊挂平顶两种结构。相比之下，拱顶密封性好，漏风小，但砖体砌筑和维修困难，一旦发生局部烧损事故，就必须更新整个塔顶，维护费用高；吊挂塔顶虽然密封性稍差一些，但可在热态下完成部分砖体的更换，维修方便。

反应塔壁由于长期经受高温烟气和高温熔体的冲刷，腐蚀严重。为了提高炉体寿命，各冶炼厂在选用优质耐火材料的同时，都采用强制冷却系统以改善炉衬的工作状况。现有的闪速炉反应塔冷却方式分为两种：喷淋冷却与立体冷却。喷淋冷却结构简单，它通过在反应塔外壁淋水冷却来促成内壁形成致密的挂渣层，从而使炉衬得到保护而不被继续腐蚀。这种结构便于检修，炉体寿命可达 8 年左右。但随着闪速炉熔炼能力的提高，喷淋冷却方式的强度逐渐不足以满足生产要求，同时反应塔壁面热损失大，操作费用也相对较高。

立体冷却系统由铜水套和冷却铜管组成。反应塔壁被铜水套分成若干段，水套之间砌砖，并在砖外侧安装冷却铜管。这种冷却结构冷却强度大，充分适应了富氧浓度、熔炼能力以及炉体热负荷提高后对反应塔炉衬冷却的要求，而且热损

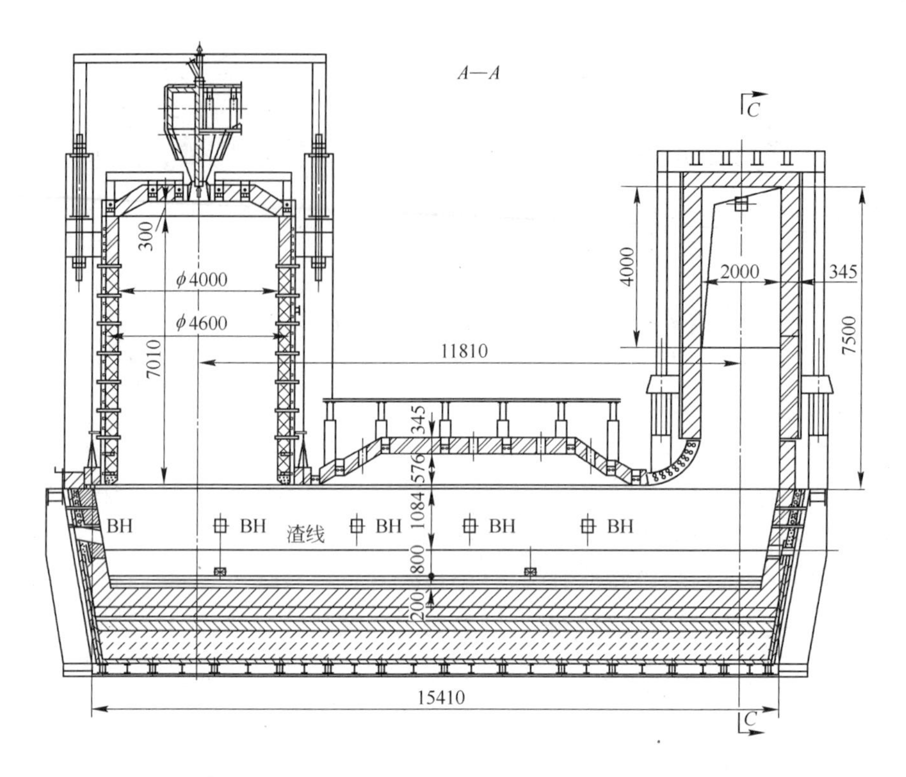

图 4-1 炼铜闪速炉结构示意图

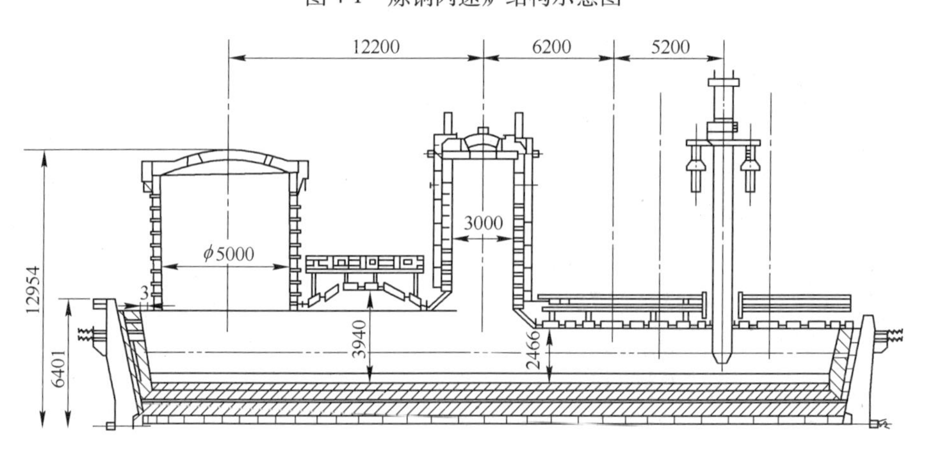

图 4-2 炼镍闪速炉结构示意图

失小，炉体寿命可长达 10 年左右。我国的闪速炉均采用立体冷却方式。

4.1.1.2 闪速炉沉淀池

反应塔落下的铜锍和炉渣在沉淀池中储存并澄清分离，夹带烟尘的高温烟气经沉淀池上部空间进入上升烟道，沉淀池的功能要求其在结构上必须能有效防止熔体渗漏以及炉衬腐蚀。

沉淀池顶一般为吊挂结构，也分为平顶和拱顶两种。沉淀池顶主要依靠 H 形梁和垂直冷却水套冷却。

位于反应塔正下方部位的沉淀池侧墙，因为热负荷高，且沿砖表面往下流的高温熔体量较大，炉衬很容易损坏。目前，对于这一部位的保护，一般通过在砖体内插入水平水套来加强冷却，有的冶炼厂则水套与铜管并用（如我国的贵溪冶炼厂、金隆铜业有限公司），构成立体冷却，而且水平水套的层数也不断增加。

沉淀池渣线区受熔体冲刷严重，极易被熔体侵蚀，因此这一区域沿沉淀池一周都设有垂直水套或者倾斜水套来实现冷却。

4.1.1.3 闪速炉上升烟道

上升烟道是闪速炉夹带渣粒、烟尘的高温烟气的出口通道。因此，对上升烟道结构的要求是：防止熔体黏附而堵塞烟道，尽量减少沉淀池的辐射热损失。

上升烟道结构有垂直圆形、椭圆形，以及断面为长方形的倾斜形。为了防止上升烟道开口部位及倾斜端墙黏结造成通道过于狭窄，各冶炼厂多在烟道内设置重油烧嘴，以保证生产的顺利进行。

4.1.2 奥托昆普闪速炉炉体改进与进展

奥托昆普闪速熔炼技术的进步，不仅是熔炼工艺的逐渐成熟和提高，在闪速炉应用的历史中，其炉体结构和设备也得到了明显的改进和发展，其中尤其以反应塔冷却系统的发展和反应塔高度的调整最为显著。

4.1.2.1 反应塔冷却系统的发展

闪速炉最初的设计构思中并没有考虑冷却元件的设置。现代的两大冷却方式：喷淋冷却与立体冷却的思想和相应设备都是在后续的应用过程中逐步发展起来的。炉料进入反应塔，在下落的数秒内便完成熔炼过程，使塔内最高温度达到1400~1500℃。在此条件下，不仅反应塔壁面工作内衬表面热负荷大，同时也因为熔化了的炉料倾泻而下，一部分熔体沿着反应塔侧壁向下流动，从而对塔壁炉衬造成强烈侵蚀。

对于这种高温熔体及夹带烟尘的高温气流对反应塔塔壁内衬的磨蚀，奥托昆普公司最初的解决思想是从增加炉衬厚度和建设备用炉子着手的。当时，反应塔侧壁内衬由内、外两层砖衬筑成，厚度近 1m。但哈里亚瓦尔冶炼厂的应用实践却证明，单独使用耐火砖的反应塔结构不足以承受闪速熔炼状态下苛刻的工作条件，开炉仅 8 周，塔壁部分炉衬就被磨蚀殆尽而迫使生产中止。

人们在技术实践中发现，适当采用水冷装置能有效地使耐火材料得到较好的保护。在 1950 年绘制的设计图中首次出现了闪速炉水冷系统——设置在反应塔与沉淀池连接部砖衬中的铜管，从此闪速炉反应塔冷却系统的研制与改进便如火如荼地发展起来。

为了延长反应塔炉衬寿命，技术人员最早模仿炼铁高炉，在反应塔外壁喷水冷却，并逐渐形成了闪速炉反应塔的一大冷却方式——喷淋冷却。经过改造后，虽然炉体内厚度大为减小（最初减至375mm，然后又逐渐减为300mm、250mm，甚至150mm），但炉体寿命却显著提高。以后的闪速炉生产经验也表明，对于实行高品位铜锍熔炼的闪速炉来说，当反应塔壁面炉衬侵蚀至约100mm后，由于外壁淋水冷却，促使内壁温度降低并形成磁性氧化铁挂渣保护，从而使得炉衬可以维持一定厚度而不再继续腐蚀。1992年，美国菲利普道奇公司希达尔格冶炼厂大胆创新，在反应塔塔壁仅喷涂125mm的镁铬质耐火材料，工作5年后，塔壁炉衬状况仍然保持良好，更是成为喷淋冷却方式成功的典范。

20世纪50年代闪速熔炼技术传入日本，足尾冶炼厂首先进行改革，在反应塔上部他们仍采用喷淋冷却，而在反应塔下部设置了两圈铜水套，后来又增加至4圈，并在砖衬与钢壳之间设置水冷铜管，使耐火砖衬周围形成三个冷却面。从此开始了闪速熔炼技术历史上“立体冷却”的新时代。在采用立体冷却方式之后，闪速炉炉体冷却强度大大提高，炉衬寿命明显增加，因此在反应塔内插入铜水套的冷却思想也越来越受到冶金专家的关注。

我国最早的三座大型闪速炉中，贵溪冶炼厂闪速炉冷却系统源自日本住友公司设计，原设计有6层冷却水套，1997年二期扩产改造过程中自行设计增加至11层；金川公司闪速炉反应塔设有9层水平冷却水套；金隆铜业有限公司闪速炉则根据冶炼强度设置了7层水套。

4.1.2.2 反应塔高度的降低

反应塔高度取决于物料的化学反应速度，而物料的化学反应速度又与送风温度、工艺风氧浓度以及反应塔温度有关。反应塔最理想的高度是物料完全反应后其下落点正好位于沉淀池液面上，这样熔体温度高，沉淀池油耗小。采用富氧熔炼和高品位铜锍熔炼，并使用奥托昆普中央扩散型精矿喷嘴生产后，系统处理能力提高，塔内氧浓度增大，温度升高，精矿反应加快，使反应塔高度降低成为可能。因此各冶炼厂也开始改变反应塔结构，以追求更优化的操作条件和更大的经济效益。

闪速炉高度改造最成功的当推日本古河公司的足尾冶炼厂。1956年足尾冶炼厂投产时闪速炉初始高度为8.7m，其后随着熔炼技术的进步，先后历经4次改造，以寻求最佳反应塔结构。四次改造分别为：1962年反应塔高度改为10.6m，1968年反应塔改造为7.5m高、上大下小的圆锥体，1977年恢复为标准圆柱体，1979年反应塔高度降低到现有的5.7m。足尾冶炼厂的成功经验为反应塔高度的降低提供了借鉴。改造后，不仅闪速炉油耗降低，而且炉衬蚀损耗减少，提高了炉体的使用寿命。

4.1.3 奥托昆普闪速熔炼生产的强化与进展

实行富氧和高品位铜锍熔炼，不仅可以使熔炼阶段的反应热得到更有效的利用，使闪速炉能耗逐渐降低并最终实现自热熔炼，达到简化工艺流程、降低成本的目的，而且可以增加高温度、高浓度的烟气流中硫的回收率，并可以使后续的吹炼过程中鼓风时间大为缩短，从而提高整个企业的能效。因此，20 世纪 80 年代以后，闪速熔炼技术逐渐向着高投料量、高铜锍品位、高富氧浓度、高容积热强度的“四高”的趋势继续发展，其熔炼技术优势也日益明显。但从熔炼、吹炼以及制酸等整个工艺流程来看，工艺风富氧率和熔炼生产的铜锍品位是关系系统运行效率的两大重要参数。

4.1.3.1 富氧熔炼

奥托昆普闪速熔炼工艺的最初设计是采用预热常氧空气进行熔炼，同时添加辅助燃料以帮助维持反应塔内的高温。这种设计不但利用了当时燃料价格低廉的优势，而且充分考虑了烟气余热的有效回收；但是能源价格的不断上涨，环保立法的日趋严格，以及对设备单位产能的更高要求，促进了对熔炼工艺的改革和新技术的开发。

20 世纪 60 年代初奥托昆普公司开始进行富氧技术的研究。1971 年哈利亚瓦尔冶炼厂开始实现富氧熔炼（氧浓度为 30% ~40%），标志着闪速炉生产的一个重大改进，其生产能力在改进后提高了 1 倍。哈利亚瓦尔冶炼厂用自身的实践证明了富氧熔炼技术的巨大优势。20 世纪 80 年代初世界范围内的能源危机曾一度将闪速熔炼技术笼罩在阴影之下，富氧熔炼给闪速炉生产厂家带来了新的生机。计算表明，每 3m^3 的氧气可节省 1kg 重油，而采用低压分馏制氧技术，每立方米氧气电耗仅为 0.42kW · h，采用富氧闪速熔炼后工厂能耗能降低到以前的 1/2 甚至更少（167J）。富氧闪速熔炼由此而迅速发展。目前世界闪速熔炼工厂已有 2/3 以上采用了富氧熔炼技术。

众多厂家的实践经验表明，采用富氧技术以后的闪速熔炼工艺，其技术优势更为显著，具体如下：

（1）节省建设投资。由于富氧空气比普通空气的体积减小了许多，因此采用富氧熔炼后，鼓风、排烟、收尘、制酸等设备的规格尺寸都可以减少，与之相配套的土建、热工、水电等设施也大大减小。这样虽然新增了一套制氧设备，但总投资仍将明显降低。以贵溪冶炼厂为例，该厂实行富氧熔炼改造工程总投资 1.1 亿元，改造后可增产金属铜 30000t/a，硫酸 100000t/a，如若新建同等规模的铜冶炼厂，则至少需要投资 5 亿元。相形之下，富氧改造收益显著。

（2）降低能耗。在闪速炉热平衡中，烟气带走的热量是热支出的主要组成之一，可以占到总热量的 50% 以上。增加熔炼空气中的氧气含量，将使反应生成的烟气量大幅度减小，从而烟气带走的热量也大大减少。因此采用富氧熔炼，是实现闪速炉自热熔炼、降低闪速能耗的有效途径。

（3）改善炉内状况。入炉的工艺风氧浓度提高，将造成塔内反应核心区上移且焦点温度略有提高，同时铜锍和炉渣温度也随之升高，铜锍溶解 Fe_3O_4 的能力增强，炉内沉淀池结底的状况得到改善。

4.1.3.2 高品位铜锍生产

熔炼的铜锍品位可供选择的范围很宽，它可以在从精矿天然含铜品位一直到白铜锍（含铜量约为79.8%）之间任意变动。因此，在实际操作中也可以根据生产需要进行调节。

熔炼过程中铜锍品位主要受氧气浓度的制约。在生产初期，由于冶炼采用预热空气进行鼓风，因此铜锍品位多在40%~50%。富氧熔炼的实现不仅为高品位铜锍熔炼提供了条件，而且也促使其成为闪速熔炼的发展趋势之一。

实现高品位铜锍生产，最显著的效益是可以大幅度提高铜锍产量。此外，由于铜锍品位提高后，在熔炼过程中将有更多的 Fe、S 元素参与氧化反应，这不仅使反应塔单位时间内热收入增加，同时烟气中 SO_2 浓度提高，从而为动力、制酸等工序提供更大的便利，系统总能耗得以明显降低。因此，从某种程度上来说，高品位铜锍熔炼是提高闪速炉生产能力的投资最少的有效方式。

4.2 闪速炉沉淀池渣线用镁铬耐火材料的损毁机理

最初，我国闪速炉用耐火材料完全依赖进口。随着各种高性能镁铬耐火材料的开发，特别是熔铸镁铬耐火材料的开发，解决了闪速炉反应塔中下部用熔铸镁铬耐火材料这一难题，为实现闪速炉用耐火材料全部国产化奠定了坚实基础。另一个重要部位就是沉淀池的渣线，该部位的镁铬耐火材料要求具有良好的抗锍渗透性和炉渣的侵蚀性，根据第3章镁铬耐火材料的性能研究的试验结果，试制了再结合镁铬砖用于沉淀池渣线，所研究的闪速炉用主要耐火材料的性能示于表4-1。将表4-1中的三种镁铬耐火材料同时用于金川公司的镍锍闪速炉和贵溪冶炼厂的铜闪速炉。其中金川公司的整个闪速炉均采用了作者提供的配置（见附录），实现了整个闪速炉用耐火材料的国产化。

表4-1 闪速炉用优质镁铬耐火材料的性能

项目		直接结合镁铬砖	再结合镁铬砖	熔铸镁铬砖
化学成分（质量分数）/%	MgO	59.63	59.9	54.69
	Cr_2O_3	21.76	20.21	20.79
	Al_2O_3	10.94	11.50	13.95
	Fe_2O_3	7.15	6.90	7.31
	SiO_2	1.22	0.92	2.81

续表 4-1

项目			直接结合镁铬砖	再结合镁铬砖	熔铸镁铬砖
物理性能	显气孔率/%		17.1	16	11
	体积密度/$g \cdot cm^{-3}$		3.26	3.28	3.38
	耐压强度/MPa		61.5	60.1	114.3
	荷重软化点/℃		>1700	>1700	>1700
	热膨胀率/%	1000℃	0.97	0.99	—
		1200℃	1.24	1.28	—
		1300℃	1.37	1.32	1.43
	导热系数 /$W \cdot (m \cdot K)^{-1}$		1.6	1.43	1.93

沉淀池渣线用再结合镁铬砖在使用过程中既会遇到锍的渗透，也有炉渣的侵蚀，本节将重点分析沉淀池渣线用再结合镁铬砖的损毁机理。

4.2.1 残砖分析

电熔再结合镁铬砖原砖长度为350mm，经闪速炉沉淀池渣线区域使用一年后，残砖长度为110~126mm，表皮为挂渣层，依次向里分别为：（1）挂渣层、工作带及反应带；（2）渐变带；（3）微变带；（4）原砖层。各段带的化学成分、显气孔率及其体积密度见表4-2、表4-3。渣与冰铜成分见表4-4。

表 4-2 各段带化学成分 （质量分数,%）

项目		MgO	Al_2O_3	SiO_2	SO_3	CaO	Cr_2O_3	Fe_2O_3	CuO	F
1	挂渣层 工作带 反应带	61	4.7	3.2	1.2	1.6	14	11	2.4	0.16
2	渐变带	62	4.6	2.5	4.4	0.64	15	7.9	1.4	0.13
3	微变带	62	4.6	2.8	4.5	1.4	16	7.7	—	0.16
4	原砖层	63	5.0	2.9	2.6	1.5	16	8.0	0.043	0.13

表 4-3 各段带显气孔率及体积密度

层号	气孔率/%	体积密度/$g \cdot cm^{-3}$	距工作面的距离/mm
1	6.1	3.67	0.25
2	11.0	3.29	30~55
3	7.5	3.38	6~85
4	9.3	3.33	85~126

表 4-4 渣与冰铜成分 （质量分数,%）

项 目	Cu	Fe	S	SiO_2	Zn	As	Pb
渣	0.75 ~ 2	36 ~ 41	0.14 ~ 1.2	27.5 ~ 36.0	0.5 ~ 1.1	0.5 ~ 1.1	0.08 ~ 0.24
冰 铜	58 ~ 65	11 ~ 18	21 ~ 22	0.23 ~ 0.32	0.28 ~ 1.4	0.16 ~ 0.24	0.3 ~ 0.8

4.2.2 闪速炉用后电熔再结合镁铬砖的显微结构分析

4.2.2.1 挂渣层

挂渣层宽 580 ~ 820μm，最宽处为 1050μm，有时无挂渣层。该层主晶相为铜磁铁矿，半自形晶粒状，边界有齿状，晶粒大者 60 ~ 175μm，小者 10 ~ 40μm。挂渣层中铜磁铁矿约占 60%，赤铜铁矿估计占 10%，硅酸盐约占 20% ~25%。挂渣层显微结构如图 4-3 所示。

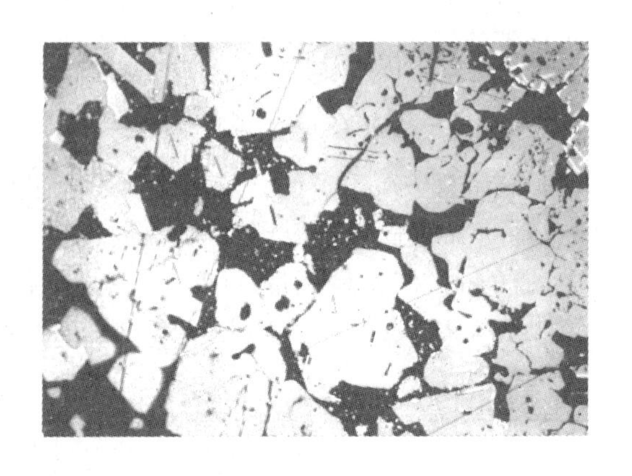

图 4-3 挂渣层显微结构（250 ×）

4.2.2.2 工作面

在工作面上形成宽 120 ~ 350μm 的复合尖晶石向高铁复合尖晶石过渡矿物带，方镁石中的晶内尖晶石长大，氧化镁渐渐消失，硅酸盐充填尖晶石间，达 5% ~30%。

A 颗粒部分

主晶方镁石固溶体的晶内尖晶石明显长大，粒径达 5 ~ 20μm，环带结构显著，周边宽 1 ~ 2μm。边缘含铁高于中心，边缘 FeO 含量达 51.21%，中心为 29.64%，均高于晶间尖晶石。方镁石固溶体中的氧化镁部分减少仅 0 ~ 20%，方镁石中固溶 FeO 增加，已达 32.21%，Cr_2O_3 降低仅为 3.99%，原砖 FeO 9.58%，Cr_2O_3 6%。硅酸盐约占此处颗粒部分的 10%，为橄榄石柱状晶体，晶体长 × 宽为(60 ~ 100)μm × 30μm。工作带的显微结构如图 4-4 所示。

图 4-4 工作带的显微结构照片（90×）

B 基质部分

方镁石固溶体 40~100μm，由于晶内尖晶石大量吸收铁变为高铁复合尖晶石，晶内尖晶石粒径 6~20μm，环带结构明显，边缘铁明显高于中心，Cr_2O_3 反之。方镁石固溶体中的氧化镁部分明显减少，工作面向砖里为 0~30%。晶间尖晶石尚保留，约 15%，晶粒 20~50μm，环带结构明显，晶体边缘 Fe_2O_3 44.19%，晶体中心 23.02%。硅酸盐约 5%~30%，为橄榄石相。基质部分的显微结构如图 4-5~图 4-7 所示。

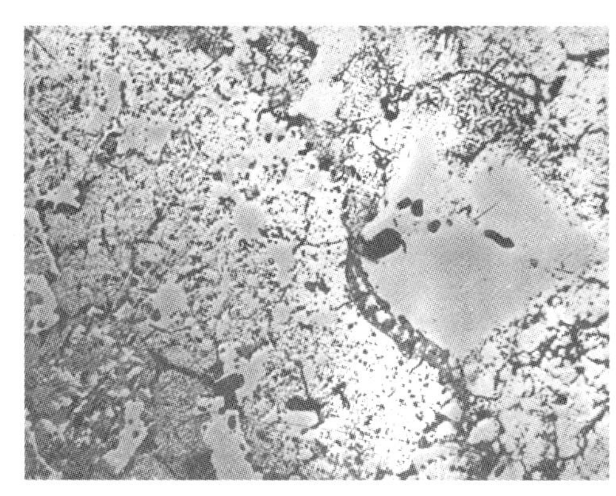

图 4-5 挂渣层与工作带的显微结构照片（90×）

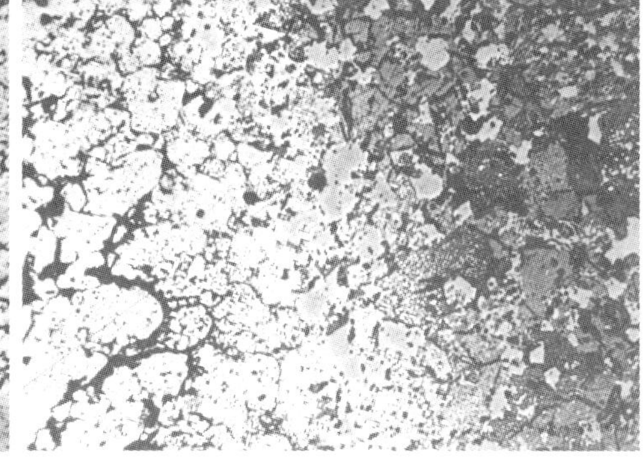

图 4-6 反应带、工作带、挂渣层的显微结构照片（90×）

4.2.2.3 反应带

反应带呈斑状结构。主晶相为方镁石粒状晶体，晶粒大小为 117~630μm 或者 233~1515μm，晶体边界为齿状，晶间裂隙 1~6μm，晶内尖晶石 1~6μm，也

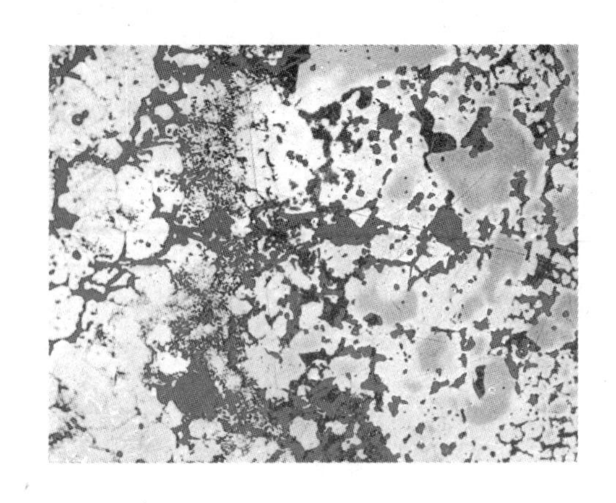

图 4-7 工作带、挂渣层的显微结构照片（250×）

有小于 0.5μm 者，含量约占方镁石的 20%～30%；晶内硅酸盐粒度范围为 20～50μm，其中 M_2S：CMS 为 1：2，两者之和小于 5%，晶内尖晶石粒度范围为 20～30μm；晶间硅酸盐均为 MS，粒度范围为 50～90μm，含量小于 5%；晶间尖晶石自形晶多边形状，晶粒 30～60μm，含量估计小于 5%。

基质由方镁石固溶体、晶间尖晶石、硅酸盐、白色赤铜矿、红色金属铜矿及少量硫酸钙镁复盐 $CaSO_4 \cdot 3MgSO_4$ 组成。基质显微结构如图 4-8 所示。

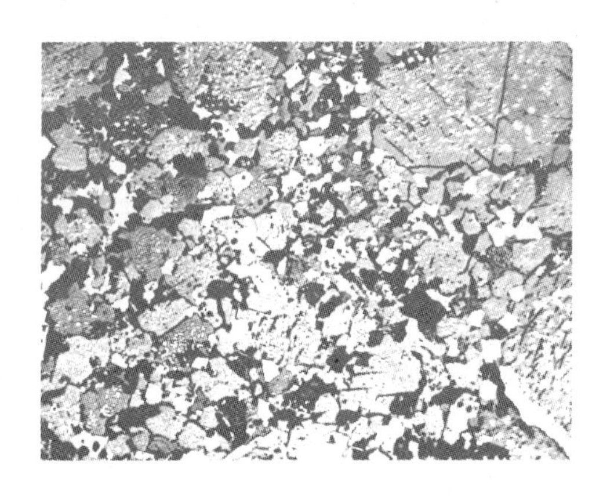

图 4-8 距工作面 21mm 处反应带的显微结构照片（90×）

方镁石固溶体形状不规则，边界呈齿状、港弯状。晶粒大小为 30～120μm，晶内尖晶石大小为 1～10μm，有的有环带结构，周边含铁高，反射率高，中心铁低。晶间二次尖晶石大小为 20～140μm，具环带结构，周边含铁量高于中心。显微结构如图 4-9 所示。方镁石固溶体：晶间二次尖晶石为 3：2。硅酸盐 15～40μm，约占基质的 15%～20%，脱落的方镁石晶体粒度范围为 40～60μm，约占基质的5%，实为生成 $CaSO_4 \cdot 3MgSO_4$ 复盐磨片过程脱落而致。孔洞约占基质20%～30%，矿物相基本相连。金属铜侵入砖体充填基质方镁石、尖晶石之间，范围25～30μm，个别区域达20%，呈基底式胶结方镁石与尖晶石，铜可进入方镁石晶体之内，金属铜区域内晶间尖晶石，晶体边界浑圆，并未生长成自形多边形晶体，如图4-10所示。

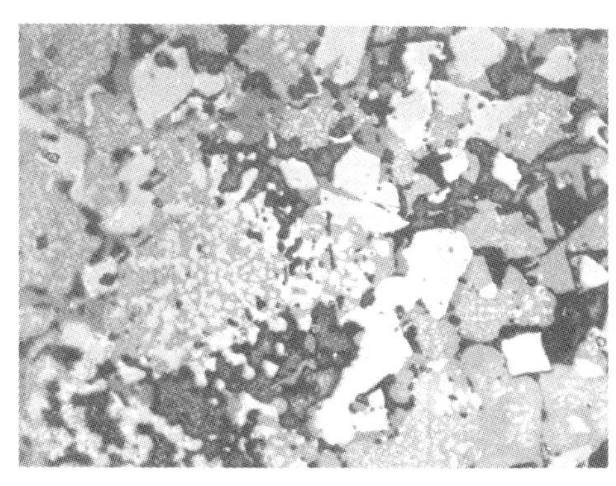

图4-9　距工作面20mm处反应带的显微结构照片（250×）

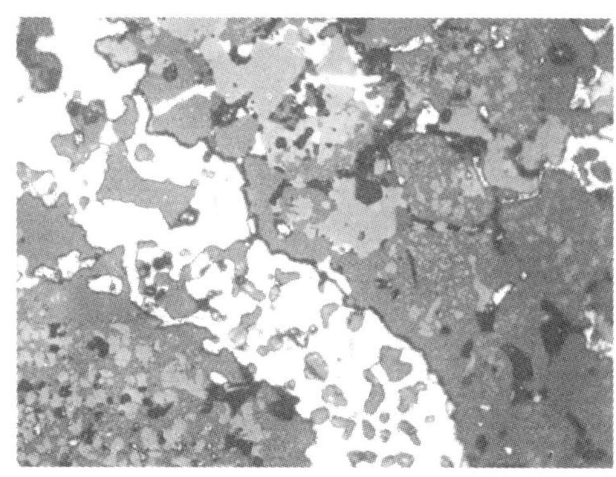

图4-10　距工作面24mm处反应带的显微结构照片（250×）

赤铜矿充填在方镁石、尖晶石之间，含量为5%～20%。有时侵入方镁石形成硫酸钙镁复盐区域，利于尖晶石生长，晶内尖晶石变为5～12μm自形晶体。基质中的硅酸盐出现黄长石离工作面15mm处，此处镁橄榄石：黄长石质量比为3：2；在离工作面25mm处（图4-11），镁橄榄石：黄长石为2：3。黄长石为细小针柱状，晶体长×宽为(0.5～2)μm×0.5μm。

赤铜矿 Cu_2O 出现在距工作面11.9～24.9mm之间的反应带，金属铜出现在距工作面5.7～20.2mm的反应带，硫化亚铜 Cu_2S 出现在距工作面0.9～16.9mm

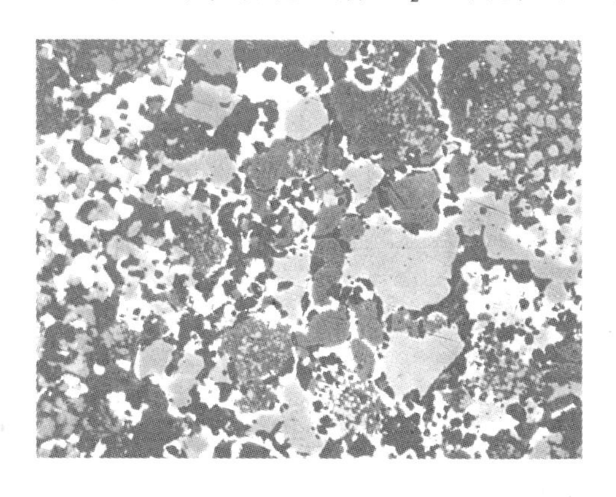

图4-11　距工作面25mm处反应带的显微结构照片（250×）

的反应带。

A 距工作面10mm处反应带的显微结构

主晶方镁石固溶体大小为117～466μm，晶内尖晶石呈粒状，粒径为3～10μm，小者小于1μm，晶内尖晶石约占方镁石30%。晶间尖晶石呈半自形晶多边形状，晶粒粒径为45～70μm，含量小于5%。方镁石晶间裂纹宽6～18μm，硅酸盐含量约为5%，均为M_2S。

基质，由方镁石固溶体、尖晶石、硅酸盐及硫化亚铜与金属铜构成。方镁石晶体大小不一，呈不规则粒状，电熔方镁石晶粒90～170μm，晶内尖晶石粒径为6～24μm，晶内尖晶石具有环带结构，周边高铁尖晶石宽0.5μm，晶内尖晶石约占方镁石的40%。烧结方镁石粒径为20～80μm，晶内尖晶石粒径为1～2μm。晶间尖晶石，包括原铬矿与二次尖晶石，两者之和与方镁石之比为3∶4。二次尖晶石呈自形多边形状，晶粒为35～60μm，呈环带结构，周边含铁高、反射率高于晶体中心，铬矿颗粒从外形看，已开始向二次尖晶石转化，距工作面12mm处，铬矿约占10%，铬矿粒径为30～466μm。

图4-12 距工作面9mm处反应带的显微结构照片（250×）

硫化亚铜，形状不规则，充填方镁石与尖晶石晶体孔隙中，粒径为30～90μm，约占基质的15%，可填充晶间，也可进入方镁石晶内，置于空气中3个月已水化。显微结构如图4-12～图4-14所示。此带孔洞约占基质的15%，方镁石晶粒有的生成硫酸钙镁盐，区域范围为40～60μm，约占

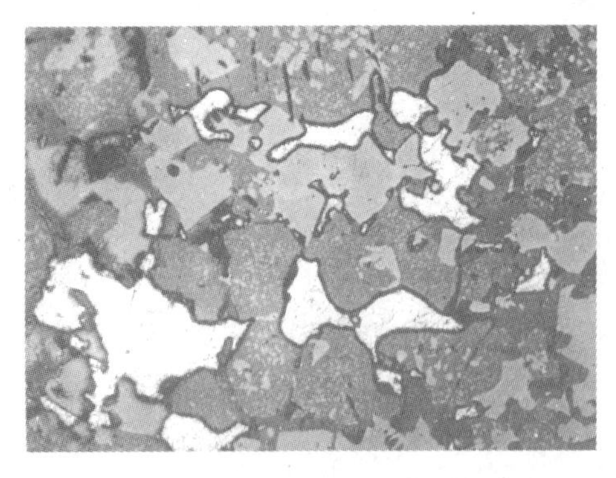

图4-13 距工作面11mm处反应带的显微结构照片（250×）

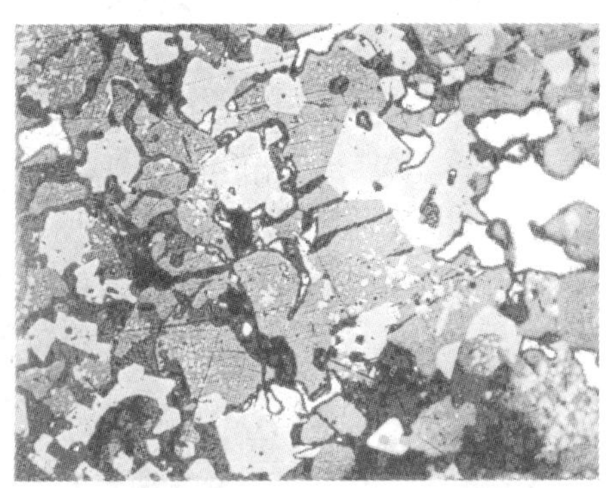

图4-14 距工作面6mm处反应带的显微结构照片（250×）

基质的5%，生成物制片过程脱落。硅酸盐呈基底式胶结主晶，约占基质的20%，M_2S不规则形状，粒径为20~30μm。CMS粒状晶体粒径为60~70μm，晶内包裹M_2S晶体6~8μm，M_2S∶CMS为1∶4。硅酸盐组成不均匀，有的区域渣液中有细小的黄长石晶体。

距工作面1mm处C_2AS∶CMS∶M_2S为1∶6∶3，距工作面5mm处C_2AS∶CMS∶M_2S为0∶5∶5，距工作面10mm处C_2AS∶CMS∶M_2S为0∶8∶2。这说明渣液侵入此区域，使硅酸盐中的镁橄榄石逐渐变为钙镁橄榄石及黄长石。

B 距工作面46mm处反应带的显微结构

斑状结构。电熔镁铬颗粒，主晶方镁石粒状晶体，晶粒大小为700~820μm，晶内尖晶石大小为3~8μm，呈环带结构，晶体周边含铁量高，晶内尖晶石约占方镁石的30%。晶内硅酸盐为圆粒状，粒径为90μm，其中CMS∶M_2S为7∶3。Cu_2S已侵入方镁石晶内，粒度大小为10~83μm。

基质由方镁石、晶间尖晶石、硅酸盐及硫化亚铜构成。主晶方镁石呈不规则粒状，晶粒粒径为30~290μm，晶内尖晶石粒径为3~15μm，呈环带结构，晶内尖晶石周边含铁量高于中心，晶内尖晶石约占方镁石的40%，晶间尖晶石，包括铬矿与二次尖晶石，二次尖晶石自形晶、多边形状，晶粒20~80μm；铬矿已经变化，粒径30~177μm，铬矿约占此区5%~10%。此处方镁石∶晶间尖晶石约为4∶3。硅酸盐约占此区15%，其中5%为渣侵后物，晶体细小，硅酸盐多数为M_2S。此区方镁石被SO_3侵蚀而生成硫酸钙镁复盐者约占此区$<5\%$，粒度约30μm。硫化亚铜不规则形状充填方镁石与晶间尖晶石之间，粒径20~90μm，约占基质10%。此区孔洞约占基质5%~10%。显微结构如图4-15所示。

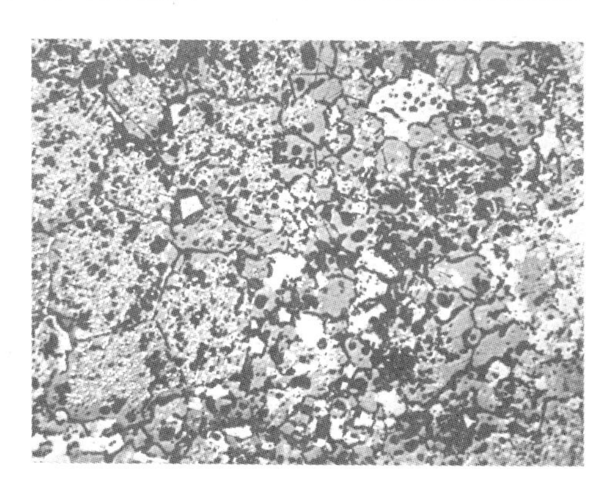

图4-15 距工作面46mm处反应带的显微结构照片（90×）

4.2.2.4 渐变带

A 距工作面43~57mm的渐变带

斑状结构。电熔镁铬颗粒，乳浊结构，主晶方镁石固溶体粒度为230~

700μm，晶内尖晶石粒度为 2～20μm，小者小于 0.5μm，约占此颗粒的 20%～25%。此颗粒无硅酸盐，主晶方镁石之间缝隙为 1～2μm。颗粒边缘的方镁石已反应生成 $CaSO_4 \cdot 3MgSO_4$，磨片过程遇水脱落。

乳浊结构电熔镁铬，主晶方镁石粒度为 466～1860μm；方镁石晶内包裹圆粒形硅酸盐，粒径为 58～230μm，约占此颗粒的 5%，其中 CMS：M_2S 为 2：1，硅酸盐中析出自形多边形尖晶石，粒度为 30～60μm，尖晶石含量小于 5%。方镁石已被 SO_3 侵蚀生成 $CaSO_4 \cdot 3MgSO_4$，范围 58～232μm 制片中此矿物溶解脱落形成孔洞，但晶内尖晶石依然存在，脱落的方镁石约占此颗粒的 5%。

由上可见，方镁石晶体大，硅酸盐包在方镁石晶内，晶体小一般晶内无硅酸盐，电熔料成分不均匀，颗粒间差别较大。

结状电熔镁铬颗粒，主晶方镁石固溶体粒径为 162～406μm，方镁石晶间缝隙 2～5μm，硅酸盐约 10% 充填在方镁石晶间。方镁石已形成 $CaSO_4 \cdot 3MgSO_4$ 与 $MgSO_4$，粒度可达 460μm，晶间尖晶石尚存在，蚀损的方镁石约占颗粒部分的 1/3。显微结构如图 4-16 所示。

图 4-16　距工作面 43～57mm 处渐变带显微结构照片（90×）

基质由电熔镁铬、烧结镁砂、铬矿、二次尖晶石与硅酸盐组成。电熔镁铬之方镁石固溶体粒径为 90～460μm；烧结镁砂粒径为 60～80μm。铬矿不规则齿状边界 90～230μm，二次尖晶石 24～140μm，两者各半。方镁石：尖晶石约 3：2 基质中方镁石反应生成 $CaSO_4 \cdot 3MgSO_4$ 的范围 60～90μm 约占基质 10%～15%。硅酸盐约占 10%～15%，镁橄榄石为主，少量钙镁橄榄石。此砖在距工作面 43～57mm 范围内均有方镁石蚀损出现。

B　距工作面 31～40mm 的渐变带

本段带电熔镁铬颗粒均有蚀损，粒度范围为 230～280μm，占颗粒部分的 5%。

基质中方镁石固溶体因受 SO_3 侵蚀边界变成齿状，粒径为 50～180μm，晶内尖晶石依旧；铬矿颗粒不规则，粒径为50～100μm；二次尖晶石半自形晶、多边形状，粒径为35～175μm，二次尖晶石：铬矿为2：1。此带方镁石：尖晶石约为5:4。孔洞约占基质30%～40%。基质方镁石受SO_3侵蚀形成溶水的盐类，粒度范围为60～120μm，约占基质15%。

距工作面34mm处，渣侵入砖中，宽116～350μm。渣侵入电熔镁铬颗粒，主晶方镁石的晶内尖晶石长大、变亮，达5～16μm，并出现外亮、内暗的尖晶石环带结构，晶内尖晶石含量渐渐增多达70%，方镁石仅30%，方镁石蚀损，溶入渣中。晶间尖晶石在侵入带中依然可见，自形晶，多边形，具有环带结构，粒径为30～60μm，有时可达20%，此带无方镁石。硅酸盐骸晶柱状(10～15)μm×(6～10)μm，约5%～10%，可能为含铁镁橄榄石。显微结构如图4-17所示。

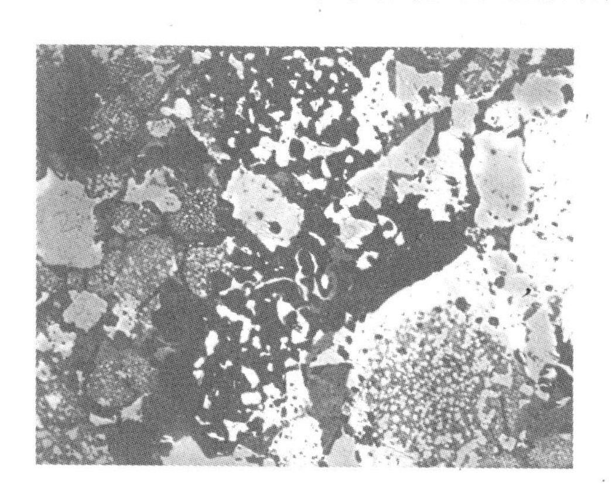

图4-17 距工作面34mm处渐变带的显微结构照片（250×）

4.2.2.5 微变带

电熔镁铬颗粒与未变带相同，两种主要结构为：乳浊结构与结状结构，少量为交代溶蚀结构。

乳浊结构电熔镁铬颗粒，主晶方镁石晶粒大小为174～1276μm，晶内尖晶石粒径为2～15μm，约占此颗粒25%；晶内包裹硅酸盐呈圆形与椭圆形，粒径为18～93μm，约占<55%，其中：M_2S：CMS为1：2，硅酸盐中析出自形晶、多边形尖晶石，晶粒大小为20～58μm。方镁石晶间硅酸盐<5%，均为镁橄榄石。

结状结构电熔镁铬颗粒，主晶方镁石固溶体粒状晶体，晶粒大小为350～1165μm，晶内尖晶石粒径为10～83μm；晶内尖晶石或条状充填方镁石晶间之缝隙，宽20～30μm，或呈自形晶、多边形状，晶粒93～163μm，充填在主晶的孔隙中，晶间尖晶石占此颗粒约20%。主晶方镁石之间、方镁石与晶间尖晶石之缝隙，晶间尖晶石之间有时有缝隙，宽1～3μm，最宽18μm；硅酸盐占此颗粒5%，充填主晶之缝隙宽10μm，充填孔隙40μm，其中M_2S：CMS约为4：1。主晶方镁石有的已脱落，范围达 116μm，晶内尖晶石仍存在，使用过程受 SO_3 侵蚀，生成易溶于水的 $MgSO_4$ 及 $CaSO_4 \cdot 3MgSO_4$，这是由制片脱落所致的。

交代溶蚀结构电熔镁铬颗粒，由方镁石固溶体与晶间尖晶石组成。方镁石固溶体解理发育，晶粒大小为 186 ~ 560μm，晶间尖晶石呈骸晶状、骨架状，晶粒大小为 230 ~ 1165μm，约占此颗粒 30% ~ 40%。硅酸盐均为镁橄榄石，充填方镁石。尖晶石晶体之间，含量约为 10%。

基质由方镁石固溶体、铬矿、二次尖晶石及硅酸盐组成。方镁石固溶体为浑圆粒状，电熔料方镁石晶粒 110 ~ 230μm，烧结料方镁石 30 ~ 40μm，电熔镁多于烧结镁。

二次尖晶石自形晶，多边形状，晶粒大小为 20 ~ 40μm；铬矿小颗粒不规则形状，边界呈齿状，粒径为 58 ~ 150μm，铬矿已非原组成，已经发生扩散反应。二次尖晶石与铬矿估计两者各半。

硅酸盐约占基质 10% ~ 15%，充填方镁石与尖晶石之间，均为镁橄榄石。显微结构如图 4-18 所示。

孔洞约占基质 40%，矿物相基本相连。电熔料主晶方镁石有的已脱落，只留下晶内尖晶石，脱落范围为 80 ~ 116μm，脱落的方镁石面积约占基质 10%。距工作面 65 ~ 69.25mm 之间，出现方镁石脱落现象，生成易溶于水的硫酸镁与 $CaSO_4 \cdot 3MgSO_4$，原因是硬度低、溶于水，制片过程脱落。显微结构如图 4-19 所示。

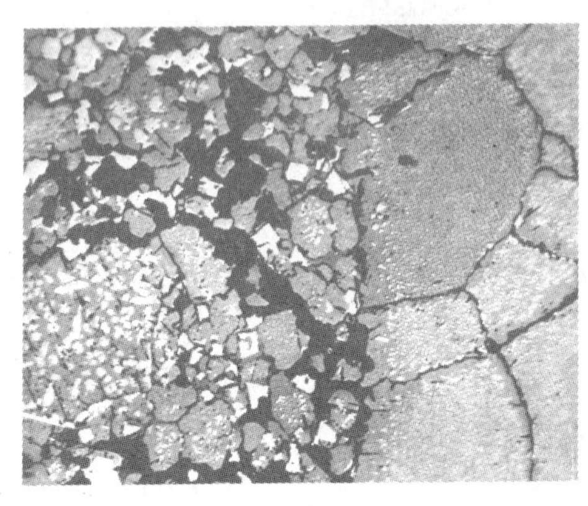

图 4-18 微变带的显微结构照片（90 ×）

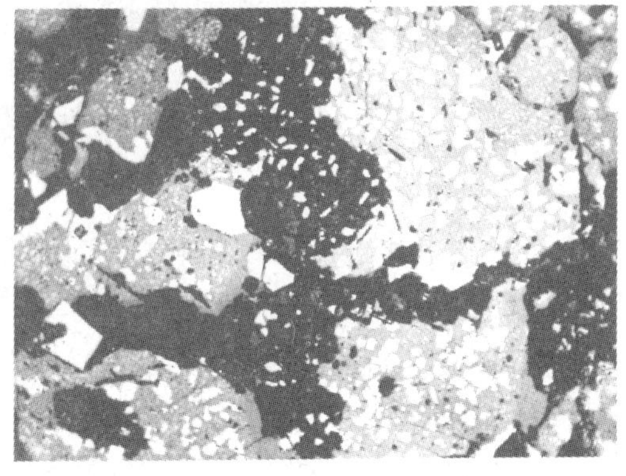

图 4-19 距工作面 65 ~ 69.25mm 处微变带基质部分显微结构照片（250 ×）

4.3 铜闪速炉反应塔炉衬蚀损机理分析

4.3.1 引言

反应塔是闪速熔炼的关键设备。熔炼过程中激烈的化学反应、强氧化性的熔炼气氛、高温腐蚀性气体以及熔融产物的产生都要求反应塔壁面炉衬具有较好的抗熔蚀和冲刷的能力。因此生产中多选用耐高温、耐侵蚀良好的镁铬砖。但是即便这样，反应塔壁面耐火炉衬的蚀损速度也是非常惊人的。一般在投入使用的第一年中，塔壁的炉衬蚀损厚度就可达原始炉衬厚度的1/3左右，随后虽然在有效的炉体冷却以及良好的挂渣保护作用下，蚀损速度有所降低，但是塔壁炉衬始终是生产过程中的薄弱环节。特别是在闪速炉生产不断强化的今天，随着熔炼能力的不断提高，塔内温度迅速升高，塔内高 SO_2 浓度烟气和高温熔融物产量明显增加，反应塔壁面工作条件更为恶劣，由塔壁蚀损而造成的反应塔烧顶、反应塔壁面温度过高甚至冷却水套漏水等事故时有发生，反应塔壁面炉衬状况令人堪忧。反应塔壁残砖的电镜分析表明：塔壁蚀损主要是化学因素的作用，具体而言，是熔渣侵蚀，含氧、硫的金属铜液侵蚀和气体侵蚀共同作用的结果。

4.3.2 反应塔炉衬蚀损的显微镜结构分析

反应塔炉衬残砖分析样品取自江西铜业公司贵溪冶炼厂闪速炉。贵溪冶炼厂投产初期，反应塔塔壁砌筑一直采用的是进口的奥镁公司电熔镁铬砖。虽然该砖抵抗炉渣侵蚀具有独特的优越性，但是由于生产难度大，价格昂贵，自1997年起该厂反应塔壁面砌砖改用洛阳耐火材料有限公司的半再结合镁铬砖，实现了闪速炉用耐火材料国产化。

贵冶闪速炉塔壁原砌砖厚度为350～425mm，至2002年3月大修检测，塔壁残余厚度仅为230～300mm。分析用残砖取自反应塔5～6水套间，并制成长76mm的检验样（其中挂渣厚度为12mm，砖体厚度为64mm）用于扫描电镜（PhillipXL-30）分析。根据试样的材质，我们将化验样分为挂渣层与砖衬层两层，并根据显微结构特点，将挂渣层分为挂渣表皮层、挂渣中间层和挂渣近砖层三部分，将砖衬层分为工作层和反应层两部分。反应塔壁面残砖化验样取样部位以及电镜分析制样示意图如图4-20所示。

4.3.2.1 挂渣层

A 渣层区全体形貌

反应塔壁面挂渣是熔炼过程中多种混合物溅落到塔壁后，在一定温度条件下凝固形成的砖衬表面附着层。在扫描电镜下可以看到（图4-21、图4-22），挂渣的主体由磁铁矿自形晶构成，其间分布着少量的硅酸盐玻璃相及铁橄榄石析晶，在硅酸盐相的边缘存在着低价铁氧化物FeO。随熔体一同溅落的铜锍以不同形态散布在磁铁矿主晶晶粒间。

B Cu与Cu化合物的分布

扫描电镜下，渣层中分布的Cu元素共呈现出三种不同的形态：硫化态、金属态和氧化态。三种形态的铜化合物呈一定规律分布在不同深度的渣层中。

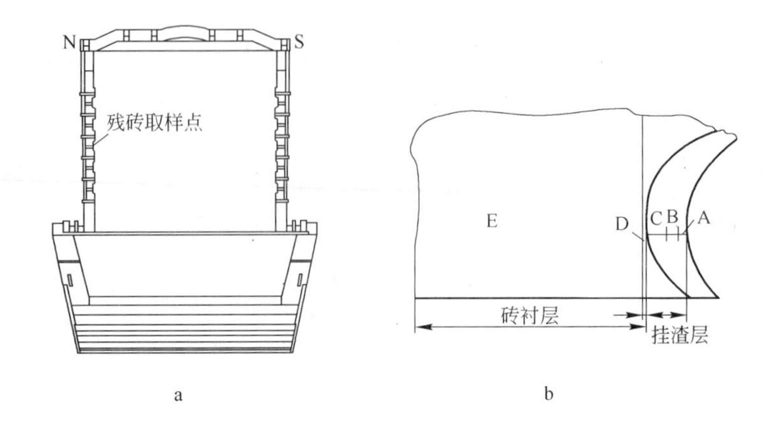

图 4-20 反应塔壁面残砖取样部位与分析试样示意图

a—反应塔残砖取样部位；b—残砖扫描电镜分析试样

A—挂渣表皮层，约 3mm；B—挂渣中间层，约 4 ~ 4.5mm；C—挂渣近砖层，约 4.5 ~ 5mm；D—砖衬工作层，约 20 ~ 22mm；E—砖衬反应层，约 42 ~ 44mm

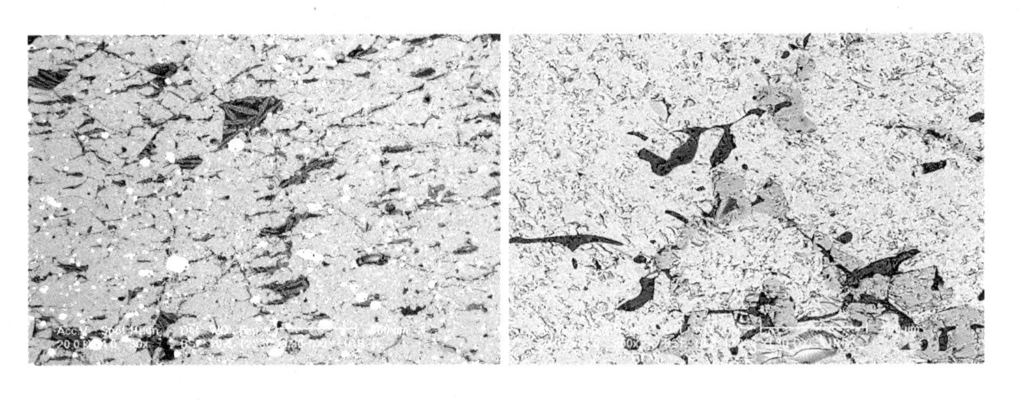

图 4-21 反应塔残砖挂渣层的显微结构照片

图 4-22 挂渣层中 Fe 氧化物的分布

a Cu_2S 与 FeS 共存

在渣层表皮，挂渣中的铜主要以 Cu_2S 的形态存在。如图 4-23 所示，在磁铁矿主晶的包围中，Cu_2S 与 FeS 形成共溶体，且多分布在硅酸盐玻璃相的边缘，这说明高温下液态玻璃相的出现为硫化物的侵入提供了良好的通道。

b Cu 与 Cu_2S 共存

在砖衬表面挂渣的中部，铜元素以 Cu 与 Cu_2S 共溶的形态存在，如图 4-24 所示。在该部位挂渣的主晶仍为磁铁矿自形晶，但是渣中玻璃相与铁橄榄石析晶增加，Cu 与 Cu_2S 的共溶体分布于玻璃相边缘，其中金属 Cu 已作为独立的晶体存在且边缘不规则，Cu_2S 则包围在 Cu 晶粒边缘或渗透于晶粒间隙中。从晶相分

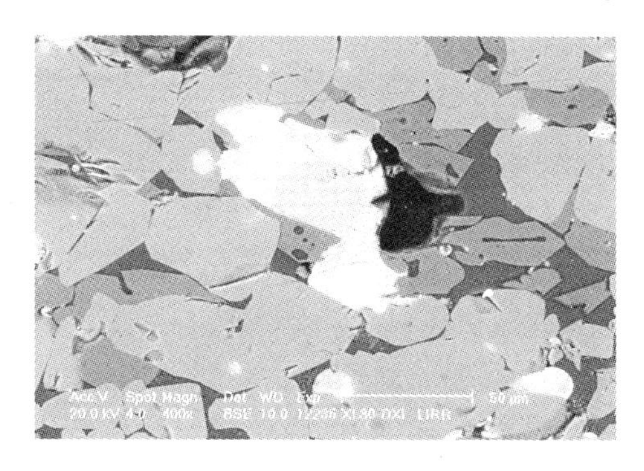

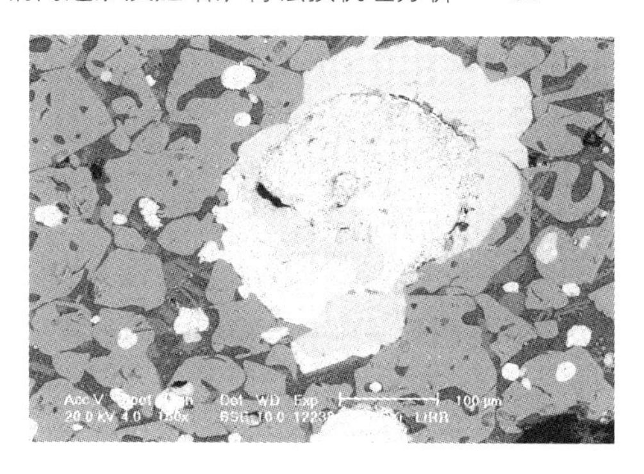

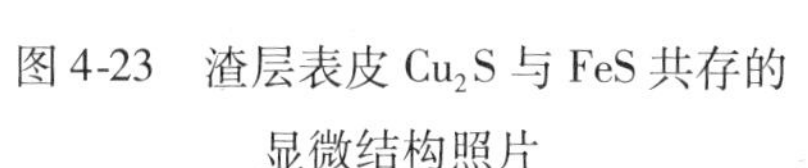
图 4-23 渣层表皮 Cu_2S 与 FeS 共存的显微结构照片

图 4-24 渣层中部 Cu 与 Cu_2S 共存的显微结构照片

布的特点来看，Cu 晶粒是 Cu_2S 氧化生成的，而 Cu 晶粒与玻璃相交界处 Cu_2S 的存在则说明在铁低价氧化物存在的范围内，Cu 的氧化过程进行缓慢。

c Cu_2O 与 FeO 共溶

在接近砖衬的渣层中，虽然主晶仍然为磁铁矿自形晶，但是在与玻璃相交界的主晶边缘部位及主晶晶粒之间的间隙中出现了 FeO 与 Cu_2O 的共溶体。Cu_2O 在该部位的形成，说明随着渣层的深入，Cu 的氧化过程仍在继续进行（图 4-25）。

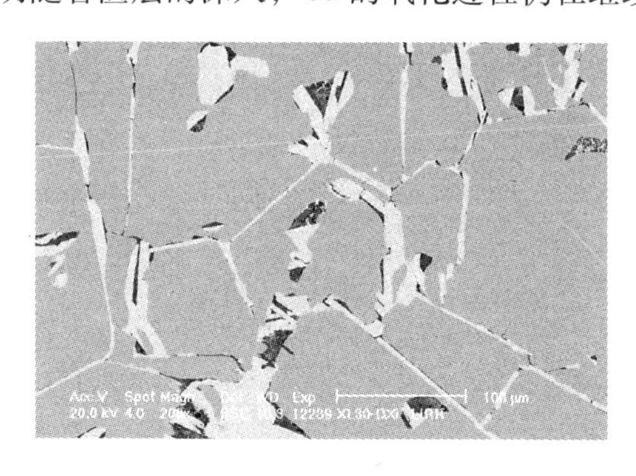

图 4-25 挂渣层中 Cu_2O 与 FeO 共溶的显微结构照片

根据挂渣中铜元素的分布规律，我们将挂渣层分为挂渣表皮、挂渣中间层以及挂渣近砖层三部分，各部分的挂渣成分扫描电镜分析见表 4-5。

表 4-5 渣层平均成分分析

部 位	MgO	Al_2O_3	SiO_2	S	K_2O	CaO	FeO①	Cu
挂渣表皮	1.52	4.15	12.30	1.51	0.73	1.36	74.80	3.62
挂渣中间层	1.66	4.66	23.30	1.22	0.05	2.08	55.70	10.45
挂渣近砖层	3.11	2.95	7.25				57.44	25.88（Cu_2O）

①分析中 FeO 实际为渣中的全铁含量。

C 挂渣层扫描电镜分析小结

综上所述，在炉内强氧化性气氛影响下，反应塔壁面挂渣主体为磁铁矿自形晶，此外还包含有玻璃相、铁橄榄石析晶以及少量铜金属和化合物共溶晶粒。挂渣中，磁性氧化铁致密的晶体结构为耐火炉衬提供了良好的保护。但是随着高温下硅酸盐玻璃相的形成为熔锍以及气体的向内渗透提供了通道，同时，铁氧化物的存在也为附着或侵入的熔融铜硫化物发生氧化反应提供了良好条件。因此，随着反应程度的不同，铜元素在渣层的不同深度含量逐渐增加，且分别以硫化物、金属与硫化物共溶以及氧化物共溶形态存在（参见表 4-5 中的渣层铜元素含量分析）。

4.3.2.2 砖衬层

A 工作面

残砖工作面指与壁面挂渣相接触的砖衬层。电镜分析发现，工作面基质中含有方镁石固溶体、尖晶石、硅酸盐、赤铜矿等。反应塔残砖的显微结构照片如图 4-26 所示。

由图 4-26 可知，表观上，主晶方镁石固溶体的晶内尖晶石明显长大，环状结构明显。方镁石固溶体中的氧化镁部分减少，且出现固溶的 FeO。在与渣层交界面，还有少量硫酸钙镁复盐 $CaSO_4 \cdot 3MgSO_4$ 生成。晶内尖晶石吸收 Fe 成为高铁复合尖晶石，且边缘铁含量明显高于中心部位。Cu_2O 侵入砖体填充在方镁石与尖晶石空隙之间，边缘不规则，但未见侵入方镁石与尖晶石晶体内部。

B 反应带

残砖中反应带呈斑状结构，其基质由方镁石固溶体、尖晶石、硅酸盐、赤铜矿及少量硫酸钙镁复盐 $CaSO_4 \cdot 3MgSO_4$ 组成。

Cu_2O 侵入砖体后充填在方镁石与尖晶石间隙中，边缘呈齿状，但未见侵入至晶粒内部（图 4-27）。FeO 渗透进入砖体后，不仅与方镁石形成固溶，而且渗

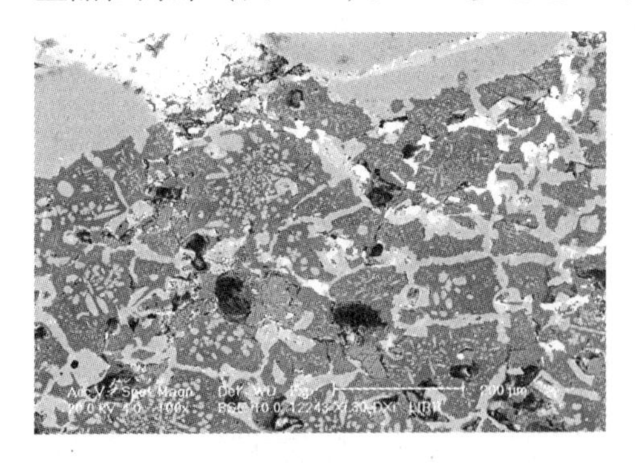

图 4-26 反应塔残砖的显微结构照片

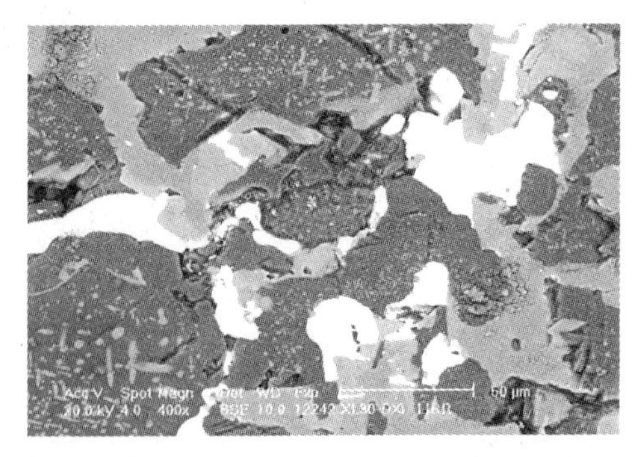

图 4-27 砖衬中 FeO、Cu_2O 侵蚀的显微结构照片

入铬矿颗粒边缘或与尖晶石复合成为高铁尖晶石，造成基质结构发生改变。

电熔镁铬颗粒中 Cr_2O_3 受气体腐蚀生成水溶性产物，在制片过程中脱落（图 4-28）。

方镁石受气体侵蚀反应则形成硫酸钙镁复盐，在磨片过程中脱落后形成许多空洞（图 4-29）。

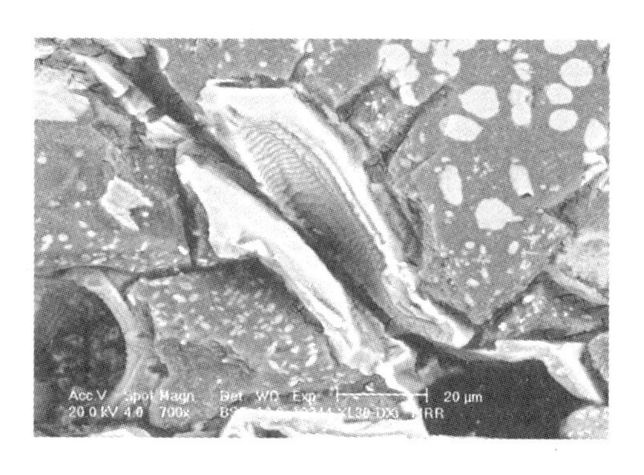

图 4-28 铬矿颗粒水溶性产物脱落后的显微结构照片

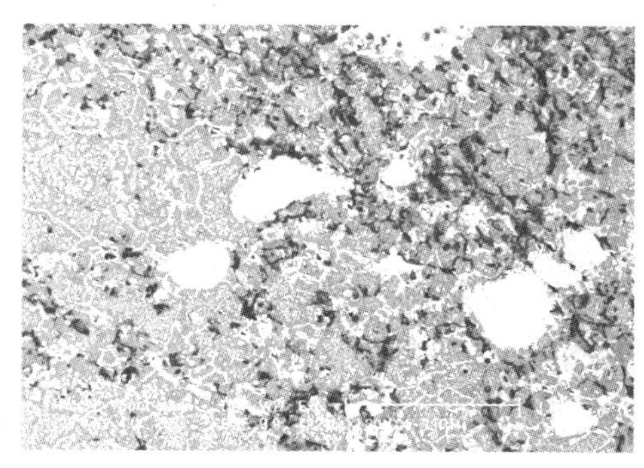

图 4-29 方镁石晶体腐蚀后的显微结构照片

综上所述，造成反应塔壁面砖衬蚀损的主要原因是熔渣与气体的腐蚀。高温熔锍沿渣中硅酸盐通道进入砖衬后，并不与主晶反应。熔渣侵入后，则与方镁石形成固溶，或与尖晶石复合成为高铁尖晶石，造成主晶结构改变。但蚀损现象最明显的还是气体的侵蚀反应，腐蚀性气体渗透进入砖衬后，与方镁石及铬矿颗粒均可发生反应生成 $MgSO_4$ 等水溶性物质，从而改变基质成分，破坏砖体结构。

4.3.3 反应塔炉衬蚀损机理分析

4.3.3.1 挂渣对反应塔炉衬的良好保护

在闪速炉应用半个多世纪的历史中，人们越来越真切地体会到反应塔塔壁挂渣对保护壁面炉衬、延长塔体寿命所起到的重要作用，因此不论是采用立体冷却还是喷淋冷却方式，其最终目的都是要促使塔壁形成稳定渣层，以保证生产的顺利进行。对反应塔残砖的电镜分析结果也再一次证明，壁面挂渣为反应塔塔壁炉衬提供了良好的保护作用。作者认为，这种保护作用主要体现在以下两方面：

（1）磁性氧化铁致密的结构是防止侵蚀的良好屏障。在熔炼反应中，溅落在塔壁的高温熔体是铜锍、熔渣甚至部分生精矿的混合物。附着壁面后，在炉内强氧势条件下，混合物中的 Fe 绝大部分被氧化为 Fe_3O_4，构成挂渣的主体，部分则形成 $2FeO \cdot SiO_2$，以硅酸盐玻璃相或铁橄榄石析晶的形式存在，且由于熔点相对较低，黏附在壁面后将向挂渣深层温度较低的部分迁移，因此在挂渣中间层分布较多。图4-22与图4-25显示，磁铁矿自形晶结构致密，晶粒边界规则，晶界整齐。虽然在结构上，硅酸盐的存在为熔锍以及气体的侵入提供了通道，但是挂渣中磁铁矿主晶仍然成为保护炉衬的最好屏障：一方面，其致密的结构有效地阻止了新的壁面熔融物直接侵入砖衬中；另一方面，磁性氧化铁熔点高，挂渣内磁铁矿主晶的形成有效地抵御了炉内的高温腐蚀。

（2）一定厚度的挂渣层有效阻止了侵蚀反应在砖衬层中发生，从而使炉衬得到了有效的保护。反应塔壁面挂渣的电镜分析表明，在挂渣层的不同深度处，分别存在着铜的三种不同形态的分布：Cu_2S 与 FeS 共存、Cu_2S 与 Cu 共存及 Cu_2O 与 FeO 共溶，它们分别代表了挂渣中的硫化物所经历的三种变化：

1）渗透。高温下熔锍的黏度和表面张力都很小，因此附着到壁面后极易经由渣中硅酸盐所提供的渗透通道进入挂渣内部，形成晶粒（如表4-5显示，挂渣内部铜含量明显高于挂渣表层）。在相同条件下，由于Fe对氧的亲和力比Cu大，因此在与磁铁矿主晶接触的界面边缘，晶粒中的FeS优先发生如下反应：

$$FeS + 3Fe_3O_4 = 10FeO + SO_2$$

晶粒中的 Cu_2S 依然保持原有形态，未反应的FeS则集中在晶粒的中央部位。

2）初步氧化。继FeS氧化反应后，渗入的 Cu_2S 也与 Fe_3O_4 发生氧化反应：

$$Cu_2S + 2Fe_3O_4 = 2Cu + 6FeO + SO_2$$

由于铜锍仅能沿着硅酸盐通道进行渗透，因此Cu与 Cu_2S 共同形成的晶粒也分布在玻璃相边缘，且与其交界的磁性氧化铁边界多存在FeO共溶。

3）二次氧化。随着渣层的深入，氧势逐渐增加，此时渗透进入并已初步氧化的Cu元素继续氧化，其反应产物在高温下形成共溶体：

$$2Cu + Fe_3O_4 = Cu_2O + 3FeO$$

$$Cu_2S + 3Fe_3O_4 = Cu_2O + 9FeO + SO_2$$

在一般有色冶金炉中，以上反应均发生在耐火炉衬中，其产物都将对耐火炉衬产生一定的腐蚀。闪速炉中，由于反应塔壁面形成了一定厚度的挂渣层，有效地阻止了熔融熔体直接渗透进入砖衬内部，因此挂渣层的存在实际上相当于在塔壁耐火砖衬的表面增加了一层致密的保护层，有效阻止了腐蚀反应在砖衬内部发生，从而实现了保护炉衬、延长炉体寿命的最终目的。

4.3.3.2 熔锍在耐火材料中的渗透

熔融状态的铜锍具有良好的流动性。由于在反应塔耐火炉衬的表面覆盖着一层致密的以磁性氧化铁为主要组成的挂渣层，因此溅落到壁面的熔锍并不直接渗透进入砖体，而是首先沿着挂渣的硅酸盐通道渗入渣内，并与渣内物质相互作用，在渣的不同深度生成Cu或 Cu_2O 等物质。反应塔壁面的挂渣有效地阻止了铜锍的直接侵入，但是并不能彻底杜绝熔锍对砖衬所造成的蚀损。透过渣层，仍有少量熔锍可以渗透通过，然后沿着砖体的气孔或裂缝等毛细管通道渗入砖内。由于越靠近砖中心，氧势越高，因此进入砖体后的铜锍很容易发生氧化反应：

$$2Cu_2S + 3O_2 = 2Cu_2O + 2SO_2$$

$$Cu_2S + 2Cu_2O = 6Cu + SO_2$$

$$4Cu + O_2 = 2Cu_2O$$

电镜分析结构表明，反应后生成的 Cu_2O 存在于砖衬主晶与基质之间，并未见渗透进入其他晶粒内部。但是有文献表明，熔融氧化铜（$CuO-Cu_2O$ 在 1140℃时的低共溶物）的渗透将引起砖热导率的增大，随之而产生炉衬的强烈透热、剥落和膨胀，其中 Cu 氧化成 CuO，体积膨胀 75%，氧化成 Cu_2O，体积则增加 64%。因此，从微观结构看，熔锍对反应塔炉衬的腐蚀主要为铜锍的渗透、反应及其产生的化学结构应力。

4.3.3.3 熔渣对耐火材料的侵蚀

闪速炉熔炼渣属 $FeO-SiO_2$ 或 $FeO-SiO_2-Fe_2O_3$ 系酸性渣。如图 4-30 所示，*ABCD* 区内部是在熔炼温度下（1200℃）完全熔化的炉渣的成分范围，其中固体 Fe 饱和区（*AB*）和固体 FeO 饱和区（*BC*）在闪速熔炼过程中是不可能发生的。*CD* 线是固体磁性氧化铁饱和线，它的界线标志着当炉气的氧压超过大约 10^{-9} atm（1atm = 101325Pa）(*CD*) 或 10^{-8} atm（1atm = 101325Pa）时，固体磁性氧化铁将是一

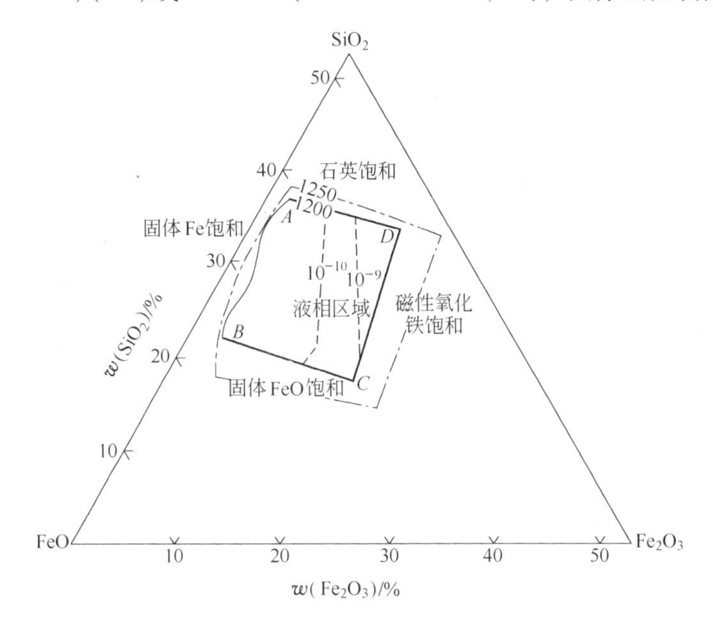

图 4-30 $FeO-Fe_2O_3-SiO_2$ 系局部液相线平衡相图

（实线包围为 1200℃的整个液相区域，虚线表示 1250℃的整个液相区域）

个平衡相。在闪速炉反应塔中，根据四场耦合仿真研究结果，炉内富氧鼓风浓度可高达60%以上，反应后烟气中也仍含有大约1%的 O_2，局部可达2%～3%，因此熔炼时在气-渣界面上一定会产生磁铁矿自形晶为主晶的挂渣，从而对塔壁形成良好的保护。

在闪速炉中，熔渣对耐火材料的侵蚀主要体现在渣系成分与镁铬砖的主要组成 MgO、Cr_2O_3 的反应上。

A　与 MgO 的反应

炉衬中的 MgO 可以固溶大量的 Fe_3O_4，因此在使用过程中，镁铬耐火材料中方镁石中的铁含量会逐渐增加，使得晶内尖晶石周边含铁量高于中心，但是 $MgO\text{-}Fe_3O_4\text{-}SiO_2$ 系相图表明，固溶体的温度依然很高，因此 MgO 与 Fe_3O_4 的固溶反应对耐火材料的性能影响不大。

此外，MgO 还可与渣系中 $2FeO \cdot SiO_2$ 反应（图4-31），但即使形成了镁铁矿或镁橄榄石，其熔化温度较反应前的熔渣都有所提高，因而不会造成砖衬的损毁。

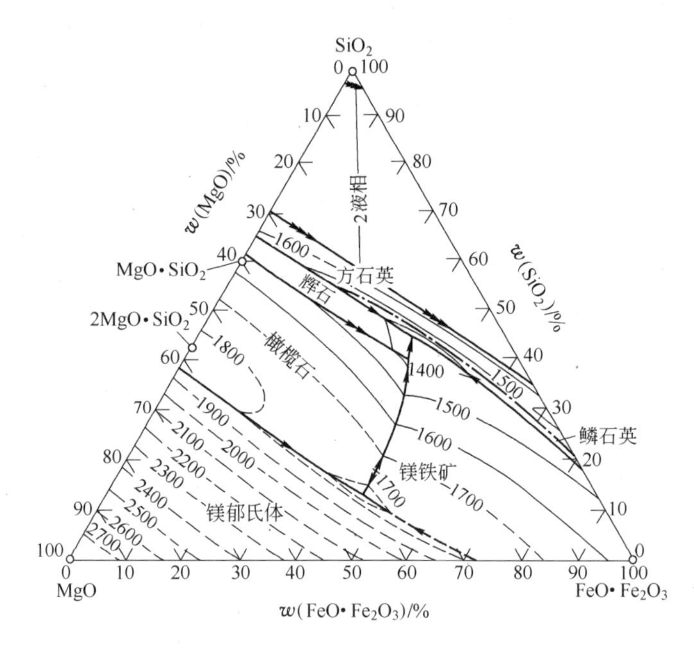

图4-31　空气条件下 $MgO\text{-}Fe_3O_4\text{-}SiO_2$ 系状态图

（该图是 $FeO\text{-}Fe_2O_3\text{-}MgO\text{-}SiO_2$ 系的浓度点在 $Fe_3O_4\text{-}MgO\text{-}SiO_2$ 面上的投影）

当砖衬中含有 CaO 时，情况则会稍有变化。砖衬中 MgO 与 CaO 可发生如下反应：

$$2MgO + SiO_2 \xlongequal{} 2MgO \cdot SiO_2$$

$$\Delta G^{\ominus}_{1200℃} = -64834\text{J}$$

$$MgO + Fe_2O_3 \longrightarrow MgO \cdot Fe_2O_3$$

$$\Delta G^{\ominus}_{1200℃} = -22328\text{J}$$

$$2MgO \cdot SiO_2 + CaO \longrightarrow CaO \cdot MgO \cdot SiO_2 + MgO$$

$$\Delta G^{\ominus}_{1200℃} = -56286\text{J}$$

$$2MgO \cdot SiO_2 + 2CaO + SiO_2 \longrightarrow 2CaO \cdot MgO \cdot 2SiO_2 + MgO$$

$$\Delta G^{\ominus}_{1200℃} = -142310\text{J}$$

无论是镁钙橄榄石或镁黄长石的生成，都会造成熔渣中出现低熔点物质（图4-32）。砖衬中 CaO 或 $CaSiO_4$ 含量过高，损毁也将加快。因此，必须控制反应塔

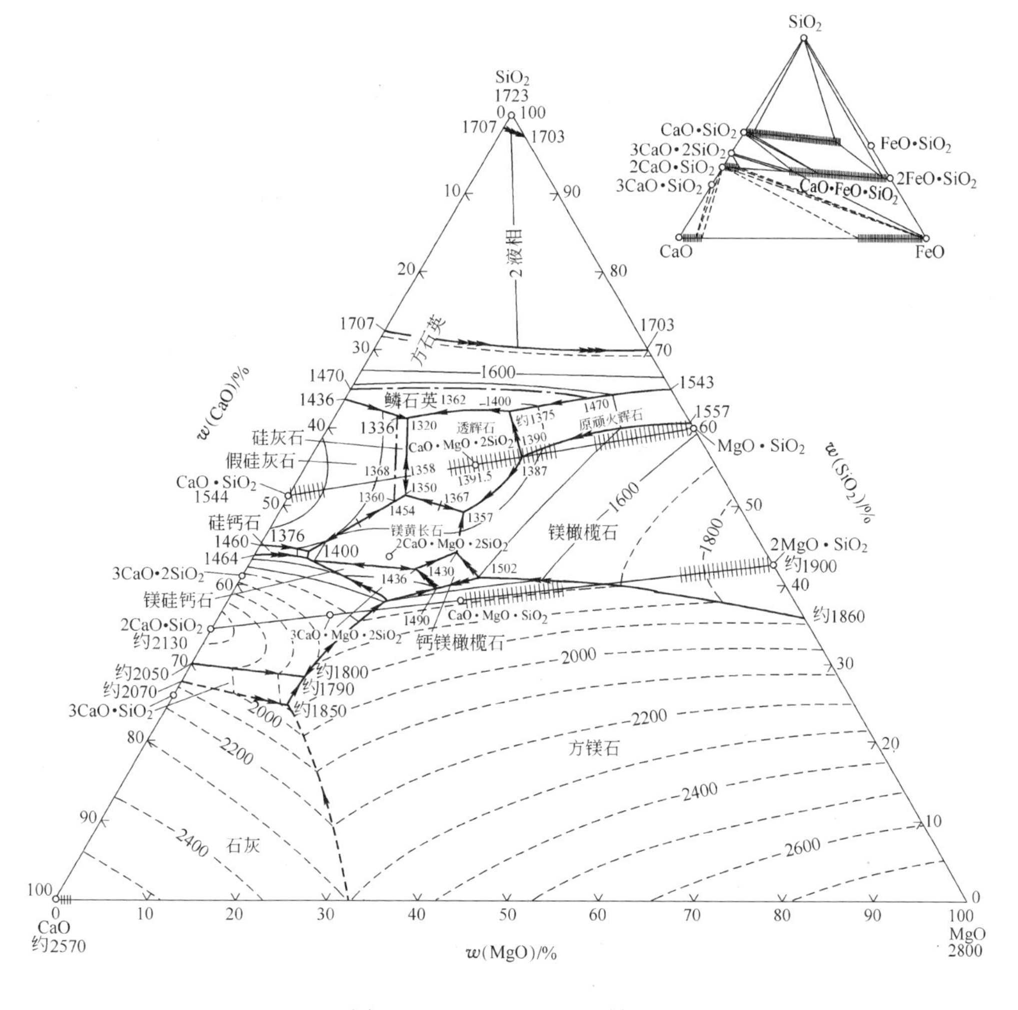

图 4-32 CaO-MgO-SiO$_2$ 系相图

壁面炉衬中 CaO 或 $CaSiO_4$ 的含量。

B 与 Cr_2O_3 的反应

在显微分析过程中，我们没有发现受熔渣侵蚀后的 Cr_2O_3 形成新的化合物。而相图 4-33 表明，在 MgO-SiO_2 体系中，加入 Cr_2O_3 可进一步提高体系熔点，MgO 与 Cr_2O_3 的固溶体，其固液平衡温度高，因而抵抗 SiO_2 或铁橄榄石侵蚀的能力将得到提高。因此，砖衬中 Cr_2O_3 对抵御炉渣侵蚀起到了良好的作用。

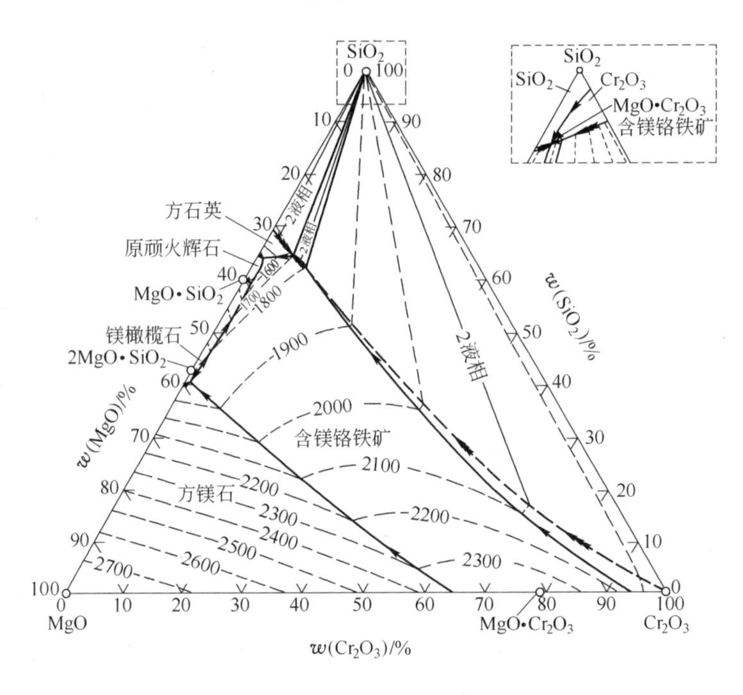

图 4-33 MgO-Cr_2O_3-SiO_2 系相图

4.3.3.4 气体侵蚀

反应塔耐火砖衬中的气体侵蚀主要为 SO_2/SO_3 气体沿砖缝，或透过渣层沿气孔、裂缝渗透进入砖层，并与方镁石反应所造成的砖衬损毁。

我们认为，砖衬中侵入的 SO_2 气体主要有两个来源：一方面来自于闪速熔炼过程硫化物氧化生成的 SO_2 气体渗透；另一方面则来自于砖衬中熔锍侵蚀反应的产物。但是 SO_2 必须先氧化成为 SO_3，因为只有 SO_3 才能在低于 1050℃ 的条件下与镁铬砖中的碱性氧化物反应，生成硫酸盐。其基本反应如下：

$$2SO_2 + O_2 \xlongequal{} 2SO_3$$

$$MgO + SO_3 \xlongequal{} MgSO_4$$

$$CaO + SO_3 \xlongequal{} CaSO_4$$

$$CaO + 3MgO + 4SO_3 = CaSO_4 \cdot 3MgSO_4$$

MgO 密度为 3.58g/cm^3，而 $MgSO_4$ 的密度为 2.66g/cm^3，新的生成物密度与原物质密度相差较大，因此 $MgSO_4$ 的生成伴随着体积的增加和气孔的填充，但反应产生的较大的体积膨胀力却造成砖衬结构疏松，降低了砖体强度，增加了砖衬对继续渗入的熔体侵蚀的敏感性。当炉衬温度升高时，$MgSO_4$ 又开始分解，约从 1000℃开始形成细粒的 MgO。但是 MgO 的重新生成并不能恢复原砖的整体性，因此砖体的致密结构遭到破坏，并加剧了砖衬的损毁。

此外，SO_2 气氛能降低熔锍在镁铬耐火材料上的润湿角，使熔锍更容易侵入砖的内部，从而加剧了砖衬的损毁。

由此可见，气体对反应塔壁面的侵蚀不仅改变砖衬基质成分，破坏砖衬结构，而且为砖体的继续蚀损提供条件。

4.3.3.5 冲刷蚀损

在耐火材料使用的过程中，当耐火材料被炉渣熔蚀的速度大，而炉渣向耐火材料内迁移的速度小时，炉渣在耐火材料表面可形成耐火材料熔于炉渣中的饱和溶液（接触层），此时耐火材料将停止进一步溶解。但是，接触层可能被冲刷掉或者流淌掉，同时带走尚未溶解于炉渣中的表面层下的耐火材料粗颗粒。伴随腐蚀产生的这个过程称为冲蚀，冲蚀后在原内层上又将形成新的接触层。

熔锍的渗透，熔渣的侵入，以及气体的侵蚀等蚀损作用不仅改变了砖衬基质的组成，增加了高温下砖衬中液相出现的可能，而且削弱了砖衬的致密，造成晶体颗粒间结合松弛，结构疏松，甚至局部出现细小的龟裂和裂缝。当塔壁高温熔渣流淌，或炉内气流冲击壁面时，都会造成挂渣或者局部砖衬的掉落，从而使新的渣（砖）面暴露，为继续蚀损提供条件。因此，在化学腐蚀的基础上，反应塔壁面的高温熔体、反应塔内的紊动气流是造成塔壁冲蚀的重要因素。

4.3.3.6 分析小结

比较造成炉衬蚀损的几种主要因素，我们发现：

（1）熔锍对砖衬的侵蚀主要是渗透进入砖衬并在一定条件下反应，并由于其氧化产物的体积膨胀而产生化学结构应力，破坏砖衬。由于熔锍及其氧化产物 $CuO\text{-}Cu_2O$ 熔点都较高，约在 1000℃，因此当壁面温度降至 1000℃以下时，将有助于减少熔锍的渗透和腐蚀。

（2）熔渣对砖衬的侵蚀则主要是渣中 FeO 和 Fe_3O_4 对耐火材料基质 MgO 和 Cr_2O_3 的反应。但相图表明，无论是对 MgO 还是 Cr_2O_3 的腐蚀反应，由于反应产物的熔点都远远高于反应塔壁面所允许的工作温度，因此熔渣的腐蚀对耐火材料性能的影响不大。

（3）气体腐蚀的对象主要是耐火材料中的方镁石和尖晶石。腐蚀过程中，由于密度差异，$MgSO_4$ 的不断产生和分解是降低砖体强度、提供继续腐蚀条件的主要原因。但因为 $MgSO_4$ 生成后体积增加，砖内气孔率降低，有利于阻止侵蚀物的进一步深入渗透。根据文献报道，当温度高于760℃时，SO_2 的氧化速度迅速降低；同时转炉用烧结镁铬砖中发生的气体侵蚀反应表明，$MgSO_4$ 生成反应的平衡温度在920～930℃之间，反应产物在850℃时最为稳定。因此将炉衬工作面温度控制在850～900℃变化范围内，不但可以减少 SO_3 的产生，降低气体腐蚀反应速度，而且可以保持 $MgSO_4$ 的稳定，增加耐火材料的致密程度，有助于抵御侵蚀的深入。

随着闪速炉"四高"生产的作业制度的实现，反应塔壁面耐火炉衬的工作条件更为苛刻。反应塔炉衬蚀损机理的分析表明，在加强挂渣对塔壁保护的同时，采取有效的措施，改善反应塔壁面传热条件，控制塔壁温度，将有利于保护炉衬，延长塔体寿命。通过分析，我们认为，控制炉衬工作面温度在850～900℃范围之内将是反应塔炉衬工作的较为合理的温度条件。

由此，开发相应的监控系统，实现运行过程中塔壁温度以及挂渣厚度的在线模拟与监测，以便及时调整作业参数，维护塔体的良好状况；同时改进砌体材料的传热条件，帮助降低壁面温度，将有助于降低反应塔壁面蚀损，延长炉体寿命，更好地满足闪速炉生产不断强化后对反应塔耐火炉衬提出的新要求。

4.4 铜闪速炉反应塔炉衬热场数值仿真

4.4.1 引言

作为闪速炉的关键组成部分，反应塔是闪速熔炼反应进行的主要场所。在反应塔中，物料迅速而剧烈地进行着氧化造锍反应，放出大量的热，使得炉膛内部温度高达1250～1370℃，局部温度可超过1400℃。同时反应生成物及含尘烟气迅速流经塔内空间，气流扰动强烈，炉壁在高温和烟气冲刷的双重作用下腐蚀严重。反应塔壁面炉衬蚀损机理的分析表明，塔壁挂渣不仅有效地避免了塔内高温对炉衬的影响，同时还抵御了高温熔融物质直接深入砖衬，对塔体造成损毁。因此，在选用优质耐火材料砌筑炉衬的同时，采取各种措施来促使在反应塔壁面形成挂渣，以降低耐火砖衬的工作温度从而降低侵蚀过程发生的速度，是达到延长炉体寿命、降低生产成本的有效方法之一。但是由于结构高度密闭，内部高温反应剧烈，闪速炉生产过程中一直无法实现对反应塔的内部温度和挂渣边界进行直接观察，技术人员大多通过预埋在塔壁耐火炉衬表面的热电偶的温度读数（反应塔热电偶装配图参见图4-34），辅以人工经验对反应塔壁面状况加以判断。人工经验的粗略性大大降低了判断的准确程度，因而现场时常发生由于炉衬蚀损严重而造成反应塔局部温度过高，有时甚至造成烧顶等严重事故而不得不停产抢修。闪速炉反应塔炉膛内形的数值仿真研究，旨在开发闪速炉反应塔炉膛内形在线仿真系统，通过对反应塔壁面传热以及挂渣移动边界的建模计算，及时反映塔壁挂渣厚度变化，并对情况异常的薄弱炉衬提出警示，从而实现反应塔塔壁状况的实时模拟和监测，并由此来帮助控制塔壁温度和挂渣层厚度，创造砖衬工作的合理温度条件，降低砖衬蚀损程度，以求进一步延长塔体寿命和合理挖掘闪速炉的生产潜力。

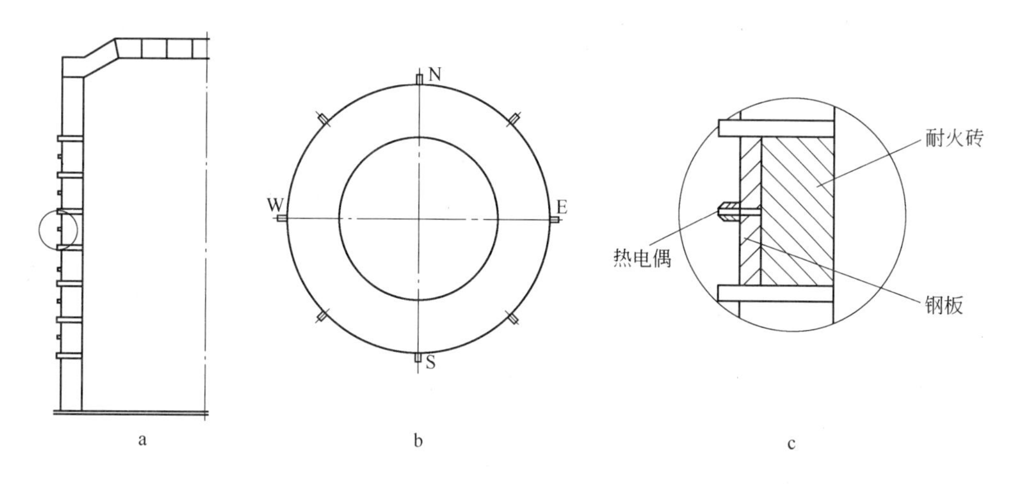

图 4-34 反应塔测温热电偶装配示意图

a—侧视图；b—顶视图；c—热电偶装配放大

4.4.2 反应塔炉衬热场数值模型

4.4.2.1 建模理论与求解方法

闪速炉反应塔壁面数值模拟是根据传热的基本原理建立反应塔壁面耐火炉衬的传热模型，采用有限差分法求解塔内温度场及挂渣情况的仿真结果。

系统软件均以反应塔轴截面的传热过程为研究对象，通过建立壁面炉衬传热二维（或三维）传热模型及其有限差分方程，以若干已知条件和在线采集的数据为边界条件，采用迭代法求解炉衬内部温度场，并以此为基础进而求解塔内挂渣边界，从而实现闪速炉反应塔炉膛内形的数值模拟计算。

4.4.2.2 求解区域

针对应用的不同需要，仿真计算中分别建立了反应塔壁面传热的二维和三维两个模型，其中二维模型响应快，计算迅速，主要用于现场对壁面温度在线监控和挂渣厚度的实时模拟，三维模型则以反应塔壁局部水套区域为研究对象，探索各种优化措施对反应塔壁面温度的影响。

A 二维模型

研究中，我们以 R/S 连接部（反应塔与沉淀池交界处）为界，选取闪速炉反应塔为建模对象。研究中确定闪速炉反应塔壁面传热模型计算区域如图4-35所示。

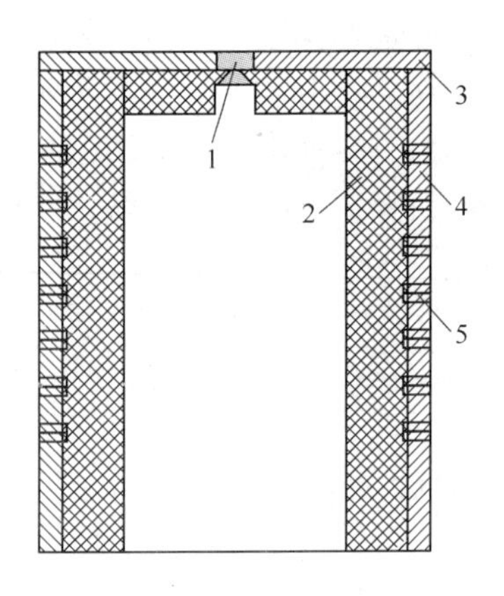

图 4-35　闪速炉反应塔壁面计算区域划分
1—精矿喷嘴；2—炉内挂渣；3—塔顶炉衬；4—塔壁炉衬；5—冷却水套

在建模区域内的反应塔壁面共包含有3种不同的传热介质，即耐火炉衬、冷却水套（铜质）和塔内壁挂渣。各介质之间的传热现象以传导传热为主要形式，此外边界部位还包括铜水套内冷却水与冷却铜管壁面之间的对流传热以及内边界处壁面挂渣与炉内烟气之间的辐射与对流传热等形式。根据传热介质的不同，我们将反应塔壁面划分为五个计算区域，即塔顶炉衬区、塔壁炉衬区、塔壁冷却水套区、塔顶挂渣区以及塔壁挂渣区。各区域主要传热方式列于表4-6。

表 4-6　反应塔壁面主要传热方式

壁面区域	传热方式
区域一：塔顶炉衬	（1）内部同种介质间的热传导； （2）炉衬与挂渣间的热传导
区域二：塔壁炉衬	（1）内部同种介质间的热传导； （2）与水套及挂渣间的热传导
区域三：冷却水套	（1）内部同种介质间的热传导； （2）与炉衬及挂渣间的热传导； （3）内部与冷却水之间的对流传热
区域四：塔顶挂渣	（1）内部同种介质间的热传导； （2）与塔顶炉衬间的热传导； （3）与炉膛内烟气间的辐射与对流传热
区域五：塔壁挂渣	（1）内部同种介质间的热传导； （2）与塔壁炉衬及水套间的热传导； （3）与炉膛内烟气间的辐射与对流传热

B　三维模型

在三维模型中，建模时依然略去了反应塔内流场对传热过程的影响。这样，在相同的边界条件下，沿反应塔高度以及塔径方向，温度呈现出有规律的变化，但在反应塔同一高度的截面上，其温度分布情况将完全相同。由此，针对反应塔圆周方向的部分塔壁进行研究即可获得代表整个反应塔壁面的传热情况。研究中我们选取反应塔5~7层水套间的反应塔壁面为研究对象，如图4-36所示，其模型长度为该位置耐火砖衬的厚度，模型高度为1080mm，模型宽度为300mm。相形之下，模型的周向宽度远远小于反应塔半径（3450mm），所以计算过程中，塔壁弧度的影响可以忽略，由此，反应塔塔壁柱面传热过程可简化为三维平壁传热过程。

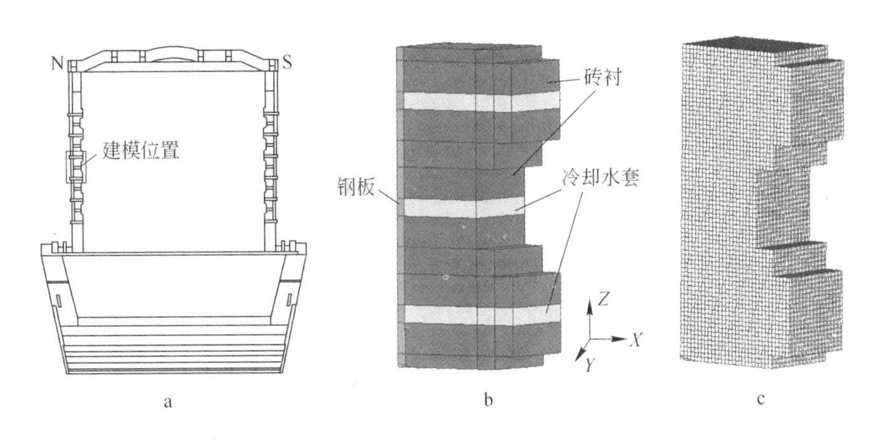

图4-36 塔壁结构优化建模对象示意图

a—模型研究对象；b—塔壁三维模型；c—网格划分

4.4.2.3 传热控制方程

配备了中央喷射型精矿喷嘴后的反应塔在结构上具有良好的轴对称性，呈现典型的圆筒状结构。根据能量守恒定律，其传热的控制方程可表述为：

$$\frac{\partial}{\partial \tau}(\rho H) + \nabla \cdot (\rho \boldsymbol{u} H) = \nabla \cdot (\lambda \nabla T) + S \tag{4-1}$$

其中对于理想的气体、液体和固体，温度与焓的关系可表示为：

$$H = \int_{T_0}^{T} C(T)\mathrm{d}T \tag{4-2}$$

故：

$$\nabla H = c_p \nabla T \tag{4-3}$$

式中，H 为物质热焓，J/kg；c_p 为定压比热容，J/(kg·K)；ρ 为物质密度，kg/m^3；$\boldsymbol{u}$ 为流体速度矢量，m/s；λ 为热导率，W/(m·K)；S 为源项，W/m^3。

研究中我们对反应塔壁面传热模型做出如下简化：

（1）由于反应塔内作业力求稳定，且壁面炉衬热响应慢，因此反应塔壁面内的传热过程可作为稳态传热过程进行研究。

（2）反应塔内熔炼过程是传热传质、燃烧与化学反应等多过程耦合作用的结果。反应塔四场耦合仿真研究表明，综合各种过程影响后的反应塔仿真模型复杂，计算量大（在双 Xeon 700 CPU，内存1G的计算机上运行需要近一个月的时间才能收敛)，这种复杂的模型无法适应现场实时运行的需要。因此，我们在建立反应塔壁面传热模型的过程中，不考虑塔内物质流动对传热过程的影响。

（3）由于反应塔内空间巨大，反应塔内径长达6900mm，而塔壁传热介质深度不超过700mm。当截取较小厚度的塔壁进行研究时，塔壁弧度的影响可以忽略，因此塔壁传热过程可转化为多层平壁传热过程而加以研究。

（4）闪速炉生产过程中，各工艺参数波动小，炉况在较长时间内相对稳定；同时反应系统庞大，反应过程复杂，各参数的瞬间微小差别不足以引起炉衬热场的巨大改变，因此模型中将反应塔炉衬内的热传递过程视为稳态传热过程。

（5）在二维模型中，单位网格的大小大于水套厚度的尺寸，塔壁水套内冷却水的吸热过程作为对流换热边界处理，故而在反应塔炉衬传热的数值模型中没有源相存在。在三维模型中，由于模拟的范围缩小，网格得以更为细化，因此冷却水套在此模型中作为热汇，冷却水带走的热量分摊到整个水套区域的每一个控制容积中，由此可以更好地了解冷却水套对于控制壁面温度的作用。

在以上简化条件下，反应塔壁面的传热微分方程可表述为：
一般传热区域：

$$\frac{\partial}{\partial x}\left(\lambda \frac{\partial T}{\partial x}\right)+\frac{\partial}{\partial y}\left(\lambda \frac{\partial T}{\partial y}\right)+\frac{\partial}{\partial z}\left(\lambda \frac{\partial T}{\partial z}\right)=0 \tag{4-4}$$

三维模型水套区域：

$$\frac{\partial}{\partial x}\left(\lambda \frac{\partial T}{\partial x}\right)+\frac{\partial}{\partial y}\left(\lambda \frac{\partial T}{\partial y}\right)+\frac{\partial}{\partial z}\left(\lambda \frac{\partial T}{\partial z}\right)+S=0 \tag{4-5}$$

式中，T 为节点温度，℃；λ 为热导率，W/(m · K)；S 为源（汇）相，W/m^3。

由于各区域形状规则，因此二维、三维模型中均采用均匀网格分布，并以控制容积中心点的参数水平作为整个网格点的参数代表。

以二维模型为例（以下方程均以二维模型为例），控制容积位置的布置如图4-37所示。采用中心差分格式后得到内节点（图4-38）的传热过程的离散方程如式4-6形式：

$$a_{i,j}T_{i,j}=a_{i-1,j}T_{i-1,j}+a_{i+1,j}T_{i+1,j}+a_{i,j-1}T_{i,j-1}+a_{i,j+1}T_{i,j+1} \tag{4-6}$$

式中

$$a_{i-1,j}=\frac{k_{i-1,j}\Delta y}{\Delta x} \qquad a_{i+1,j}=\frac{k_{i+1,j}\Delta y}{\Delta x}$$

$$a_{i,j-1}=\frac{k_{i,j-1}\Delta x}{\Delta y} \qquad a_{i,j+1}=\frac{k_{i,j+1}\Delta x}{\Delta y}$$

$$a_{i,j}=\frac{k_{i-1,j}\Delta y}{\Delta x}+\frac{k_{i+1,j}\Delta y}{\Delta x}+\frac{k_{i,j-1}\Delta x}{\Delta y}+\frac{k_{i,j+1}\Delta x}{\Delta y}$$

式中，Δx、Δy 为网格 x 、y 方向边长；k 为综合传热数，在边界处为传导、对流与辐射的综合作用系数，W/(m · K)。

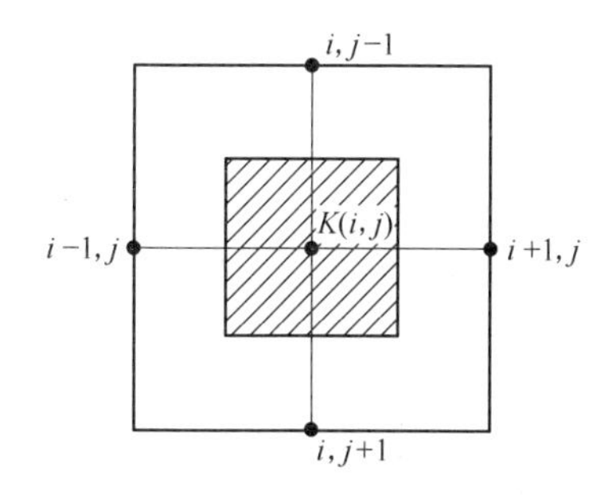

图 4-37 控制容积示意图

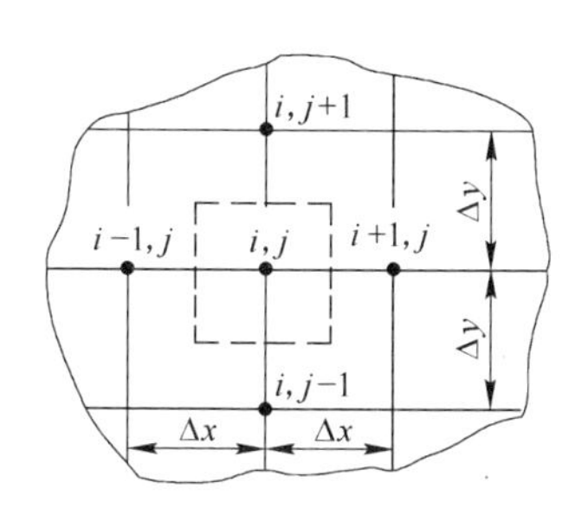

图 4-38 内节点分布示意图

4.4.2.4 热场计算流程

热场计算流程如图 4-39 所示。

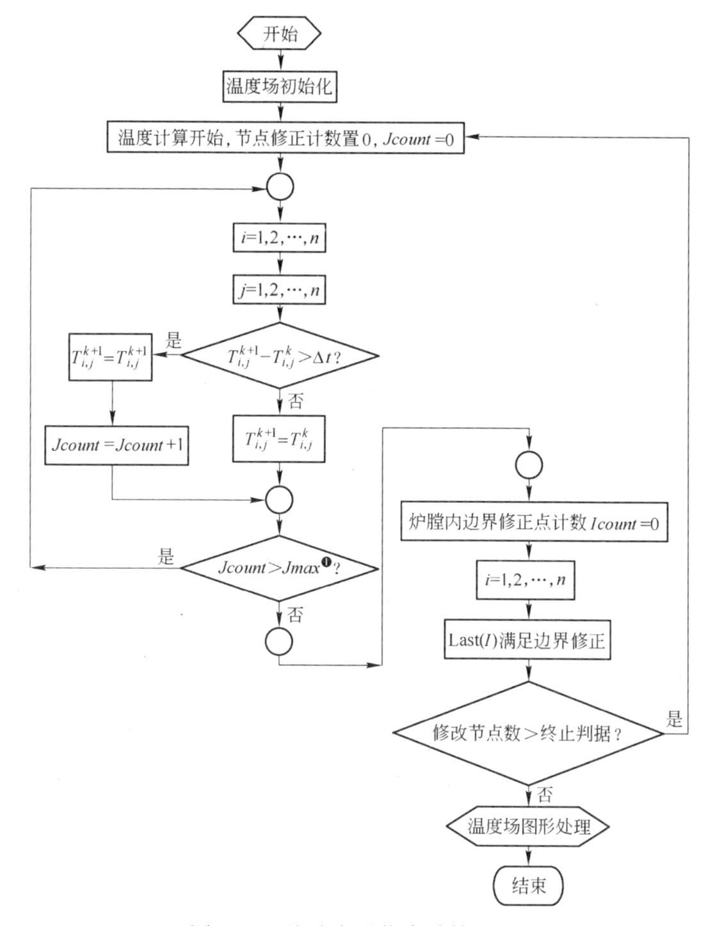

图 4-39 炉膛内形仿真计算流程图

---

[1] *Jmax* 是设定的结束温度场计算节点数判据，当修改的节点数小于或等于判据数时，即认为结果已达到要求而结束有关计算。

4.4.3 边界条件及其计算

4.4.3.1 边界条件确定

A 二维模型

如表4-7所示，在反应塔热场仿真模型计算区域内共设置有4个边界，其已知条件分别为：

（1）上边界为第一类边界条件，根据热电偶读数可知若干点温度数值，其他节点温度值通过插值计算给定；

（2）下部反应塔与沉淀池交界处为第二类边界条件，设定交界面为绝热壁面，通过该边界的热流为0；

（3）左边界定义为第一类边界条件，由测温热电偶测得耐火炉衬表面若干点温度值，壁面上其他节点温度数据按插值公式计算后给出；

（4）右边界炉内挂渣表面为第三类边界条件，其烟气与挂渣表面的辐射与对流传热系数通过计算赋值；

（5）水套内冷却铜管内边界为第三类边界条件，管内冷却水对铜管壁面的对流换热系数通过计算赋值。

表4-7 反应塔壁面计算边界界定

边界位置	边界定义	边界条件类型
上部/上边界	塔顶外表面	第一类边界条件
下部/下边界	反应塔与沉淀池连接界面	第二类边界条件
外部/外边界	塔壁耐火炉衬外表面	第一类边界条件
内部/内边界	内壁挂渣表面	第三类边界条件
水套内边界	冷却铜管内边界	第三类边界条件

B 三维模型

如表4-8所示，反应塔壁面三维传热模型中共有6个边界。

表4-8 反应塔壁面三维传热模型计算边界界定

边界编号	边界位置		边界条件类型
1	X边界	$X=0$	第一类边界条件
2		$X=X_L$	第三类边界条件
3	Y边界	$Y=0$	第二类边界条件
4		$Y=Y_L$	第二类边界条件
5	Z边界	$Z=0$	第二类边界条件
6		$Z=Z_L$	第二类边界条件

4.4.3.2 边界条件计算方程

A 第一类边界条件

确定第一类边界条件需要进行边界的温度插值计算。反应塔壁面温度的唯一数据来源是预埋在反应塔顶以及塔壁耐火砖砌体外侧的热电偶的温度实时检测值(图4-34)。模型中塔顶与塔壁边界的节点温度值均通过拉格朗日插值，利用已知测点的数值来合理地获得相同方位其他节点的初始值，并作为计算结果的修正。计算中采用的插值方程表达式为：

$$T(x,y) = \sum_{k=1}^{n}\left[T(x_k,y_k)\cdot\prod_{\substack{j=1\\ j\neq k}}^{n}\left(\frac{y-y_j}{y_k-y_j}\right)\right] \tag{4-7}$$

式中，x_k，y_k 为已知数据点 x，y 方向坐标；y_j 为已知数据点 y 方向坐标，且有 $j\neq k$；x，y 为待求节点 x，y 方向坐标；$T(x_k, y_k)$ 为已知数据点温度,℃；$T(x,y)$ 为待求节点温度,℃。

B 第二类边界条件

绝热边界上的节点分布如图4-40所示，其节点差分方程为：

$$\frac{2[T(i-1,j)-T(i,j)]\Delta y}{\dfrac{\Delta x}{\lambda_{i-1,j}}+\dfrac{\Delta x}{\lambda_{i,j}}} + \frac{[T(i,j-1)-T(i,j)]\Delta x}{\dfrac{\Delta y}{\lambda_{i,j-1}}+\dfrac{\Delta y}{\lambda_{i,j}}} + \frac{[T(i,j+1)-T(i,j)]\Delta x}{\dfrac{\Delta y}{\lambda_{i,j+1}}+\dfrac{\Delta y}{\lambda_{i,j}}} = 0 \tag{4-8}$$

式中，$\lambda_{i,j}$为介质热导率，W/(m·K)；$T(i,j)$为节点温度,℃；Δx，Δy 为 x，y 方向网格宽度，mm。

C 第三类边界条件

第三类边界为对流、辐射边界，其边界节点分布如图4-41所示，计算用差分方程表述为式4-9形式：

$$\frac{2[T(i-1,j)-T(i,j)]\Delta y}{\dfrac{\Delta x}{\lambda_{i-1,j}}+\dfrac{\Delta x}{\lambda_{i,j}}} + \frac{[T(i,j-1)-T(i,j)]\Delta x}{\dfrac{\Delta y}{\lambda_{i,j-1}}+\dfrac{\Delta y}{\lambda_{i,j}}} + \frac{[T(i,j+1)-T(i,j)]\Delta x}{\dfrac{\Delta y}{\lambda_{i,j+1}}+\dfrac{\Delta y}{\lambda_{i,j}}} + \alpha_c\Delta y[T_{gas}-T(i,j)] + \alpha_r\Delta y[T_{gas}-T(i,j)] = 0 \tag{4-9}$$

式中，$\lambda_{i,j}$为炉衬介质热导率，W/(m·K)；$T(i,j)$为节点温度,℃；Δx、Δy 为 x，y 方向网格宽度，mm；α_c 为烟气对流传热系数，W/(m^2·K)；α_r 为烟气辐

射传热系数，W/(m^2 · K)；T_{gas}为烟气温度（即图4-41中t_f），℃。

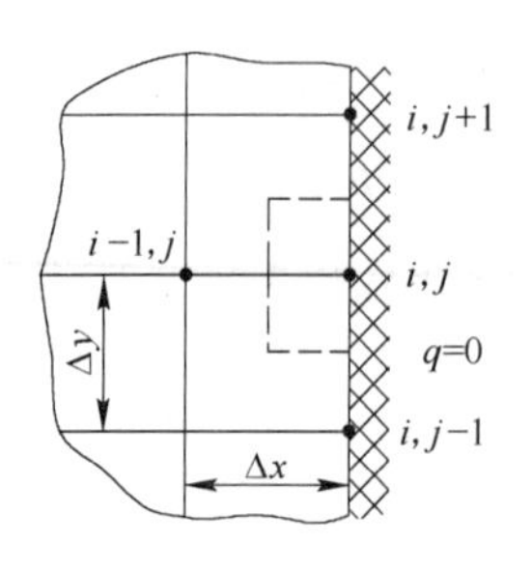

图4-40　绝热边界节点示意图

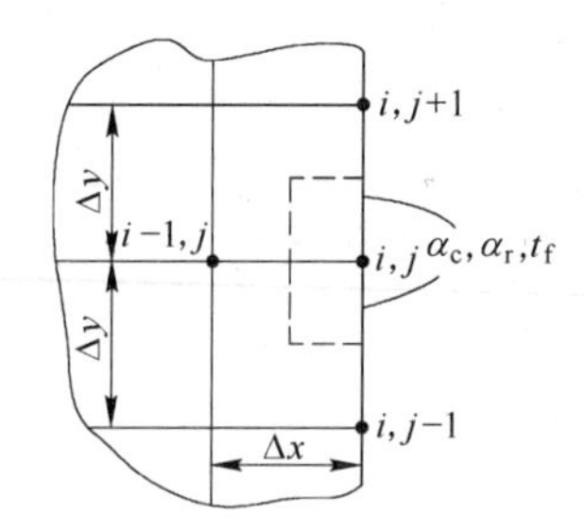

图4-41　对流、辐射边界节点分布示意图

4.4.3.3　边界参数计算

A　热导率的确定

根据各介质的材质和使用环境，计算中选用的介质热导率见表4-9。

表4-9　计算用热导率一览表

材质名称	耐火砖	水　套
主要成分	镁铬砖	黄　铜
热导率/ W·(m·K)$^{-1}$	4.88	117.24

B　冷却水套铜管内水的对流换热系数 α_{c1}

冷却水套铜管内水与管壁之间的对流传热按管内强制对流给热来进行计算。冷却介质流动的雷诺数按式4-10计算：

$$Re = \frac{ud}{\nu} = \frac{4Q \times 10^3/\rho}{\pi n d \nu \times 3600}$$

$$= \frac{4 \times 690 \times 10^3/10^3}{3.14 \times 204 \times 0.032 \times 0.805 \times 10^{-6} \times 3600}$$

$$\approx 10^4 \sim 10^5 \quad \text{（紊流）} \tag{4-10}$$

式中，Q为冷却水总流量，t/h；ρ为冷却水密度，kg/m^3；n为冷却系统内水冷铜管总数量，共204根；d为水冷铜管直径，mm；ν为流体动力黏度，m^2/s。

此外，选取介质的普朗特数：$Pr = 5.42$。计算冷却水管几何参数比：

$$\frac{l}{d} = \frac{1870}{32} > 50$$

式中，l为水冷铜管平均长度，mm；d为水冷铜管直径，mm。

依据以上参数，并考虑到冷却水管管壁与冷却水之间温差较小，故选用Dittus-Boelter公式：

$$Nu = 0.023 Re^{0.8} Pr^{0.4} \tag{4-11}$$

式中，Nu 为努塞尔数；Re 为雷诺数；Pr 为普朗特数。

故：

$$\alpha_{c1} = Nu \times \frac{\lambda_w}{d} = 0.023Re^{0.8}Pr^{0.4} \times \frac{\lambda_w}{d} \tag{4-12}$$

式中，λ_w 为冷却水热导率，W/(m·K)；d 为水冷铜管直径，mm。

C 挂渣与烟气间对流换热系数 α_{c2}

闪速炉反应塔高度与直径之比约等于1，且塔内烟气平均流速较小，约为1.5m/s。根据计算，烟气流动的雷诺数为：

$$Re = \frac{uH}{\nu} = \frac{1.5 \times 7}{\nu} = \frac{10.5}{\nu} \approx 5 \times 10^4 \tag{4-13}$$

因此研究中，我们将反应塔内烟气与炉壁间的对流换热近似作为恒壁温大平板上的对流换热，其平均对流换热系数选用边界层内动量积分方程组导出的公式：

$$Nu = 0.664Re^{\frac{1}{2}}Pr^{\frac{1}{3}} \tag{4-14}$$

式中，Nu 为努塞尔数；Re 为雷诺数；Pr 为普朗特数。

故：

$$\alpha_{c2} = Nu \times \frac{\lambda_{gas}}{\Delta y} = 0.664Re^{\frac{1}{2}}Pr^{\frac{1}{3}} \times \frac{\lambda_{gas}}{\Delta y} \tag{4-15}$$

式中，λ_{gas} 为烟气热导率，W/(m·K)；Δy 为烟气流动方向网格宽度，mm。

D 烟气辐射传热系数 α_r

$$\alpha_r = \frac{5.675}{\frac{1}{\varepsilon_2} + \frac{1}{A_1} - 1}\left[\left(\frac{T_1 + 273}{100}\right)^4 - \left(\frac{T(i,j) + 273}{100}\right)^4\right] \Big/ (T_1 - T(i,j)) \tag{4-16}$$

式中，ε_2 为炉体壁面黑度；A_1 为烟气辐射吸收率；T_1 为烟气温度，℃；$T(i,j)$ 为壁面节点温度，℃。

4.4.4 反应塔炉膛内形移动边界仿真模型研究

4.4.4.1 Stefan 问题及其求解

伴随有熔化与凝固过程的热传导问题，又称为带运动边界的导热问题。1890年 Stefan 首先就半无限大冰块的熔化问题进行了数学分析，以确定在任一时刻融化层的厚度 $\delta(t)$ 及液体区中的温度分布，因而这类单区问题也称为 Stefan 问题。但是 Stefan 问题假定固体区一开始就处于熔解温度，因此需要求解的仅仅是液体区的温度分布。以后的研究者认为，对这类伴随相变的导热问题更为合理的模型应该还要考虑初始时刻固体温度低于熔解温度的情形，即考虑过冷的影响，这时就需要求解液体与固体两个区域中的温度场，这种双区问题则称为 Neumann 问题。由于相界面的位置事先是无法知道的，因此无论哪类问题，都只能对极少数简单情况才能获得精确解，而广泛应用的则是以有限差分法为主的数值计算方法。

目前对于 Stefan 问题常采用的求解方法主要有四种：

(1) 固定步长法。即空间步长与时间步长都保持不变的求解方法。由于相界面不可能正好与网格节点重合，因此需要不断地插值以确定各个时刻的相界面位置。

(2) 变时间步长法。在这种方法中，时间步长是在计算过程中用迭代方法加以确定的，一个时间步长的大小正好使界面移动一个节点的位置，因而界面总是与节点重合。

(3) 焓法。在这种方法中同时以介质的焓及温度作为求解变量，对包括固体区、液体区及相界面在内的整个区域建立统一的守恒方程，求出热焓的分布后，再根据焓值来确定界面位置。

(4) 坐标变换法，又称不动界面法。这是通过坐标变换，使液体区的无量纲坐标永远在 0 ~ 1 之间的计算方法。在这里运动的界面变成了一个不动的界面，但控制方程则因此而复杂化。

4.4.4.2 反应塔炉膛内形物理界定

本研究中所指的炉膛内形与工业生产中所定义的炉膛内形略有区别。研究中从数值计算的角度对闪速炉反应塔炉膛内形定义为：反应塔壁面由凝固的挂渣点所构成的表面边界。而在闪速炉生产中，反应塔炉膛内形是指由点检孔所观察到的反应塔内炉衬表面挂渣所构成的炉内壁面形状。在实际测试中，反应塔炉膛内形则指由测试工具所确定的反应塔壁面的固化边界。由此可见，三种定义之间有一定差别。

反应塔内壁挂渣表面常附着一层熔融渣层，我们称之为“熔化层”。当熔化层达到一定厚度时，熔融物将沿着竖直壁面向下流或滴入沉淀池中。因此研究所定义的反应塔炉膛内形及其挂渣厚度与测试中的定义相近，但比生产中所定义的塔壁要薄。三者之间的关系如图 4-42 所示。

4.4.4.3 挂渣边界消长过程机理

反应塔挂渣边界消长的过程即是炉膛内形变化的过程。从热物性角度看，挂渣熔化或凝固的过程可分为三种状态：固态、过渡态和液态，其中固态与过渡态共同组成炉膛边界。具体变化过程如图 4-43 所示。

当挂渣吸收热量由固态向液态转变而熔化，挂渣边界升温至熔化温度的低温点 T_a，即至 a 点时，节点挂渣进入过渡状态。因为反应塔壁面挂渣是多种化合物

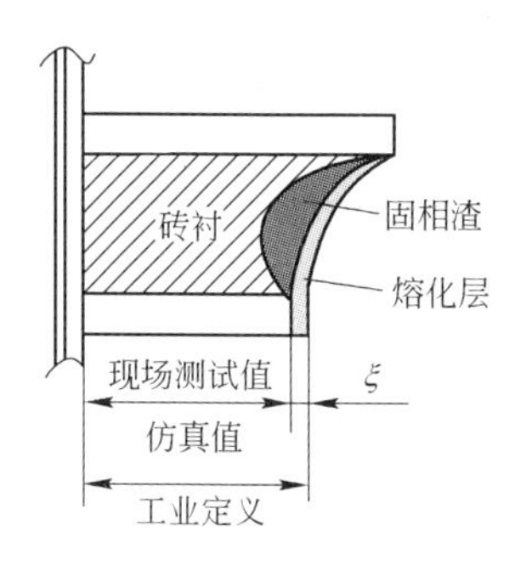

图 4-42　反应塔炉膛内形定义差别

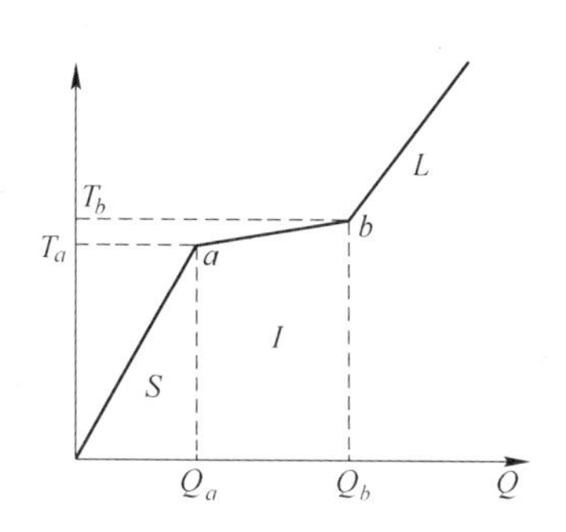

图 4-43　反应塔挂渣边界消长过程机理示意图

的混合，因此其熔化温度不可能恒定在某一温度点，而是呈现为一变化区域 $T_a \sim T_b$。进入过渡态后，节点挂渣仍然吸收热量，且随着热量的蓄积和温度的继续升高，直至温度上升到 T_b，且热量值达到 Q_b，此时挂渣才可以完全熔化转变为液态。过渡态中的温度 T_a，称之为熔化初始温度，T_b 称之为凝固初始温度，此间温度变化范围称之为相变温度区 T_{melt}，节点蓄积的热量称之为相变潜热 Q_{melt}。在反应塔炉膛内形仿真过程中，根据挂渣节点在进入过渡态后所吸收的热量是否达到或超过其相变潜热来实现对移动边界变化的动态模拟。

为了使模型更为合理，研究中还考虑了挂渣熔化与凝固过程中可能存在的过热状态与过冷状态。所谓“过热态”是指在熔化过程中，当炉膛边界节点温度超过熔化初始温度 T_a 后，壁面挂渣并不熔化，而是继续升温至高于 T_a 的某一温度下，当节点热量也满足熔化条件，挂渣边界才发生熔融变化，其温度差值（$T - T_a$）称为挂渣的过热度。“过冷态”则是指在挂渣形成的过程中，当壁面熔融物温度降至凝固初始温度 T_b 后仍不固化结渣，而直至在低于 T_b 的温度条件 T 下，释放出足够的凝固潜热，才发生冷凝固化过程，此时的温度差值（$T_b - T$）称为挂渣的过冷度。

研究中，“过热态”与“过冷态”的存在增加了炉膛内形在线模拟的难度，但是提高了仿真的准确性。

4.4.4.4　反应塔移动边界仿真模型

对铜闪速炉反应塔炉膛内形的仿真研究，实际上是反应塔炉衬内部件随着挂渣的熔化与凝固的热传导过程计算机模拟。

对于带相变的热传导问题，其数学描述除了常规的传热微分方程外，还应增加相界面上的能量平衡关系式。如图 4-44 所示的情形，设固体区 $T < T_S$，则界面上的热平衡关系为：

$$\nabla \cdot (-\lambda \nabla T)_L = \frac{\partial}{\partial \tau}(\rho_L h_{SL} \delta) + \nabla \cdot (-\lambda \nabla T)_S \tag{4-17}$$

式中，ρ_L 为液体密度，kg/m^3；h_{SL}为相变潜热，J/kg；下标 S、L 分别表示固体与液体。

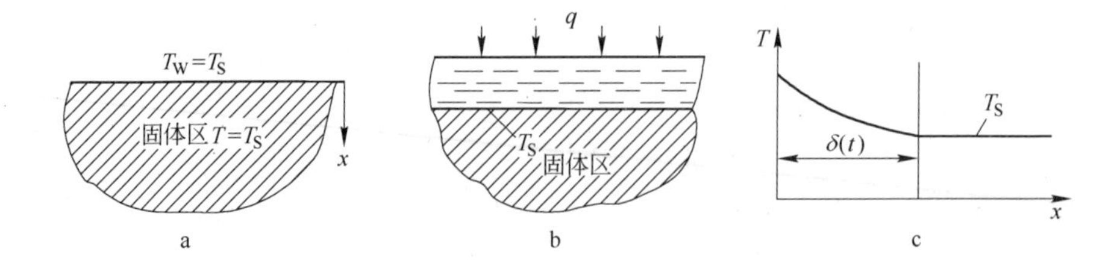

图 4-44 Stefan 问题的图示

a—$T_W-T_S<0$；b—$T_W-T_S>0$；c—移动边界内温度随距离边界表层的深度变化的变化规律

（T_W 为壁温；$t=T_W-T_S$）

研究中假定：除了定义的边界外一个网格的范围内可以附着熔化的挂渣外，其余熔融物均落入沉淀池中。根据式 4-12，考虑“过热态”与“过冷态”的存在，对于移动边界的熔化与形成，我们分别给定其节点的温度与热量的双重限制条件，具体如下。

挂渣熔化：

$$\begin{cases} T(i,j) \geqslant T_{melt} \\ q(i,j) \geqslant Q_{melt} + c_p m[T(i,j) - T_{melt}] \end{cases} \tag{4-18}$$

挂渣形成：

$$\begin{cases} T(i,j) \leqslant T_{melt} \\ q(i,j) \geqslant Q_{melt} + c_p m[T_{melt} - T(i,j)] \end{cases} \tag{4-19}$$

式中，$T(i,j)$ 为节点温度；T_{melt}为挂渣相变温度区；$q(i,j)$ 为节点热量总收入；Q_{melt}为节点挂渣熔化潜热，$Q_{melt}=q_{melt}\Delta x\Delta y$，其中 q_{melt}为单位体积挂渣熔化潜热，J/m^3；c_p 为挂渣比热容，J/(kg · K)；m 为控制容积内挂渣质量，kg。

根据以上限制条件，移动边界的消长将出现四种变化情况：

（1）当温度条件和热量条件都得到满足时，节点渣熔化，挂渣层减薄，渣层边界向炉壁方向移动；

（2）当节点温度低于挂渣熔化温度，传热热量小于其熔化所需热量时，节点挂渣凝结，挂渣层增厚，渣层边界向炉内方向移动；

（3）当节点温度低于挂渣凝固初始温度，而热量条件不满足凝固要求时，挂渣处于过冷状态；

（4）当节点温度高于挂渣熔化初始温度，但所接受传热热量小于其熔化潜热及体积蓄热之和时，挂渣处于过热状态。在过热（冷）状态下节点将保持现有状态，既没有新的挂渣形成也没有挂渣融化，渣层边界维持不变。

移动边界计算的程序流程图如图4-45所示。

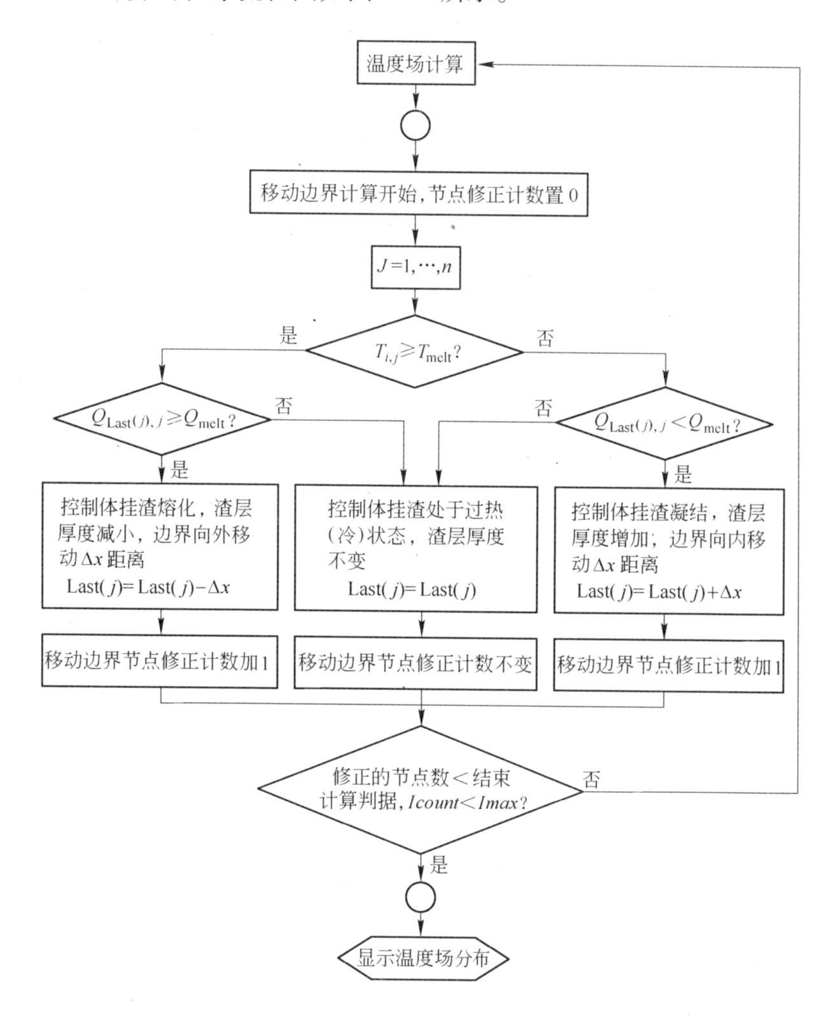

图4-45 炉膛内移动边界计算流程图

4.4.4.5 反应塔壁面挂渣相变温度确定

如上所述，由于反应塔挂渣是炉内反应物，如铜锍、炉渣，以及极少量生料附着在壁面并发生反应后的混合物，因此其相变过程不会维持在某一温度点，而是发生在一定温度区域内。为了对挂渣的相变温度区加以确定，先后进行了反应塔内侧壁面温度的测试以及挂渣软化温度试验来帮助确定塔壁挂渣的相变温度。

A 闪速炉反应塔内壁温度测试记录

在正常生产条件下，采用双铂铑热电偶，并加套刚玉套管对闪速炉反应塔内侧壁面温度进行了测试，测试结果见表 4-10。

表 4-10　反应塔内侧壁面温度测试结果

测试点编号	测试方位	测试点距离塔顶高度/mm	测试温度读数/℃
1	南面 1～2 层水套之间	2030	1180
2	东面 2～3 层水套之间	2705	1235
3	北面 3～4 层水套之间	3420	1230
4	西面 5～6 层水套之间	4850	1250
5	北面 5～6 层水套之间	4850	1260
6	西面 6～7 层水套之间	5565	1140

注：热电偶长度：300mm；环境温度：22℃。

测试结果表明，虽然随着距离塔顶的高度不同，反应塔内壁表面温度有所变化，但基本在 1200℃ 左右波动，其变化范围约为 1140～1260℃。

B　挂渣软化温度试验

在取得挂渣试样后，我们将挂渣样品制成高 30mm 的等边试验锥（上底面边长为 2mm，下底面边长为 8mm），并按照耐火材料性能鉴定中耐火度的测试方法对挂渣的变化温度进行了试验。按照 GB/T 7322—1997 测得挂渣软化-熔化温度在 1140～1270℃ 范围。

综合试验 A、B 结果，研究中最后确定挂渣相变温度区为 1140～1260℃。

4.5　铜闪速炉反应塔炉衬仿真优化研究

4.5.1　仿真软件的运行检验

在反应塔塔壁热场模型的基础上，研究人员进一步开发了铜闪速炉炉膛内形仿真系统。该系统完成后，曾先后在贵溪冶炼厂闪速炉与金隆铜业有限公司闪速炉上投入使用，其仿真计算结果与实际测试结果分别示于表 4-11 与图 4-46。

表 4-11　贵溪冶炼厂挂渣厚度计算值与实测值比较

测试点编号	1	2	3
距塔顶距离/mm	2825	3440	4870
塔壁挂渣厚度/mm	201	205	278
计算塔壁挂渣厚度/mm	195	210	270
误差/%	2.99	2.43	2.88

1999 年 5 月利用贵溪冶炼厂闪速炉系统停炉检修的时间，我们测得了反应塔壁面挂渣的厚度并与计算结果进行了比较。如表 4-11 显示，仿真计算结果与实际壁面挂渣厚度基本吻合，正负偏差均未超过 3%，显然这一偏差并不影响仿真

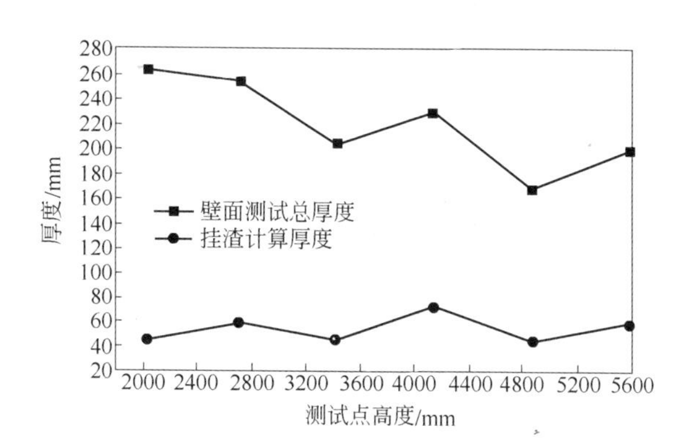

图 4-46 金隆铜业有限公司挂渣厚度计算值与测试值比较

软件对生产实践的指导作用。

2001 年 4 月，我们对运行中的金隆铜业有限公司的闪速炉系统进行测试，测试所得的反应塔壁面厚度（耐火砖衬与壁面挂渣之和）与仿真计算的挂渣值如图 4-46 所示。由于测试过程与生产同时进行，炉内高温条件使得测试人员无法将反应塔壁面残砖与实际挂渣界定分明，因而仅得到了壁面的总厚度值。但两组数据显示，无论是壁面厚度还是挂渣厚度，他们所反映的炉衬腐蚀形状及其变化趋势却是相似的，因此可以认为仿真软件的结果基本上能及时客观地反映塔壁内衬的状况。

使用实践证明，闪速炉反应塔炉膛内形在线显示仿真软件满足了工厂对反应塔壁面温度分布以及塔壁挂渣厚度的实时仿真要求，有助于技术人员在生产过程中及时发现炉体薄弱壁面并作出相应处理，从而更有效地延长反应塔内衬寿命。

4.5.2 仿真试验研究

4.5.2.1 仿真试验计算

为了进一步研究影响反应塔炉膛内形的各种因素，以金隆铜业有限公司闪速炉为例，研究中模拟计算了相同炉料成分、不同工艺参数（表 4-12）下反应塔壁面热场的不同分布以及挂渣边界的不同形状（图 4-47、图 4-48）。

表 4-12 仿真计算工艺参数

项 目	干矿装入量 /$t\cdot h^{-1}$	目标铜锍品位 /%	炉渣 Fe/SiO_2	工艺风氧浓度 /%	燃烧风氧浓度 /%	反应塔燃油 /$kg\cdot h^{-1}$
条件 1	65	57	1.15	56	40	458
条件 2	75	62	1.15	56	40	346

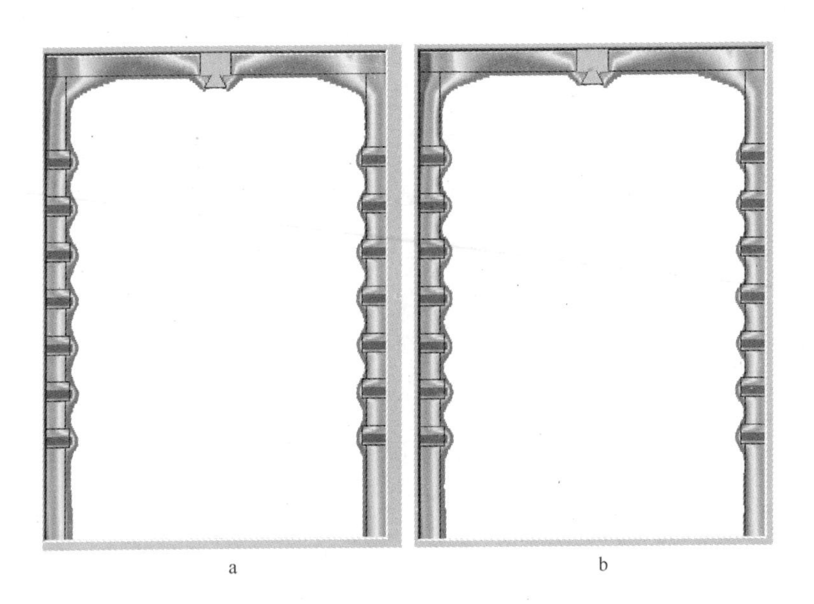

图 4-47　不同工况下反应塔壁面热场分布

a—条件 1 反应塔壁面热场分布；b—条件 2 反应塔壁面热场分布

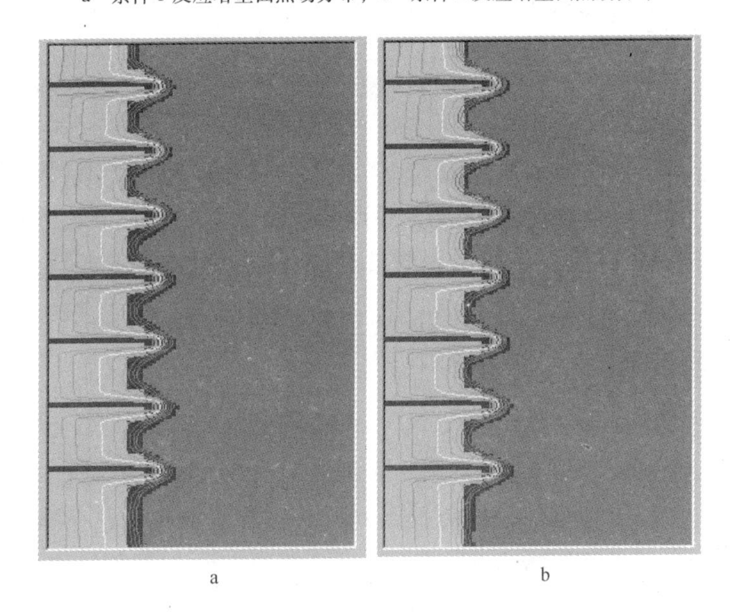

图 4-48　不同工况下反应塔壁面形状

a—条件 1 反应塔塔壁内形；b—条件 2 反应塔塔壁内形

如图 4-47 和图 4-48 所示，当干精矿处理量为 65t/h（条件 1）时，熔炼过程需补充燃油 458kg/h，此时反应塔内运行状况良好。反应塔侧壁由于有冷却水套的保护，炉衬温度较低，一般工作温度为400～1000℃，其壁面内侧可形成稳定挂渣，但以靠近顶部的挂渣较薄，下部挂渣稍厚，且整个壁面挂渣分布中以1～3层水套之间的挂渣层最为薄弱，这说明塔内反应高温带集中在塔顶以下3m范围以内。

然而当闪速炉干精矿处理量提高到75t/h（条件2）时，反应塔内温度已达1403℃。此时反应塔壁面挂渣厚度明显变薄，其中1～3层水套之间几乎不能形成稳定挂渣，第4层水套以下挂渣层厚度也较处理量为65t/h时的挂渣减少近1/2。

比较两种工况的计算结果，研究发现，反应塔炉衬热场及其炉膛内形的形成随温度变化明显：炉膛温度高，炉衬工作温度相应升高，壁面挂渣减薄；反之，当炉膛温度降低时，壁面温度下降，挂渣层增厚。

由此可见，反应塔内的熔炼温度是造成塔壁温度和挂渣变化的主要因素。调整作业参数，控制塔内熔炼反应的温度，将有利于塔壁挂渣的形成与稳定，从而有利于优化塔体炉衬工作温度，实现对反应塔壁面的有效保护。

4.5.2.2 温度对反应塔移动边界的影响

在熔炼反应过程中，由于反应塔壁面最初温度低于塔内熔融物的凝固温度，因此当熔炼反应产生的高温熔融物溅落、接触到壁面炉衬时便迅速固化并附着在砖衬上，促使其在塔壁表面形成致密挂渣层。但随着挂渣层厚度的增加，热量蓄积在塔壁内，炉衬表面温度逐渐升高，又将促使挂渣熔化。在这种凝固与熔化的消长变化中，壁面热量收支最终实现动态平衡并形成稳定热场，从而在塔内形成稳定的炉膛边界界面。因此，从挂渣形成的过程来看，影响挂渣形成的主要是两方面的因素：反应塔内壁温度以及塔壁的热传递状况。熔炼强度大，单位时间内产生的热量多，反应塔内温度高，或者塔壁冷却条件恶劣，塔壁蓄积热量多，塔壁温度高，挂渣层都会随之变薄；反之，生产强度降低，反应塔内容积热强度减小，或者塔壁散热条件得到改善，这些都将有效地改变塔壁温度场分布，促进挂渣的形成，使壁面炉衬得到较好的保护。

研究中整理了不同温度下反应塔壁面不同的挂渣厚度。图4-49中给出了高度分别为900mm（冷却水套区域外的塔壁上部），1800mm（水套区域中），4500mm（水套区域中），5700mm（冷却水套区域外的塔壁下部）四个位置，其壁面挂渣厚度随塔内温度变化的关系。

计算结果表明：随着温度的升高，处于冷却水套区域内的炉衬，其塔内移动边界变化的幅度较小（随高度不同，挂渣厚度分别随温度的增加而减小75mm、90mm；而处于冷却水套以外的塔壁炉衬，挂渣厚度随温度波动而迅速变化，在温度升高120℃后，距离塔顶1m以内处的塔壁边界变化可达120mm，而塔壁下部虽然变化稍小，但变化幅度也有105mm）。

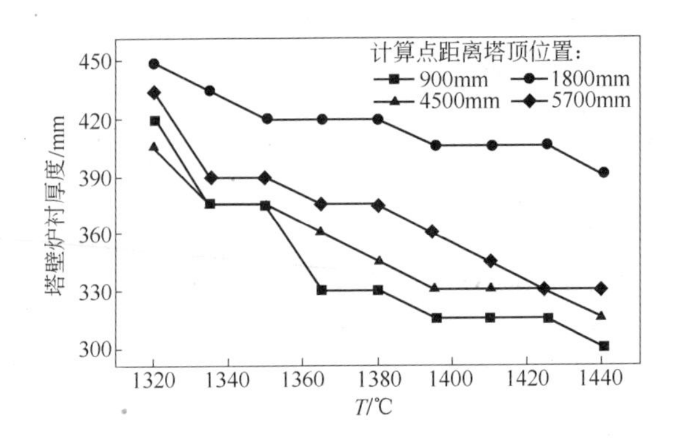

图 4-49　反应塔移动边界与温度的关系

反应塔上部是熔炼过程的主要反应区。随着熔炼强度的提高，反应核心区温度升高，位置上移，加上反应塔燃油烧嘴造成的局部高温，从而使得该部位热负荷很大。在高温及烟气与熔体的冲刷作用下，由于缺乏完善的冷却系统的相应保护，因此塔壁挂渣变化明显，反应塔甚至会出现局部挂渣熔化脱落而造成烧顶的事故。

水套的强制冷却作用，有效地改变了炉衬热场分布，降低了挂渣表面温度。处于水套之间的反应塔壁面，随着反应温度的升高，虽然蓄积在炉衬内的热量也略有增加，但是更多的热量均由冷却循环带出系统之外，反应温度的波动对该区域炉衬温度的影响不及其他部位显著，因此其移动边界变化也较为缓和。

虽然反应塔下部既不是反应区，也不是反应塔中的高温部位，但是由于在重力的作用下，上部的过热熔体会沿壁面流向下部，给下部挂渣带入额外的热量，造成部分挂渣熔化，并对壁面渣层产生连续冲刷，再加上烟气流动稳定挂渣形成的影响，因此从整体条件来看，反应塔下部的挂渣条件在整个反应塔壁面中是最恶劣的。当炉内条件变化时，在多因素的综合作用下，反应塔壁面的移动边界也必然会发生较大改变。

4.5.2.3　生产参数对塔内温度的影响

炉内温度是影响反应塔壁面温度以及挂渣厚度的关键，而熔炼过程中各种生产参数则是影响熔炼温度的主要因素。

A　工艺参数对塔内温度的影响

表 4-13 显示了不同操作参数下反应塔内的不同熔炼温度。仿真计算结果表明：在不同生产水平下，闪速炉熔炼强度增大，铜锍品位提高，塔内温度也相应升高，例如，当熔炼水平提高至精矿处理能力 75t/h，熔炼铜锍品位 62% 时，其塔内温度可比精矿处理能力 65t/h、熔炼铜锍品位 57% 时提高 90℃。同时仿真计算结果还显示，即使在相同生产水平下，工艺风富氧率的增加也能造成塔内温度明显增加，如表 4-13 所示，工艺风富氧率仅提高 5%，两种熔炼水平下的反应温

度升高近50℃。因此，在强化闪速熔炼过程，实现闪速炉“四高”生产的同时，技术人员必须密切注意挖潜扩产对反应塔塔体寿命所带来的负面影响，并采取有效措施，加强炉体保护，以确保设备安全顺利运行。

表4-13 操作参数与炉内温度关系

精矿量/t·h^{-1}	烟尘量/t·h^{-1}	铜锍品位/%	工艺风富氧率/%	重油量/kg·h^{-1}	炉内温度/℃
65	4.5	57	56	458	1361
65	4.5	57	62	458	1404
75	5	62	56	340	1403
75	5	62	62	340	1452

B 炉料成分对塔内温度的影响

仿真研究中计算了两种炉料成分下熔炼生产的不同温度，见表4-14，表4-15。

表4-14 入炉精矿成分对比

项目		Cu	S	Fe	SiO_2	S/Cu
炉料1	铜精矿	30.22	30.53	25.73	7.0	1.01
	渣精矿	22	8.6	33.05	14.45	
炉料2	铜精矿	29.8	31.06	26.23	5.39	1.04
	渣精矿	31.45	10.25	28.44	15.93	

表4-15 入炉精矿成分与炉内温度关系

精矿成分	精矿量/t·h^{-1}	烟尘量/t·h^{-1}	铜锍品位/%	工艺风富氧率/%	重油量/kg·h^{-1}	炉内温度/℃
炉料1	65	4.5	57	56	458	1361
炉料2	65	4.5	57	56	458	1392
炉料1	75	5	62	56	340	1403
炉料2	75	5	62	56	340	1431

如表4-14所示，炉料1与炉料2两种精矿成分的主要差别在于：炉料1中铜精矿的S/Cu比（S/Cu=1.01）小于炉料2的相应比值（S/Cu=1.04）。铜精矿中S/Cu比是衡量物料反应能力的一个重要参数。S/Cu大，精矿中S含量相对较多，精矿着火好，在熔炼反应中大量的元素S被氧化燃烧，释放出大量的热，因而烟气温度较高；而S/Cu低，则精矿中S含量低，在熔炼过程只能有少量的元素S参与燃烧反应，反应放热不能满足熔炼过程的要求，因此熔炼时温度低，需要补充辅助燃料来维持炉内高温。

表4-15计算数据显示，当闪速炉精矿处理量为65t/h时，使用S/Cu比较高

的炉料生产，其温度较使用炉料1时上升2.28%，而当闪速炉处理量为75t/h时其温度则仅高出2.00%。因此，当使用S/Cu比值较高的精矿原料进行生产时，反应塔内熔炼温度普遍较高，熔炼过程需要补充的燃料量也相应较少，尤其是在低料量生产时，使用S/Cu比值较高的精矿为生产节能降耗所带来的优势更为明显。然而在闪速炉生产能力不断提高后，过高的炉内温度将会对塔壁造成危害，成为熔炼强化的不利因素，所以对炉料的选择与配比必须慎重而合理。

4.5.3　反应塔塔壁结构优化计算

在反应塔壁面传热过程中，因为铜水套的冷却强度以及塔外壁钢板表面的温度都受一定条件的限制，所以在塔壁传热过程中壁面导热的热流密度也基本确定。根据傅里叶导热定律：在热流与温度梯度一定的条件，影响传热过程的主要是介质的热导率以及介质厚度。因此，对反应塔塔壁结构的优化计算研究也主要围绕耐火材料热导率的优化以及塔壁炉衬厚度这两个因素进行。

4.5.3.1　耐火材料热导率的优化

现有闪速炉反应塔壁面砌筑多采用镁铬质耐火材料。镁铬砖抗侵蚀，抗冲刷性能良好，但由于其砖体基质的主要成分为MgO、Cr_2O_3等金属氧化物，所以工作温度下，熔铸镁铬砖热导率为1.93W/(m·K)（1400℃），而半再结合镁铬砖的热导率一般为1.8~3.6W/(m·K)。随着熔炼强度的提高，塔壁工作的条件更为恶劣，对耐火材料提出的要求也更为苛刻。“水是最好的耐火材料”，在它的启示下，我们尝试着展开对耐火材料热导率的优化研究，试图通过改变塔壁耐火砖衬的导热性能，将壁面蓄积的热量更多地传递到水套冷却区域，从而实现降低壁面温度、保护塔壁的目的。

我们首先对炉内温度为1380℃时，反应塔壁面温度、挂渣厚度与耐火炉衬的热导率之间的关系进行仿真计算，计算结果如图4-50所示。由图4-50中曲线的

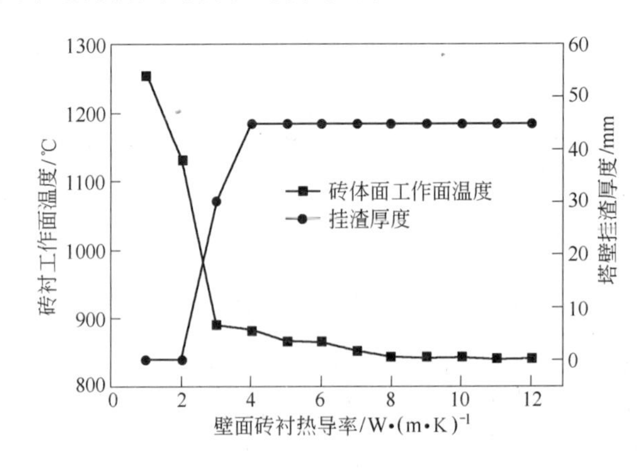

图4-50　塔壁炉衬砖体工作面温度与挂渣厚度随砖衬热导率的变化关系

变化可以看到，随着耐火炉衬热导率的增加，不仅壁面传热过程得到强化，壁面温度降低，而且塔壁挂渣厚度增加，从这些影响来看，砖衬热导率的提高将有利于反应塔壁面的保护。

进一步的研究表明（图4-51），提高砖衬的热导率可以改善塔壁炉衬的温度分布，对于大多数正常熔炼温度（1350～1410℃），提高砖衬热导率到3～5W/(m·K)，则基本可以实现耐火材料工作面温度维持在900℃左右。但是对于熔炼温度较高的情况，要将耐火砖衬工作面的温度控制到合理范围之内（850～900℃），则需要大幅度提高耐火材料的导热性能。例如，在1440℃的塔内温度条件下，使用现有的半再结合镁铬质耐火材料，因为不能形成稳定挂渣，耐火砖衬直接暴露于高温环境之下，其表面温度可达1240℃，此时如果要降低壁面温度，促使挂渣形成，并将砖衬工作面温度控制至900℃以下，则必须提高耐火砖的热导率至10.4W/(m·K)的参数水平，但这样的指标在耐火材料生产行业是很难实现的。

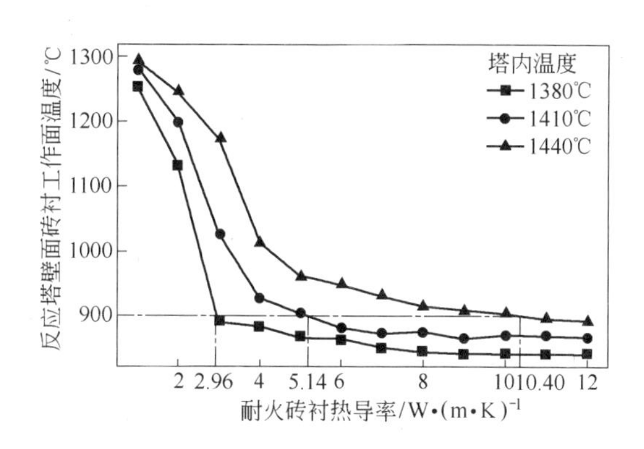

图4-51 不同熔炼温度下塔壁砖衬工作面温度随砖衬热导率的变化关系

因此，计算结果显示，仅仅改变砖衬的导热性能还不足以实现优化塔壁工作温度的目的。对于一般熔炼生产，我们建议采用砖衬热导率3～5W/(m·K)，而对于高温熔炼，则通过对砖衬厚度的优化计算进一步加以讨论。

4.5.3.2 反应塔塔壁砖衬厚度优化研究

反应塔壁面传热过程属于多层平壁的导热过程，壁面热阻由三部分组成：外侧钢板导热热阻、塔壁砖衬导热热阻以及塔内挂渣导热热阻，其数学形式可表述为：

$$\sum\frac{\delta}{\lambda}=\frac{\delta_S}{\lambda_S}+\frac{\delta_R}{\lambda_R}+\frac{\delta_F}{\lambda_F} \tag{4-20}$$

式中，λ 为热导率，W/(m·K)；δ 为导热介质厚度，m；下标S表示外侧钢板，R表示耐火砖衬，F表示塔内挂渣。

由式4-20可以知道，在导热过程总热阻一定的条件下，由于塔壁钢板厚度取决于塔体强度和材料型号，其热阻变化很小，因此随着反应塔壁面砖衬厚度变薄，热阻减小，塔内挂渣厚度势必增加，壁面温度也因此而将有所下降。

研究中，我们针对塔内熔炼温度1410～1440℃时，不同砖衬厚度条件下，塔壁耐火材料工作面温度与其热导率之间的变化关系进行了仿真计算，如图4-52所示。

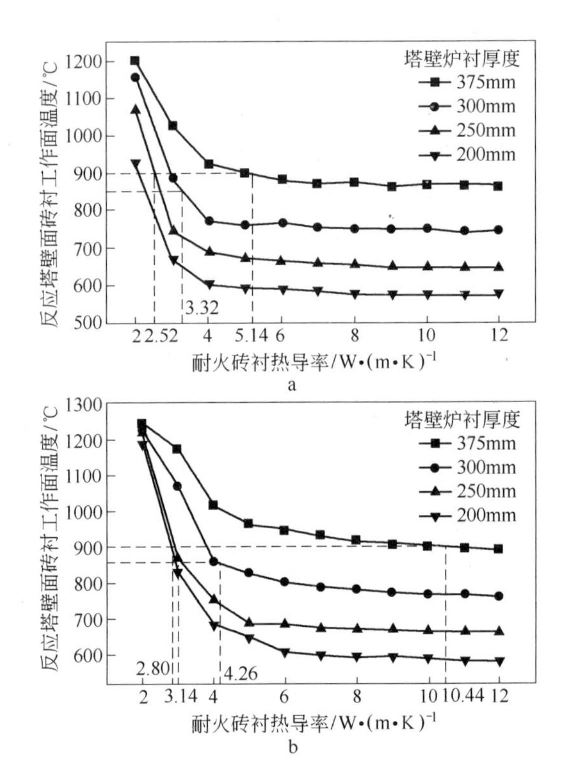

图4-52 不同砖衬厚度下塔壁耐火材料工作面温度随砖衬热导率的变化关系
a—熔炼温度1410℃；b—熔炼温度1440℃

图4-52中仿真计算结果显示，反应塔壁面砖衬厚度越大，在降低壁面温度上，对于耐火材料热导率要求提高的幅度也越大。因此，塔壁砖衬较薄，更有利于通过提高砖体的热导率来实现降低壁面温度的目的。在闪速熔炼生产中，反应塔残砖厚度多在100～230mm，当塔壁砖衬厚度小于200mm时，一般认为砖体强度已不适合继续生产，而需要更新塔壁炉衬。从塔体强度和设备安全出发，我们建议反应塔壁面砖衬厚度选择250～300mm。

塔壁炉衬厚度的研究计算表明，当熔炼温度为1410℃时，针对上述建议的合理砖衬范围，耐火材料的热导率提高到2.52～3.32W/(m·K)之间对控制塔壁温度较为合适；当熔炼温度升高至1440℃，则耐火材料导热性能介于2.80～4.26W/(m·K)较为合适。

综合以上研究结果，为了较好地控制反应塔壁面炉衬砖体工作面温度在900℃左右，以降低耐火砖衬侵蚀速度，从而使塔壁得到更好的保护，我们认为，可以降低闪速炉反应塔壁面炉衬厚度至250～300mm，同时采取有效措施，提高镁铬耐火材料热导率至2.5～4.3W/(m·K)左右，实现反应塔壁面结构的改进与优化。

4.5.4 小结

在铜闪速炉反应塔炉衬蚀损机理研究中，我们得到塔壁砖体与挂渣接触表面的合理温度为850～900℃。为了实现这一温度目标，一方面我们开发了闪速炉反应塔炉膛内形在线监测系统，实时地模拟与显示塔壁温度与挂渣厚度的变化；另一方面，我们对反应塔炉衬结构进行优化研究，对闪速炉耐火材料的性能提出改进建议，具体包括：

（1）以金隆铜业有限公司闪速炉为仿真实验研究对象，计算并分析了反应塔熔炼温度对塔壁温度以及挂渣厚度的影响，并计算讨论了生产参数对塔内温度，从而对塔壁移动边界的影响与作用。

（2）研究发现，在正常熔炼情况下，提高耐火砖衬热导率至3～5W/(m·K)，基本可以控制塔壁炉衬工作面在合理范围之内，但在高温熔炼，则还必须改进壁面结构，减少壁面炉衬厚度。

（3）针对1380～1440℃的熔炼温度范围，研究中建议反应塔壁面结构参数为：炉衬砌筑厚度250～300mm，镁铬质耐火材料热导率2.5～4.3W/(m·K)。

据洛阳耐火材料集团公司考察发现，智利耐火材料行业已成功实现反应塔耐火砖衬热导率提高至5W/(m·K)，因此上述反应塔结构优化研究中所建议的耐火材料性能参数是可以实现的。

5 镁铬耐火材料在其他熔炼炉上的应用

****

5.1 镁铬耐火材料在白银炉上的应用

5.1.1 白银炼铜法概况

1972 年白银有色金属公司冶炼厂开始研究试验新的炼铜技术，初期称该技术为“液态（床）鼓风熔炼”。1979 年 10 月原冶金部在白银召开该方法的技术鉴定会，时因主要的发明单位是白银有色金属公司而将其命名为“白银炼铜法”。白银炼铜法是采用富氧鼓风，充分利用硫化物、铜精矿氧化反应产生的热达到自热熔炼的熔池熔炼法，其基本原理类似于日本的三菱法、原苏联的瓦纽可夫法以及加拿大的诺兰达熔炼法，被国际专业组织列为先进炼铜工艺之一。

白银炼铜法是在一个固定式长方形熔池内，用一道隔墙分为熔炼区和沉淀区，两区熔体通过隔墙的通道构成既分离又联合的组合形式（图 1-7）。白银炼铜法以动态熔炼为特征，即以压缩空气或富氧空气吹入熔体中，激烈搅动熔体。当炉料加入熔炼区以后，铜精矿颗粒立即随熔体的搅动散布于熔体之中，通过精矿颗粒的巨大表面积与周围高温熔体发生快速传热，进行炉料的加热、分解、熔化等过程。同时，被鼓入的空气或富氧空气所氧化，其氧化热又直接加热了熔体，如此又为新加入的炉料提供了热源。当炉料一经与熔体接触以后，其中的硫化物很快组成冰铜相，而脉石和氧化时所产生的氧化物转变为炉渣的组分，与原熔炼区的炉渣融合成均一相。借助于空气或富氧空气搅动熔体，达到炉料熔化氧化造渣的熔炼过程，使参与熔炼的各相间发生迅速传热和传质，这对于炉料中原有的 FeS 中的 S^{2-} 对高价氧化物 Fe_2O_3、Fe_3O_4 的还原，即硫氧化铁还原的反应特别有利，反应如下：

$$3Fe_3O_4 + FeS + 5SiO_2 \longrightarrow 5(2FeO \cdot SiO_2) + SO_2\uparrow \tag{5-1}$$

这样也可使熔炼过程中新产生的铁的氧化物直接造渣，避免生成难熔的磁性氧化铁。动态熔池熔炼，增加了新生冰铜颗粒互相碰撞的机会，使冰铜液滴合并壮大，因此对加速冰铜和炉渣的分离极为有利。

白银炼铜法的另一个重要特征是采用隔墙将熔池分区，在一个炉子内实现了动态熔炼和静态的渣和冰铜分离过程。

5.1.2 白银炉用耐火材料的损毁机理

作为富氧熔池熔炼的代表，白银炼铜法是中国人自己研制的冶炼新工艺，具有中国特色。但由于所用耐火材料使用寿命短，不得已而大量采用铜水套换热的方式进行强制保护，从而带来诸多问题，并制约了白银炉效能的发挥，也不利于在铜冶炼系统内推广白银炼铜法。

为此，对白银炉损毁较严重的风口及风口区、渣线等部位用耐火材料进行了优化配置。用半再结合镁铬砖取代原有的普通镁铝砖，显著提高了白银炉的使用寿命。

5.1.2.1 白银炉渣线用普通镁铝耐火材料的损毁机理

最初，白银炉炉衬用的耐火材料是普通镁铝砖，为了提高炉衬寿命，在炉衬内部大量使用了铜水套进行强制冷却，以期降低耐火材料的损耗。但实践表明，效果不佳。在选用新的耐火材料之前，对白银炉用镁铝砖的损毁机理进行了初探。结果表明：普通镁铝砖的损毁主要是方镁石固溶体在炉渣中的溶解，如图 5-1 所示。

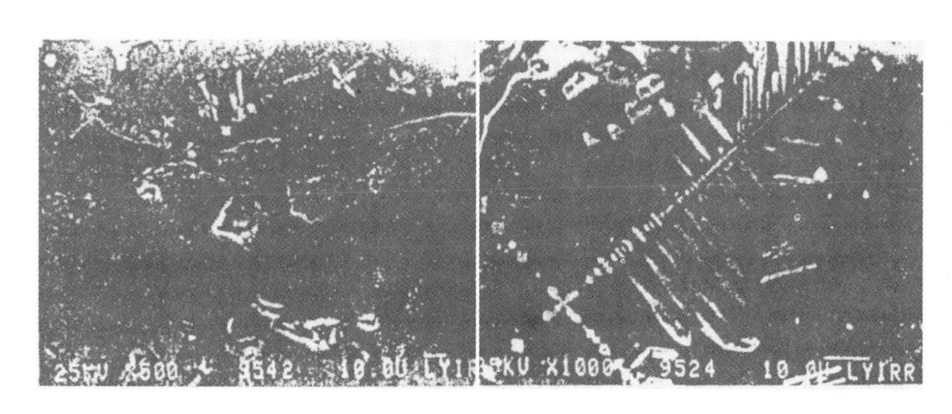

图 5-1 镁铝砖侵蚀层照片

照片的上部为侵蚀层，方镁石固溶体已溶解于 $FeO-SiO_2-CaO$ 炉渣中，形成低熔点的 $FeO-SiO_2-CaO-MgO$，由于受炉内气氛的影响，反应界面尚存在一定量的自形晶磁铁矿（图 5-1）。由于磁铁矿也是尖晶石型结构，其熔点高（熔点为 1690℃），反应界面上的磁铁矿的存在，犹如一道天然的屏障有助于保护耐火材料，避免耐火材料受到进一步侵蚀，相当于有些冶炼厂的“抗渣”操作，即修炉后吹炼第一炉炉料时，不加熔剂，而在新炉衬上通过吹炼覆盖一层“磁铁矿”形成保护渣的炉衬。普通镁铝砖系由制砖镁砂与镁铝共磨粉按适当比例配料，经过成型和烧成制得，在烧成过程中，虽形成一定量的镁铝尖晶石，但镁铝尖晶石的晶粒细小，从结构上讲，形成的镁铝尖晶石作为一个结合相，并没有形成较理想的镁铝尖晶石结合的镁砖结构，所以普通镁铝耐火材料仍为硅酸盐结合镁铝砖，并没有形成直接结合结构（图 5-2）。因此，未能充分显示出镁铝尖晶石抗渣性优于方镁石的优良性能，普通镁铝砖的硅酸盐结合相，在高温下，炉渣、铜、冰铜等冶炼介质极易沿砖中的硅酸盐相及气孔渗入，破坏砖体的整体致密结构（图 5-3）。由图 5-3 可见，冶炼介质已侵入到砖的内部，方镁石固溶体已被侵入的冶炼介质包围，降低镁铝砖中硅酸盐相的含量。同样，减小砖内部气孔的孔径也是抑制炉渣、高温熔体渗入的重要途径。

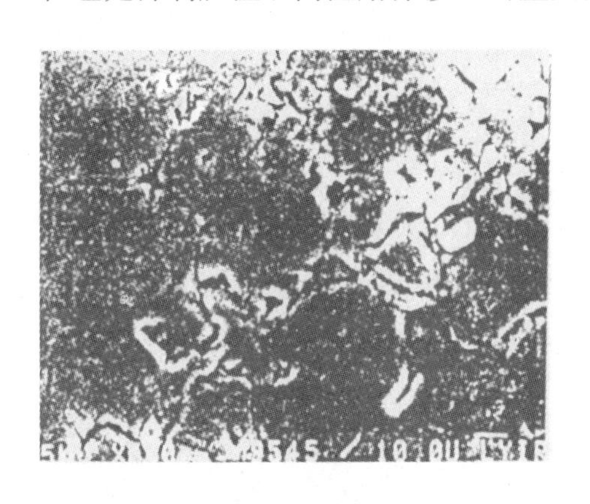

图 5-2　镁铝砖原砖层中颗粒与基质的结合状态

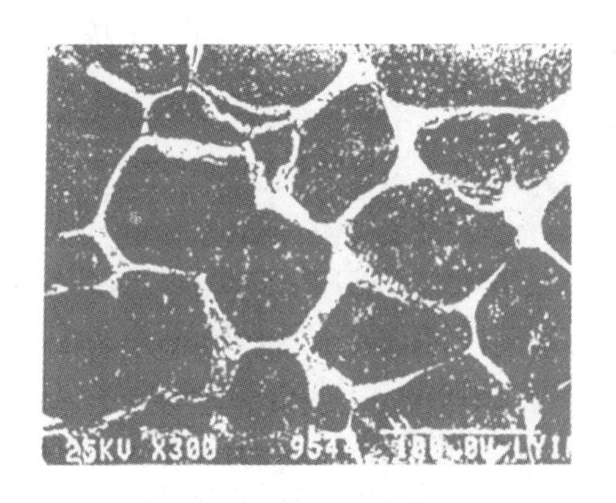

图 5-3　冶炼介质破坏砖体致密结构的显微结构照片

5.1.2.2　白银炉渣线用半再结合镁铬砖的损毁机理

1994 年 9 月在 $44m^2$ 白银炉沉淀池渣线部位拆除铜水套，用半再结合镁铬砖在渣线上试用与同炉带水套的镁铝砖进行对比。经使用 6 个月后，对残砖进行损毁机理分析。

结果表明：半再结合镁铬耐火材料抗 $FeO-SiO_2-CaO$ 渣的侵蚀性能明显地优于普通镁铝砖。虽然，半再结合镁铬耐火材料中的方镁石固溶体亦会溶解于 $FeO-SiO_2-CaO$ 渣中，形成低熔点 $FeO-SiO_2-CaO-MgO$ 系组合物，但 Cr_2O_3 却可以与渣中 FeO 形成高熔点的 $FeO \cdot Cr_2O_3$，再加上由于炉内气氛变化形成的自形晶磁铁矿（$FeO \cdot Fe_2O_3$），这两种尖晶石存在于渣相中（图 5-4）。

图 5-4 中白色部分均为 $FeO \cdot Cr_2O_3$ 和 $FeO \cdot Fe_2O_3$ 尖晶石，深灰色部分为硅酸盐相，这样就大大地提高了渣的黏度，形成了保护层。虽然在普通镁铝耐火材料的用后残砖的反应界面亦发现有少量磁铁矿存在，但其自形晶的大小及数量均无法与半再结合镁铬耐火材料相比（可对比图 5-1 与图 5-4）。

图 5-5 给出了半再结合镁铬砖在白银炉渣线部位使用受炉渣侵蚀的显微结构上的反应界面。上部为渣层，其中的白色自形晶为 $FeO \cdot Cr_2O_3$ 和 $FeO \cdot Fe_2O_3$ 尖晶石，深灰色部分为硅酸盐相；下部为受侵蚀的镁铬合成料。从图 5-5 可知，镁

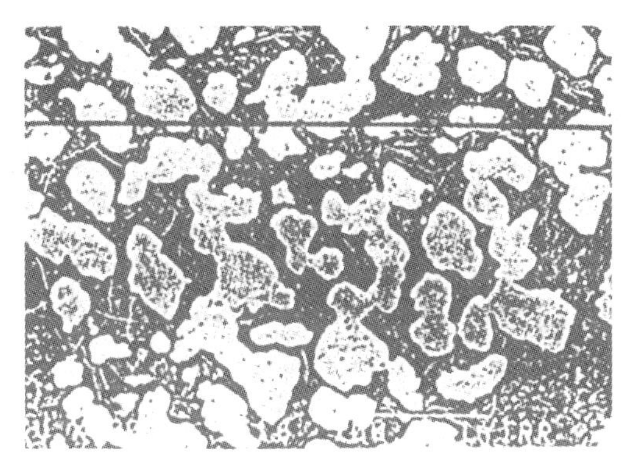

图 5-4 用后半再结合镁铬砖显微照片

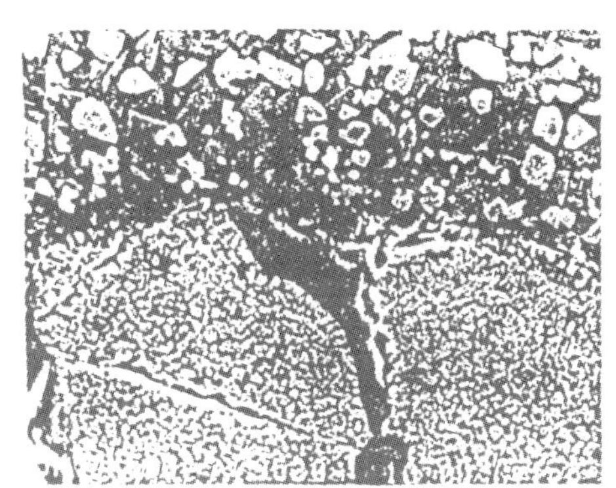

图 5-5 用后半再结合镁铬砖反应带显微结构照片

铬尖晶石固溶体仍保持着良好晶形，显示出优异的抗侵蚀性。

从显微结构来说，半再结合镁铬砖属方镁石固溶体-方镁石固溶体、方镁石固溶体-尖晶石固溶体间直接结合结构（图 5-6），同时气孔率也较低，这样就有效地抑制了高温下的冶炼介质沿硅酸盐通道或气孔侵入。

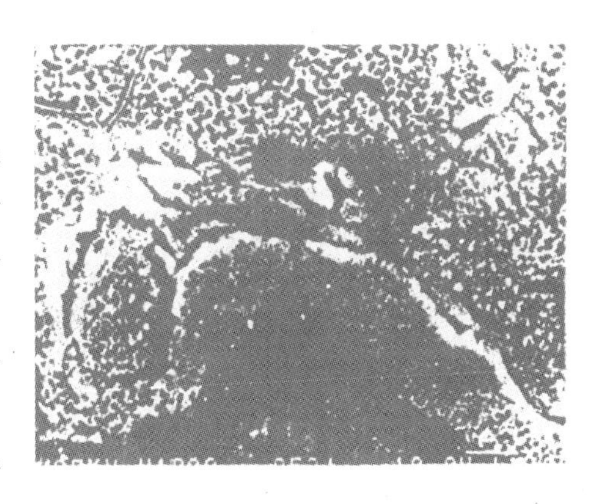

图 5-6 半再结合镁铬砖的显微结构照片

通过与普通镁铝砖相比较，在半再结合镁铬砖的侵蚀区域（过渡带）就未发现方镁石固溶体或尖晶石固溶体被冶炼介质侵入的现象。由此可见，半再结合镁铬砖抗白银炉冶炼介质的侵蚀性优于普通镁铬砖。

5.2 镁铬耐火材料在澳斯麦特炉上的应用

5.2.1 澳斯麦特用镁铬耐火材料损毁机理

由于澳斯麦特/艾萨熔炼工艺具有熔炼速度快、建设投资少、原料适应性强、炉体密封性好、符合环保要求等优点，因此在有色冶金工业具有较广泛的应用。我国自 1999 年中条山有色金属公司侯马冶炼厂引进澳斯麦特技术后，2002 年云南铜业引进的艾萨炉和云南锡业公司引进的澳斯麦特炉也相继建成并投产，2003 年铜陵有色金属公司也采用了澳斯麦特熔炼炉来改造原有的旧工艺。

最初，澳斯麦特炉用耐火材料以各种类型的镁铬砖为主。例如，云冶厂的艾萨炉用耐火材料最初全部为奥镁公司提供的镁铬砖，共22个品种。因此，首先了解澳斯麦特炉用镁铬耐火材料损毁情况。

由图5-7在1500℃炉渣侵蚀镁铬砖试样的显微照片可以发现：在反应带（照片左下方亮白色区域），方镁石被熔蚀，生成MFS；在固溶带（原砖层与反应层中间的过渡层），FeO和砖中的方镁石形成镁铁富氏体（RO相），进而在其中析出$FeO \cdot Fe_2O_3$，RO相间填充有M_2S。在原砖带（照片右上方处），暗黑色的为浑圆状方镁石颗粒。

图5-8为1500℃炉渣侵蚀镁铬砖试样的显微照片，右下方亮白色的反应区域中，炉渣对方镁石的侵蚀十分明显，一些方镁石被熔蚀掉，反应生成灰色或深灰色的M_2S或MFS，颜色稍暗游离状的物相是复合尖晶石，处于显微照片中央，周围是亮白色的被熔蚀掉的方镁石。此外，方镁石被溶解而其中的复合尖晶石相却未被溶解，游离在炉渣和方镁石生成的MFS中，这充分说明复合尖晶石抗炉渣侵蚀性强。

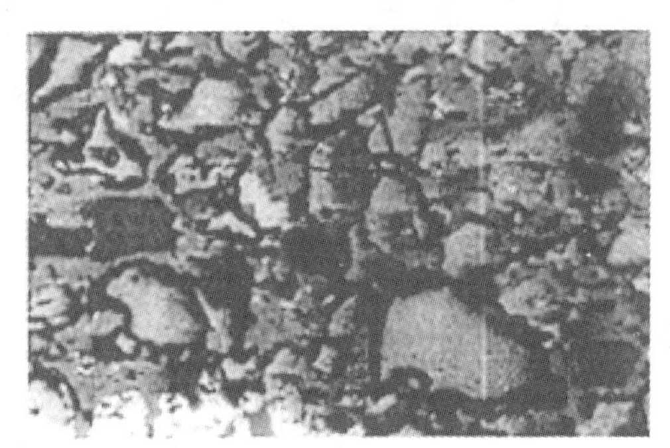

图5-7 1500℃炉渣侵蚀镁铬砖试样的显微照片（250×）

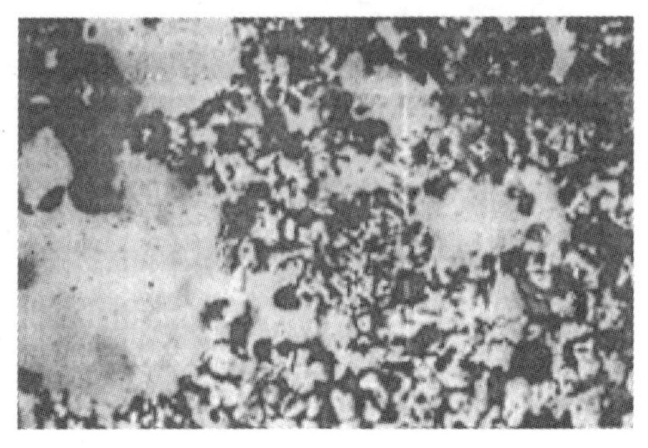

图5-8 1500℃炉渣侵蚀镁铬砖试样的显微照片（125×）

综合上述，炉渣破坏方镁石的过程为：$FeO \cdot SiO_2$系炉渣沿晶界进入方镁石颗粒，FeO进入颗粒中和MgO形成RO相，而SiO_2则熔蚀部分MgO反应生成M_2S填充在晶界之间，使方镁石颗粒结构破坏。

通过以上分析，可以得出如下结论：炉渣对耐火材料的侵蚀主要表现为方镁石的溶解；反应生成物主要为低熔点的镁铁橄榄石[$2(MgO,FeO) \cdot SiO_2$]（MFS）和少量的镁橄榄石[$20MgO \cdot SiO_2$]（M_2S），复合尖晶石表现出良好的抗渣性，复合尖晶石以游离状态存在于方镁石和渣反应形成的橄榄石基质中。

5.2.2 澳斯麦特用镁铬砖问题与原因

近年来我国山西侯马、安徽铜陵以及云南等地的有色金属冶炼厂都引进了顶吹浸没式澳斯麦特熔炼炉与吹炼炉。澳斯麦特炉采用浸没式喷枪顶吹工艺，通过喷枪的风量、氧气量、煤量及枪位调节控制熔体的搅拌强度。熔炼炉熔池深约为4m，熔炼温度约为1200℃，烟气中SO_2浓度约为11%，为连续式生产。侯马冶炼厂熔炼出来的铜锍在澳斯麦特吹炼炉内进行吹炼，吹炼也分为造渣期与造铜期，每炉吹炼时间约为7h，吹炼温度为1300℃左右，烟气中SO_2浓度为14%左右。

在侯马冶炼厂的两台澳斯麦特炉：在熔炼炉与吹炼炉中，炉衬采用相同的镁铬砖，吹炼炉冶炼温度高，炉衬却能挂30mm的渣，炉衬寿命超过6个月；而熔炼炉冶炼温度低，炉衬却挂不上渣，炉衬寿命不到60d。因此，澳斯麦特铜熔炼炉炉衬寿命就制约了整个系统的生产。

为什么澳斯麦特铜熔炼炉炉衬上挂不上渣，而澳斯麦特铜吹炼炉上能挂上渣？如何才能在澳斯麦特铜熔炼炉上挂上渣？我们知道，在有色重金属冶炼中，熔渣的主要成分是FeO与SiO_2。FeO在适当条件下可氧化成Fe_3O_4，Fe_3O_4的熔点为1597℃，因此Fe_3O_4在1200～1300℃会从渣中析出挂在炉衬上形成保护层。在什么条件下FeO才能氧化为Fe_3O_4？

通过热力学计算可知：只有当氧分压大于3.06×10^{-7}kPa时，上述FeO-SiO_2-CaO熔渣中的FeO才能氧化为Fe_3O_4，并从熔渣中析出Fe_3O_4。

铜熔炼的目的是将铜矿中的FeS氧化为FeO使之进入熔渣中，而Cu_2S成为冰铜（Copper Matte）。因此，根据澳斯麦特铜熔炼的工艺参数，可以计算出炉内的氧分压。计算结果表明，在我们讨论的澳斯麦特铜熔炼炉内，氧的分压只有1.28×10^{-8}kPa；显然这一氧分压小于将渣中（FeO）氧化为Fe_3O_4的氧分压3.06×10^{-7}kPa。因此，在我们所讨论的澳斯麦特铜熔炼炉的条件下，是不能析出Fe_3O_4形成保护层的，即在镁铬砖炉衬上是挂不上渣的。澳斯麦特铜吹炼炉炉衬之所以能挂渣，则是因为吹炼炉内氧分压较高。

如果我们能提高铜熔炼炉内的氧分压至3.06×10^{-7}kPa以上，就可以使熔渣中的FeO氧化为Fe_3O_4。但熔炼炉内氧压过高会使冰铜或Cu_2S氧化为Cu_2O（氧压p_{O_2}不要大于8.85×10^{-7}kPa），进入熔渣而造成铜损失。

除了提高澳斯麦特铜熔炼内的氧分压外，还有其他办法吗？

5.2.3 澳斯麦特用铝铬耐火材料的研制

澳斯麦特冶炼技术因具有原料适应性强、环保效果好等特点而广泛应用于各种硫化矿的熔炼以及贵金属的回收。我国山西侯马、安徽铜陵以及云南曲靖等地的有色冶炼厂都引进了该技术。1996年，华铜铜业有限公司（原侯马冶炼厂）着手引进澳斯麦特冶炼技术，2003年全系统基本达产。华铜铜业有限公司澳斯麦特熔炼炉炉衬寿命短是生产初期存在的一个主要问题。陈肇友等人通过热力学计算指出：提高熔炼炉炉内的氧分压或采用铝铬质耐火材料可以提高炉衬的使用寿命，原因是在耐火材料工作面生成了尖晶石保护层。

作者以棕刚玉和工业氧化铬为主要原料，生产出铝铬砖，并在华铜铜业有限公司澳斯麦特熔炼炉渣线部位进行了应用实验。应用结果表明：本文所研制的铝铬砖使用寿命可以达到 1 年以上。为了分析铝铬砖使用寿命高以及损毁的原因，本文采用 EDAX、SEM、XRD 等手段对澳斯麦特铜熔炼炉用铝铬砖进行了分析。

铝铬砖的研制：以电熔棕刚玉和铝铬合成料（粒度均为 <2mm 和 $2\sim5$mm）为骨料，以电熔棕刚玉细粉、铝铬合成料细粉、工业 Cr_2O_3 微粉及添加剂按比例配制共磨获得的混合细粉（粒径小于 0.043mm）为基质料；按骨料和混合细粉的质量比为 6∶4，加入适当的化学结合剂混匀；用 1000t 摩擦压力机成型，砖坯干燥后在 1800℃超高温隧道窑中烧成。按国家标准检测制品的化学组成和部分物理性能，结果见表 5-1。

表 5-1　铝铬砖的化学组成和部分物理性能

检测性能	检测结果	检测性能	检测结果
Al_2O_3 含量/%	83	常温抗压强度/MPa	145
Cr_2O_3 含量/%	14	常温抗折强度/MPa	34
体积密度/$g\cdot cm^{-3}$	3.51	热震稳定性(1100℃,水冷)/次	2
气孔率/%	9.2		

5.2.4　澳斯麦特用铝铬耐火材料的用后分析

制备的铝铬砖砌筑在华铜铜业有限公司澳斯麦特铜熔炼炉熔池渣线部位，熔炼炉熔池深约为 4m，熔炼温度约为 1200℃，使用寿命为 13 个月。

5.2.4.1　用后铝铬砖的外貌

原砖的尺寸为 400mm × 150/120mm × 100mm，用后铝铬砖的尺寸变化不大，约为 230mm × 150/130mm × 100mm。用后铝铬砖的外观如图 5-9 所示。

从用后铝铬砖的外观观察可知：残砖的热面有一层附渣，在距热面约 35mm

图 5-9　用后铝铬砖的外观

和70mm各处有一条平行于热面的裂纹。因此，以两条裂纹为界，可以将用后的铝铬砖沿温度梯度方向划分成三个段带，分别称之为变质层、过渡层以及类原砖层。裂纹的产生可能是由于各层之间的线膨胀系数不同，停窑时在热应力作用下致使砖发生开裂。

将砖沿温度梯度方向切开观察发现，与原砖相比，变质层变得十分致密，过渡层次之，类原砖层变化不大。变质层的致密化是由炉渣渗透填充砖内的开口气孔所致的。

5.2.4.2 XRD 分析

用后铝铬砖各层的XRD分析结果见表5-2。

表5-2 用后铝铬砖各层的XRD分析

物 相	刚 玉	铝铬固溶体	铁铝尖晶石	铁铬尖晶石	硅酸盐相
变质层	++	++++	++	++	++
过渡层	+++	++++	+	+	+
原砖层	++++	++++	–	–	–

注：“–”表示没有检测到该物相；“+”表示可以检测到该物相，“+”越多，表示含量越大。

从表5-2可以看出：与原砖相比，残砖的变质层以及过渡层中均出现了铁铬尖晶石和铁铝尖晶石相。这是因为，澳斯麦特铜熔炼炉炉渣为FeO-SiO_2系炉渣，炉渣中的FeO渗透到铝铬砖中后和砖中的Cr_2O_3、Al_2O_3发生反应生成高熔点的铁铬尖晶石（FeO · Cr_2O_3，熔点为2100℃）和铁铝尖晶石（FeO · Al_2O_3，熔点为1780℃）。这说明，本文研制的铝铬砖在澳斯麦特铜熔炼炉中使用时，可以在热面形成一层致密的保护层，从而提高了材料的抗渣侵蚀性，延长了炉衬的使用寿命。

5.2.4.3 显微结构分析

A EDAX 分析

表5-3为用后铝铬砖的能谱分析。

表5-3 用后铝铬砖的能谱分析

距热面距离/mm	元素含量(质量分数)/%					
	Al	Si	Ca	Ti	Cr	Fe
0	27.51	7.16	2.25	1.77	26.75	18.98
3	30.48	8.19	2.55	2.11	27.53	12.46
7	30.61	8.57	4.54	3.23	28.66	10.88
10	30.83	3.73	2.03	6.92	33.15	10.67
13	28.27	4.14	3.12	3.12	36.60	12.16
15	30.71	2.11	2.86	2.44	40.80	10.83
20	32.28	2.94	3.44	2.06	38.51	9.26
25	28.28	2.07	1.93	3.84	41.51	9.60

续表 5-3

距热面距离/mm	元素含量(质量分数)/%					
	Al	Si	Ca	Ti	Cr	Fe
30	33.55	2.08	1.66	3.68	38.84	5.14
35	31.30	2.56	1.45	2.27	32.95	3.43
40	32.98	1.96	1.34	1.86	31.93	4.49
45	29.01	1.68	1.50	2.42	31.90	4.73
50	34.42	2.88	1.71	2.79	27.60	2.67
55	30.52	2.68	1.72	3.01	30.09	4.94

从表 5-3 可以看出，炉渣中的 FeO 渗透较深，在距热面 25mm 处仍可以检测到较多的 Fe 元素存在；相比之下，炉渣中的 SiO_2 和 CaO 渗透较浅，在距热面 15mm 处炉渣中的 Si、Ca 含量已经趋于稳定。

B SEM 分析

图 5-10 为热面处用后铝铬砖热面的显微结构照片及能谱分析。

由能谱分析可知图 5-10a 中深灰色的物相为刚玉相，刚玉相周围的白色物相

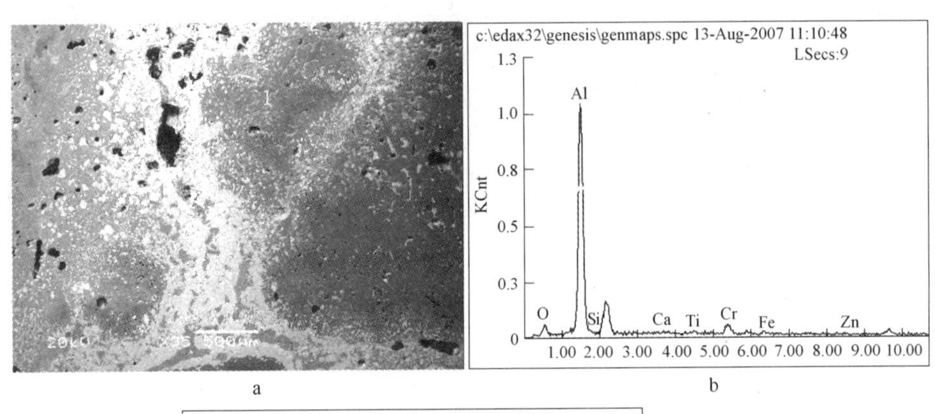

a b

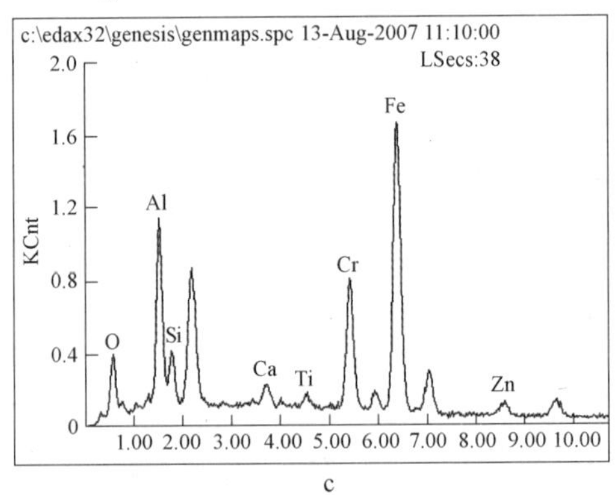

c

图 5-10 热面处用后铝铬砖热面的显微结构照片及能谱分析

a—显微结构照片；b—图 a 中 1 区的能谱；c—图 a 中 2 区的能谱

为铁铬尖晶石相和铁铝尖晶石相。尖晶石相是由炉渣中的 FeO 和砖中的 Cr_2O_3、Al_2O_3 发生反应生成的。

图 5-11 为距热面 7mm 处用后铝铬砖基质部分的显微照片和能谱分析。

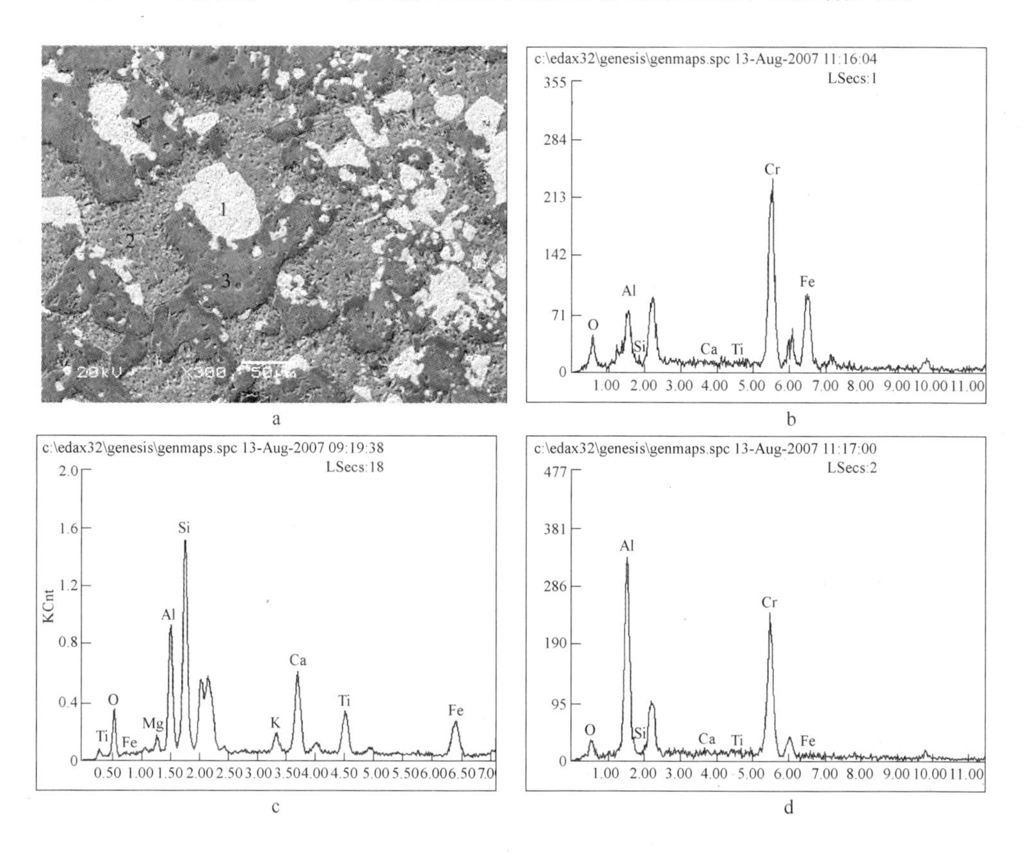

图 5-11 距热面 7mm 处用后铝铬砖基质部分的显微照片和能谱分析

a—显微照片；b—图 a 中 1 区的能谱；c—图 a 中 2 区的能谱；d—图 a 中 3 区的能谱

从图 5-11 中可以看出：基质部分共有三个物相：分别为灰白色的尖晶石相、浅灰色的硅酸盐相以及深灰色的铝铬固溶体。通过能谱分析发现：炉渣中的 SiO_2 和 CaO 渗透到铝铬砖中后，和砖中的 Al_2O_3 发生反应生成低熔点的硅酸盐相（$CaAl_2Si_2O_8$）。

图 5-12 为距热面 25mm 处用后铝铬砖基质部分的显微照片。与图 5-11 比较可以看出：基质中的硅酸盐相明显减少。这说明与 FeO 相比，炉渣中的 SiO_2 和 CaO 渗透深度较浅。

此外，炉渣中还存在少量的铜锍。铜锍对耐火材料的侵蚀主要表现为渗透。图 5-13 为距热面 15mm 处用后铝铬砖的显微照片，图中亮白色物相就是渗透到气孔中的铜锍。

图 5-12　距热面 25mm 处用后铝铬砖基质部分的显微照片

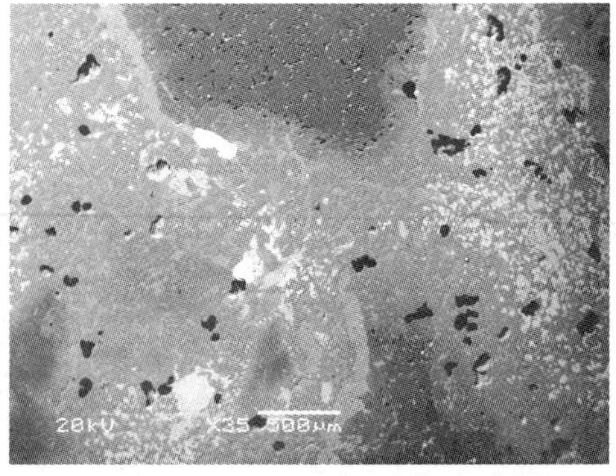

图 5-13　距热面 15mm 处用后铝铬砖的显微照片

图 5-14 为用后铝铬砖类原砖层的显微照片。与图 5-13 比较可知，用后铝铬砖变质层变得比较致密，气孔数量明显减少。这说明炉渣的侵蚀渠道主要为耐火材料中的开口气孔。

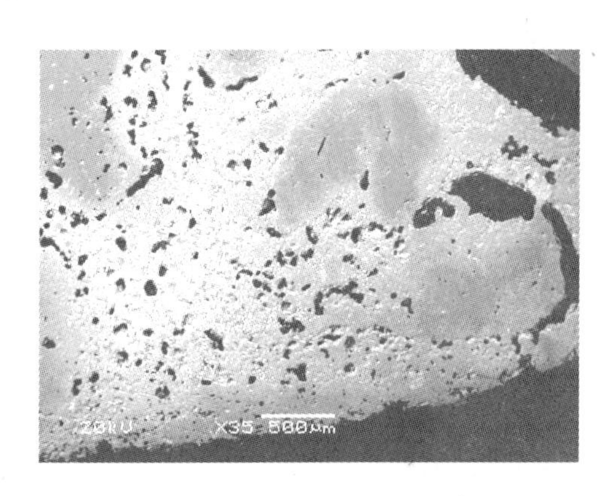

图 5-14　用后铝铬砖类原砖层的显微照片

5.2.4.4　结论

通过对华铜铜业有限公司澳斯麦特熔炼炉用后铝铬砖的分析可以得出以下结论：

（1）炉渣中的 FeO 与砖中的 Cr_2O_3、Al_2O_3 发生反应生成高熔点的 FeO · Cr_2O_3 和 FeO · Al_2O_3。在砖的热面形成一层致密的保护层，从而提高了材料的抗渣侵蚀性，延长了炉衬的使用寿命。

（2）炉渣中的 SiO_2 和 CaO 主要和砖中的 Al_2O_3 发生反应生成低熔点的硅酸

盐相（$CaAl_2Si_2O_8$）。

（3）炉渣的主要侵蚀渠道为耐火材料中的开口气孔。

5.3 镁铬耐火材料在铜自热熔炼炉上的应用

5.3.1 铜自热熔炼炉的概况

金川公司铜自热熔炼炉是用来处理含镍铜精矿的。含镍铜精矿是高镍锍经缓冷和磨浮分选后得到的铜精矿，其成分为：Ni 3.5%，Cu 67% ~69%，Fe 3% ~4%，S 20% ~22%。这种铜精矿含镍高、含铁低、含硫低，不含脉石，不同于天然矿石选出的铜精矿。

金川含镍铜精矿的冶炼工艺，从20世纪60年代借鉴传统的处理一般铜精矿的工艺流程开始，经过多个发展阶段而演变为现行工艺。20世纪90年代初，金川公司采用了从俄罗斯引进的俄罗斯镍设计院和北镍公司联合开发的原本处理镍矿的氧气顶吹自热炉技术与设备经自己改装、研制为处理铜精矿的新技术，建立了我国的新工艺，该工艺于1994年试产成功。

5.3.2 氧气顶吹自热熔炼

5.3.2.1 自热炉生产的工艺特性与技术性能

氧气顶吹自热炉属于熔池熔炼的高效冶炼设备，氧枪为非浸没式氧枪，由炉顶集烟罩上的氧枪口伸入炉膛，将高压工业氧气吹入熔渣层内，使熔体搅动、翻腾。重油经氧枪内特设的导管从枪口喷出，以补充反应热量的不足。炉料不断从集烟罩上的炉料孔加入，炉料进入翻腾的熔池后很快熔化并进行各种物理化学变化。硫化铜因其密度较大而沉入底层，炉渣则浮于上面。

由于鼓入炉内的是氧气，因此烟气二氧化硫浓度高，且连续稳定，经净化后即送往硫酸厂制酸。

自热炉熔炼技术与其他相关技术相比具有以下优点：

（1）熔炼过程中物理化学反应速度快，炉床生产能力高，产量大。

（2）利用工业氧气吹炼，烟气量小，烟气带走的热量少，炉子热损失小，由于实现自燃（补充部分重油），充分利用放热反应的热量，热利用率高，节约大量能源。

（3）烟气中二氧化硫浓度高且连续稳定，有利于制酸。提高了资源综合利用水平，且保护了生态环境。

（4）炉子体积小，结构简单，工程投资小。

（5）对物料要求不严格，可以处理不同粒度和含一定水分的物料。

（6）操作简单、灵活，可连续作业，且能有效地控制产品质量。

因此，自热炉熔炼是一种高效、节能、可连续作业、投资少、烟气可以回收制酸避免环境污染的冶金工艺，是当前世界上处理含镍铜精矿的一项先进的技术。

5.3.2.2 自热炉的结构

自热炉是竖式圆柱形炉型，外形直径为4m，高为7.5m，炉体由炉基、炉底、炉墙、炉顶、放出口组成。主要附属设备有氧气枪、烟气冷却器等。自热炉炉体结构如图5-15所示。

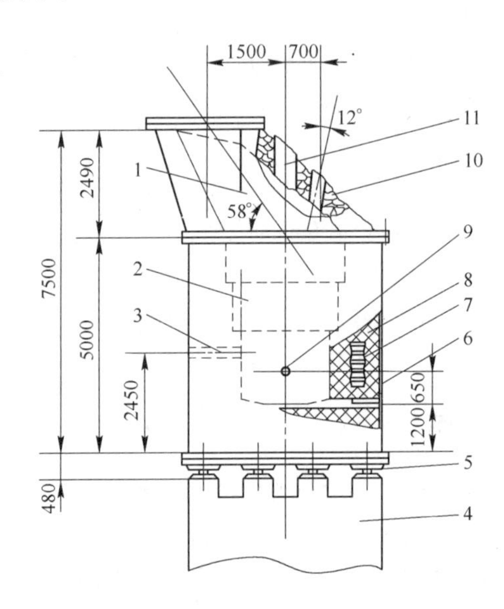

图5-15 自热炉炉体结构

1—炉顶；2—炉体；3—放渣口；4—炉基；5—工字钢；6—放空口；7—冷却水套；8—砌砖体；9—放铜口；10—加料口；11—氧枪口

A 炉基和炉底

炉基是整个炉子的基础，由钢筋混凝土浇灌而成。自热炉正常作业时炉底温度在250℃以上，需要有良好的通风冷却，所以炉基上设有通风道，全部外包耐火砖，其上方架设有工字钢梁，钢梁上铺设有厚度为40mm的钢板，厚钢板上再铺设小型工字钢和钢板。在钢板上砌筑炉底，炉底由镁铬砖砌成，总厚度为1200mm。

B 炉墙

炉墙外壳用20mm钢板围成，炉墙外层砌黏土砖，内层砌铬镁砖。炉墙与外壳之间充填10mm的石棉板和厚约50mm的镁砂。为了延长炉衬的使用寿命，在反应高温区炉墙内设置有水冷铜水套。

C 炉顶

炉顶呈斜锥形，钢质外壳内用铬镁砖砌筑，并附设有氧枪口、加料口，烟气从炉顶排烟口引出，直接与烟气汽化冷却器的进口连接。

D 放出口

自热炉设有放铜口、放渣口、事故放空口，三个放出口作用不同。放铜口距炉底650mm，用于正常生产时放铜；放渣口距炉底1250mm，正常生产时排渣；距炉底0mm的事故放空口，用于发生事故或需要检修时，将炉内熔体放干净。

E 氧枪机

氧枪机主要由氧枪、氧枪机架、左右行走机构和传动机构组成。为了保证生产的顺利进行，氧枪机架上安装有两只氧枪，一只使用，一只备用。为了延长氧枪的使用寿命，氧枪采用强制水冷却。

F 烟气汽化冷却器

在炉顶烟气出口直接安装了烟气汽化冷却器，它实质上是一种小型的烟道余热利用设备。一方面以蒸汽的形式回收利用自热炉烟气的余热，降低烟气温度，以利于电收尘的工作；另一方面烟气冷却器可沉降一部分烟尘并加以回收。

5.3.3 铜自热熔炼炉用耐火材料的研究

对于这种新型熔炼设备用的耐火材料的问题俄罗斯并没有解决，一切需从头开始。为此，在总结已有镁铬耐火材料及镁铝耐火材料应用经验的基础上，提出三个研究方案：硅酸盐结合镁铬砖、直接结合镁铬砖和优质镁铬砖。

5.3.3.1 硅酸盐结合镁铬砖

硅酸盐结合镁铬砖的理化性能见表5-4，本试验用于砌筑炉体和炉顶。几次试验结果表明，使用寿命均在4个月以内，效果甚不理想。这表明此方案不可取。

表5-4 硅酸盐结合镁铬砖的理化性能

化学成分（质量分数）/%	MgO	66.44
	Cr_2O_3	11.84
	Al_2O_3	7.88
	Fe_2O_3	8.01
	CaO	1.79
	SiO_2	3.46
物理性能	显气孔率/%	18
	体积密度/$g \cdot cm^{-3}$	3.02
	耐压强度/MPa	37.8
	荷重软化温度/℃	1670

5.3.3.2 直接结合镁铬砖

直接结合镁铬砖的理化性能列于表5-5。这是一种具有较高抗侵蚀性能和高温强度的材料。使用后寿命有所提高，达到6个月左右，但仍远未达到生产要求。原因在于：炉体部位镁铬砖出现铜的渗透而引起结构剥落；炉顶部位出现热剥落和机械剥落，即机械应力的作用导致耐火材料的断裂。

表5-5 直接结合镁铬砖的理化性能

化学成分(质量分数)/%	MgO	72.02
	Cr_2O_3	13.89
	Al_2O_3	3.58
	Fe_2O_3	7.02
	CaO	1.28
	SiO_2	0.89
物理性能	显气孔率/%	17
	体积密度/$g\cdot cm^{-3}$	3.08
	耐压强度/MPa	52.6
	荷重软化温度/℃	1750

5.3.3.3 优质镁铬砖及炉顶砌筑结构

本项研究从材料及砌筑结构两方面同时进行试验，试验过程和效果具体情况如下。

A 材料的选取

以第3章的高性能镁铬耐火材料的研究结果和上述几次试验的炉况为依据，确定选材原则为：

(1) 炉顶材料的选择原则。热稳定性好，抗SO_2气氛侵蚀性能好，以及高温强度大等。

(2) 炉体材料选择原则。抗锍渗透性强，耐渣、锍、气冲刷性能好，以及高温强度大等。

根据以上原则选取优质镁铬砖为炉体材料，镁铝尖晶石砖为炉顶材料，材料的理化性能列于表5-6。

表5-6 优质镁铬砖的理化性能

性　能		优质镁铬砖	镁铝尖晶石砖
化学成分(质量分数)/%	MgO	60.33	83.83
	Cr_2O_3	21.33	—
	Al_2O_3	5.27	12.69
	Fe_2O_3	10.53	1.01
	CaO	1.18	1.65

续表 5-6

性　能		优质镁铬砖	镁铝尖晶石砖
物理性能	SiO_2	0.96	0.93
	显气孔率/%	16	17
	体积密度/g·cm^{-3}	3.25	3.02
	耐压强度/MPa	57.7	62.3
	荷重软化温度/℃	>1700	>1700
	热震稳定性(1100℃,水冷)/次	7	28

B　炉顶砌筑结构的调整

为了消除由于炉顶砌筑不合理而引起的热应力，在采用优质镁铬砖的同时对砌筑结构进行了调整。

原设计炉顶镁铬砖为平砌拉柱法，砌筑简图如图 5-16 所示。采用该设计砌筑的炉顶在氧枪管及加料管部位掉砖严重，炉顶钢壳烧穿而被迫停炉检修，使用寿命短。

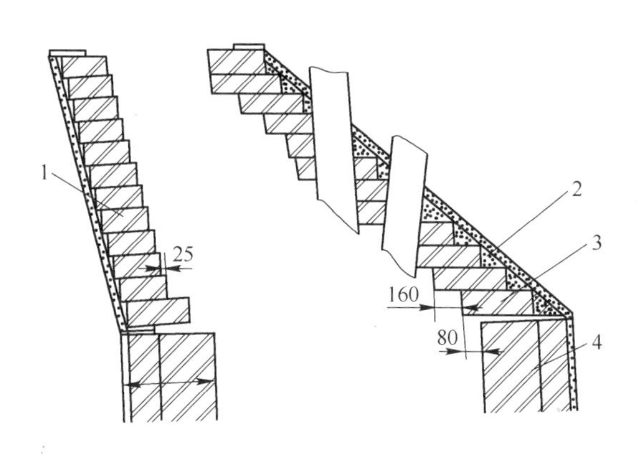

图 5-16　镁铬砖平砌法简图

1，3—预反应镁铬砖；2—镁粉填料；4—直接结合镁铬砖

为此，将原设计的平砌拉柱法改进为垂直炉壁拱形砌筑法。该法以确立消除应力等诸因素为重点，创立了一种独具特色的垂直炉壁拱形砌筑结构，其结构如图 5-17 所示。

C　使用效果

使用结果表明，采用方镁石结合镁铝尖晶石砖垂直炉壁拱形砌筑结构的炉顶共试验 3 次，各次的炉寿命及检修状况见表 5-7。炉顶用方镁石结合镁铝尖晶石砖，炉体仍用镁铬砖。

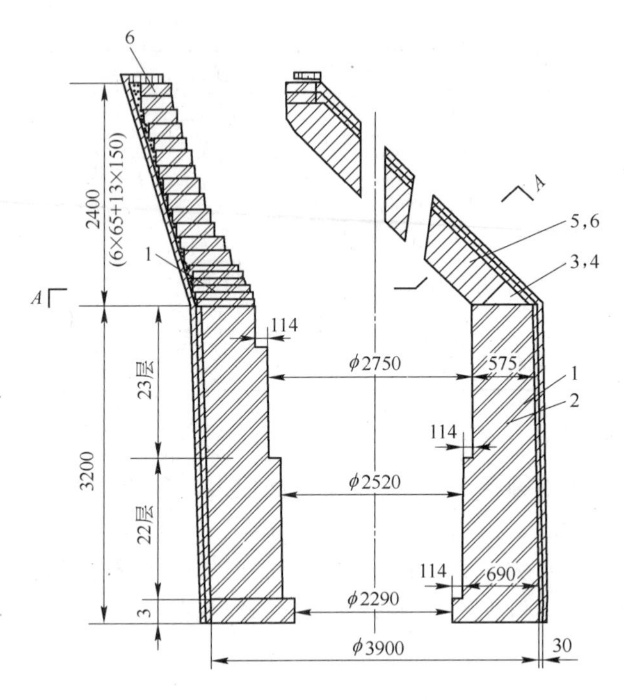

图 5-17　垂直炉壁拱形砌法

1，2—直接结合镁铬砖；3，4—镁铬质三角砖；5，6—预反应镁铬砖

表 5-7　炉寿命及检修状况

修　次	材　质	砖型/mm × mm × mm	寿命/月	检修原因概略
1	镁铝 镁铬	460 × 150 × 85/65 460 × 150 × 85/50 异型砖 300 × 150 × 75/65	4	年检计划提前，炉顶尚可继续使用
2	镁铝 镁铬	460 × 150 × 85/65 460 × 150 × 85/50 异型砖 300 × 150 × 75/65	6	炉身、炉顶烧蚀情况不明，为了确保下半年的生产，停炉检修
3	镁铝 镁铬	460 × 150 × 85/65 460 × 150 × 85/50 异型砖 300 × 150 × 75/65	9	炉身烧蚀严重，停炉检修

第一次：使用砖型为：460mm×150mm×85/65mm；460mm×150mm×85/50mm；异型砖；300mm×150mm×75/65mm。使用4个月后因年度检修而提前中修。此次测得几个关键点的残砖状况如下：

（1）加料管、氧枪管之间及周边区域残砖长约在250~280mm，仍为炉顶最薄弱的区域；

（2）炉顶其他部位砖的蚀损尺寸约为100~200mm；

（3）炉顶砖的渣化层厚度在30mm以内；

（4）炉顶内衬结有50mm左右的渣壳，这是以前从未发现的良好现象。

第二次：使用的砖型与第一次相同。使用6个月后因工厂为了确保下半年生产强行停炉检修。对炉身、炉顶的烧蚀情况不明。

第三次：使用砖型与第一次相同。使用9个月后停炉检修。停炉后，对残砖进行了检查和分析，得知：

（1）观察到炉顶内表面的结渣层较之前两次更厚，达到了100mm以上，而砖的渣化层厚度仍在30mm之内。

（2）方镁石结合镁铝尖晶石砖较之反应镁铬砖更能适应自热炉顶部的使用环境，具有更优异的表现：镁铝砖的抗浓SO_2烟气及熔渣的冲刷和侵蚀能力强，渣化层薄；高温性能优越，能形成覆盖整个拱顶内表面的渣壳，渣壳厚度可达100mm；常温强度高，高温结构稳定性好，荷重软化温度高等性能成功地解决了加料管、氧枪管周边等易损区域寿命过低的难题。

（3）从残砖断面分析可见，炉顶部易损部位在9个月的生产过程中，蚀损尺寸为290mm，残余长度为160mm以上。按32mm/月的平均蚀损速度（290/9=32mm/月）推算，结合到炉顶衬层初期易损、中后期蚀损慢的特点，考虑1996年2月中修后曾因原料短缺而停炉保温半个月的不利影响，可以预测，该炉的实际使用寿命可达到16个月以上。

5.3.4 结论

通过多次生产试验证明，方镁石结合镁铝尖晶石砖和垂直炉壁拱形砌筑结构的使用，已成功地解决了自热炉投产以来一度存在的炉顶损坏快、炉衬寿命短的难题，使炉顶的使用寿命由起初的不足两个月提高到目前的16个月以上，并且，炉顶、炉身部位的检修不同步的难题也随之得以解决，彻底改变了该炉需一年检修5~6次的状况，为生产创造了有利的时间条件。

6 镁铬耐火材料在转炉上的应用

****

如前所述，火法炼铜生产过程中，从铜锍到粗铜的冶炼过程绝大部分是在转炉中进行的，目前世界各国多采用大中型卧式碱性转炉，也称 Pierce-Smith 转炉，简称为 P-S 转炉。因具有工艺方法简单，操作容易、效率高等特点，因而被长期广泛应用于铜锍的吹炼过程中。本章将结合转炉用耐火材料的热场分布结果，详细讨论转炉用镁铬耐火材料及其损毁机理。

6.1 铜冶炼用 P-S 转炉及其吹炼工艺

铜精矿造锍熔炼所获得的铜锍是一种中间产品，其主要成分是 Cu_2S、FeS、FeO、Fe_3O_4，并含有少量的 Pb、Zn、Ni、Co、As、Bi、Sb 等元素的硫化物以及金、银和铂族金属。吹炼的任务是将铜锍吹炼成含铜 98.5% ~99.5%（质量分数）的粗铜。在吹炼过程中，铜锍中的铁被氧化后进入炉渣，硫以 SO_2 的形式进入烟气，贵金属如金、银、铂、钯以及硒、碲等元素进入粗铜。

传统的吹炼过程由造渣期和造铜期两个阶段组成，烟气含 SO_2 达5% ~15%。加入的铜锍温度一般约为1100℃，由于吹炼时发生的主要是铁、硫及其杂质的氧化反应以及 FeO 与石英的造渣反应，放出的热量足以抵偿作业中热损耗并使体系温度升至1150 ~1300℃，因此整个吹炼过程是自热进行的，为了防止熔体温度过高并充分利用反应热，通常需加入冷料。

转炉有多种类型，炼铜一般采用卧式碱性转炉，也称 Pierce-Smith 转炉，简称为 P-S 转炉，它是铜锍吹炼的主要设备，具有操作简单、效率高等特点。目前，约有 80% 以上的铜锍是在这种设备中吹炼的。

P-S 转炉内衬主要为镁铬耐火材料，内衬的易损部位主要是风口及风口区、炉口和端墙等部位。尤其是风口及风口区，使用条件最为苛刻，也是最易损的部位。解决风口及风口区用耐火材料的使用寿命，既可以降低整个转炉炉衬的蚀损，也可以大幅度地提高转炉炉龄。转炉用耐火材料的消耗在重有色金属的火法冶金中所占比例最大，所以解决转炉用耐火材料的使用寿命不仅可以大幅度地降低消耗，还可以充分挖掘吹炼的生产潜力，解决好此问题具有显著的社会效益和经济效益。本章重点研究国内最大转炉 ϕ4m ×11.7m 和最常用的 ϕ3.66m ×7.7m 两种转炉用耐火材料。ϕ4m ×11.7m 转炉的结构示意图如图6-1所示。

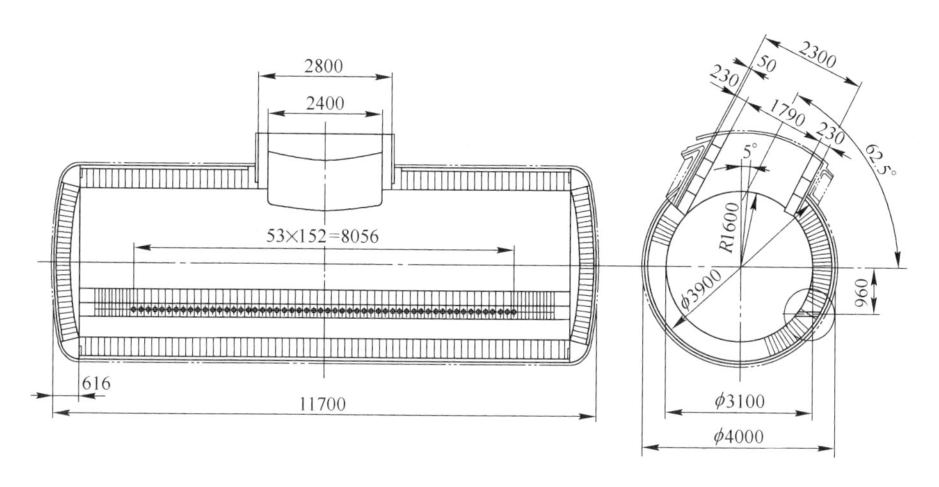

图 6-1 ϕ4m×11.7m 转炉结构示意图

6.2 P-S 铜转炉熔体、炉衬温度场计算模型

6.2.1 引言

在有色冶炼中，耐火材料消耗量最大的是炼铜与炼镍转炉。炼铜转炉炉衬寿命低，尤以风口及风口区耐火材料损毁最为严重，其寿命仅为转炉其他部位耐火材料寿命的1/3，已成为铜冶炼生产过程中的薄弱环节，特别是随着闪速炉、反射炉的大型化、高效化，转炉也采用了捅风眼机、富氧吹炼等新技术，使冶炼过程强化，大大提高了转炉的生产能力。但与此同时，也带来了新问题——炉衬整体寿命大大下降。

在造渣和造铜过程中，熔体温度随鼓风强度和吹炼时间而变化。各吹炼期内熔体温度的变化将引起铜、锍和炉渣组成变化及黏度变化。因此冶炼过程中高温熔渣、铜锍和气氛等对炉衬溶解、侵蚀和渗透是复杂的损毁过程。由于吹炼是间歇性过程，炉衬温度处于频繁的变化中，尤其是倒出熔体后转炉内衬温度骤然降低，以及加入铜锍刚开始造渣时，炉内温度突然升高，使靠近内壁的炉衬产生很大的温度梯度，高温区发生热膨胀，低温区相对收缩，造成局部应力集中，促使炉衬产生裂纹，从而导致耐火材料的热剥落和结构剥落。而风口区及炉口区受影响最大，热剥落和结构剥落十分明显。温度变化也将引起熔体对耐火材料腐蚀性能的变化及熔体组成变化本身带来的侵蚀，温度变化的第三个作用是气氛的变化及其对耐火材料侵蚀性能的变化，以及对耐火材料结构破坏作用的变化。因此，准确地分析计算熔体的温度变化和炉衬温度场分布，具有至关重要的作用。不同吹炼过程炉衬温度和熔体温度依靠实际测量显然很难实现，因此铜锍过程热场仿真为研究耐火材料损毁和优化配置提供了合理的理论依据。

6.2.2 铜转炉铜锍吹炼热过程分析

虽然不同冶炼厂家，由于转炉炉型、尺寸及铜锍品位不同，其吹炼操作有所区别，但其吹炼原理是一样的，都是通过将空气或富氧空气鼓入转炉，搅拌炉内的熔体，并与之进行物理化学反应。

由闪速炉和电炉产出的铜锍，以熔体状态注入转炉中，与加入的适量石英熔剂进行造渣反应，完成吹炼。尽管鼓入的空气在熔体中停留的时间十分短暂，但氧的利用率很高，常达90% ~95%，使炉内的硫化物发生强烈氧化反应。铜锍吹炼中主要发生的化学反应有三类：熔融硫化物的氧化、硫化物与氧化物之间的相互反应和造渣反应。

$$\frac{2}{3}FeS(l) + O_2 = \frac{2}{3}FeO(l) + \frac{2}{3}SO_2$$

$$\Delta G^{\ominus} = -303557 + 52.71T \tag{6-1}$$

$$\frac{2}{3}Cu_2S(l) + O_2 = \frac{2}{3}Cu_2O(l) + \frac{2}{3}SO_2$$

$$\Delta G^{\ominus} = -268194 + 81.17T \tag{6-2}$$

$$FeS(l) + 2FeO = 3Fe(l) + SO_2$$

$$\Delta G^{\ominus} = 258864 - 69.32T \tag{6-3}$$

$$FeS(l) + Cu_2O = Cu_2S(l) + FeO$$

$$\Delta G^{\ominus} = -105437 - 85.48T \tag{6-4}$$

$$Cu_2S(l) + 2Cu_2O(l) = 6Cu + SO_2$$

$$\Delta G^{\ominus} = 35982 - 58.87T \tag{6-5}$$

$$2FeO(l) + SiO_2(s) = 2FeO \cdot SiO_2(s)$$

$$\Delta G^{\ominus} = -99064 - 24.79T \tag{6-6}$$

$$3Fe_3O_4(s) + FeS(s) + 5SiO_2(l) = 5(2FeO \cdot SiO_2)(s) + SO_2$$

$$\Delta G^{\ominus} = 519397 - 352.13T \tag{6-7}$$

从上述反应中可以得知，当空气和铜锍作用时，FeS 最易被氧化，其氧化产物 FeO 进而与 SiO_2 作用生成炉渣。反应式 6-3 的 $\Delta G^{\ominus}$值为较大的正数，表明在吹炼温度下，不可能生成金属铁；反应式 6-4 的 $\Delta G^{\ominus}$值为最大的负值，表明有 FeS 存在时，Cu_2O 不可能稳定存在，必然被硫化成 Cu_2S。只有 FeS 完全氧化除去后，反应式 6-5 才可能向生成铜的方向进行，这正是铜锍吹炼分周期进行并命名为造渣期和造铜期的热力学依据。

6.2.3 铜转炉炉衬、炉口区和炉口区热场仿真

转炉内的传热现象很复杂，转炉炉衬热场计算是复杂过程，包括熔体、烟

气、空气与炉壳内表面及炉衬内部、炉壳外表面与外部环境之间的传热，涉及传导、对流和辐射三种形式，但炉衬及熔体间的传热及烟气与炉衬间的传热占主要部分。各种传热遵循能量守恒定律，如式 6-8 所示：

$$\frac{\partial}{\partial t}(c_p\rho T) = \frac{\partial}{\partial x}(c_p\rho uT) + \frac{\partial}{\partial y}(c_p\rho uT) + \frac{\partial}{\partial z}(c_p\rho uT) + \frac{\partial}{\partial x}\left(\lambda \frac{\partial T}{\partial x}\right) + \frac{\partial}{\partial y}\left(\lambda \frac{\partial T}{\partial y}\right) + \frac{\partial}{\partial z}\left(\lambda \frac{\partial T}{\partial z}\right) + q \tag{6-8}$$

式中　q——内热源强度，W/m³；

ρ——介质密度，kg/m³；

u——介质流速，m/s；

c_p——等压热容，J/(kg · K)；

t——时间，s；

T——温度，K；

λ——热导率，W/(m · K)。

对于转炉炉衬，因无内热源，且模型中假定流体介质与器壁之间的流速为零，为稳态导热，则导热方程可简化为：

$$\frac{\partial^2 T}{\partial x^2} + \frac{\partial^2 T}{\partial y^2} + \frac{\partial^2 T}{\partial z^2} = 0 \tag{6-9}$$

热流在炉衬风口切面（图 6-2）呈轴向均匀分布，故只计算炉衬的二维温度场。为计算其温度分布，将炉衬分为风口区、炉口区、气相区和熔体浸没区。各个分区边界之间为绝热条件。

计算中涉及的传热系数包括：炉衬的热导率 λ_1、填料的热导率 λ_2、转炉外壳热导率 λ_3 和烟气的热导率 λ_4，空气-风口界面的传热系数 α_1、熔体-炉衬壳内表面的传热系数 α_2、烟气-转炉内衬的传热系数 α_3 和空气-炉壳外表面的传热系数 α_4。

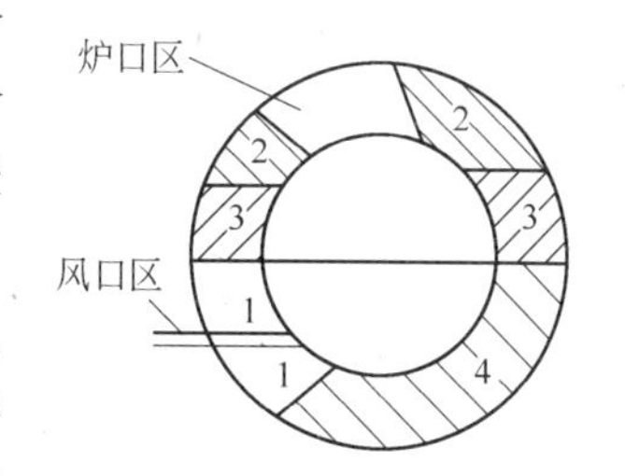

图 6-2　转炉炉衬分区图
1—风口区；2—炉口区；
3—气相区；4—熔体区

6.2.4　有关参数和边界条件的确定

6.2.4.1　有关计算参数的确定

计算中转炉的主要尺寸参数：炉壳内径为 ϕ4m；炉体长度为 11.7m；耐火材料厚（炉身）为 400mm；耐火材料厚（两端）为 350mm。

计算模型模拟的铜锍吹炼过程中铜锍品位为 64% ~72%，S_1 期加入铜量为 140 ~180t，S_2 期加入铜量为 60 ~100t。在整个研究过程中，为了更好地理解转炉炉衬在不同吹炼条件下的工作状况，作者研究了下述内容，并选用了有关计算参数。

（1）鼓风强度的确定。本项内容将模拟计算造渣期、造铜期不同阶段炉衬、风口区和炉口的温度场以及稳定吹炼时鼓风强度对熔体温度的影响。根据贵溪冶炼厂操作经验，我们选取稳定吹炼时的四种鼓风强度为计算参数，其风量（标准状态）分别为 $28000m^3/h$、$32000m^3/h$、$36000m^3/h$、$40000m^3/h$。

（2）停风时间对熔体温度的影响。在此项研究中，我们计算三种情况下停风时间对风口区和炉口区的温度分布的影响。其具体参数为：1）B_1 至 B_2 期间的停风时间为50min；2）B_2 至 S_1 期间的停风时间为150min；3）S_1 至 S_2 期间的停风时间为90min。

（3）炉口面积大小对炉内熔体温度的影响。我们选用造渣期和造铜期的风量（标准状态）分别为 $28000m^3/h$、$32000m^3/h$、$36000m^3/h$、$40000m^3/h$ 时，炉口面积分别为 $1.4m \times 1.9m$、$1.8m \times 2.3m$、$2.3m \times 2.7m$ 进行研究。

6.2.4.2 初始温度的设定

计算中选用各吹炼时段的初始温度如下：

（1）造渣期初始温度。根据实际测量，造渣期初始温度值取值见表6-1。

表6-1 造渣期初始温度

不同情况	熔体表面温度/℃	炉壳温度/℃	烟气温度/℃
加铜锍前	900	160	600
加铜锍后	1120	260	900
出渣时	1300	300	1200

在造渣期不同风量稳定吹炼时，初始温度值选取见表6-2。

表6-2 造渣期不同风量时初始温度

不同风量(标准状态)/$m^3 \cdot h^{-1}$	熔体表面温度/℃	炉壳温度/℃	烟气温度/℃
28000	1230	290	1150
32000	1250	300	1190
36000	1280	310	1230
40000	1310	300	1280

（2）造铜期初始温度。根据实际测量，造铜期初始温度值取值见表6-3。

表6-3 造铜期初始温度

不同情况	熔体表面温度/℃	炉壳温度/℃	烟气温度/℃
开始吹炼时	1060	260	970
倒铜时	1200	280	1000

在造铜期不同风量稳定吹炼时，初始温度取值见表6-4。

表6-4 造铜期不同风量时初始温度

不同风量(标准状态)/$m^3 \cdot h^{-1}$	熔体表面温度/℃	炉壳温度/℃	烟气温度/℃
28000	1140	230	1060
32000	1190	240	1100
36000	1200	280	1110
40000	1260	290	1200

6.2.4.3 边界条件确定

对转炉炉衬的温度场分布进行计算时，采用传热学计算的第三类边界条件，假定熔体温度为已知，烟气温度比熔体温度低100℃，鼓风的入口温度为60℃。虽然熔体温度随时间在不断变化，但是对于炉衬热表面节点，只需很短的时间即可接近熔体温度，故近似认为热表面温度即为熔体温度。各部位的导热系数计算值见表6-5。

表6-5 转炉炉衬中的热导率和传热系数

热导率/$W \cdot (m \cdot K)^{-1}$				传热系数/$W \cdot (m^2 \cdot K)^{-1}$			
λ_1	λ_2	λ_3	λ_4	α_1	α_2	α_3	α_4
$1.1(1+0.9\times10^{-3}t)$	1	60	S1 0.1163 S2 0.1279 B 0.1512	31.75	1463.26	169.20	3.33

注：S_1为造渣一期；S_2为造渣二期；B为造铜期。

6.2.5 温度场仿真结果

风口区与炉口区坐标示意图如图6-3所示。

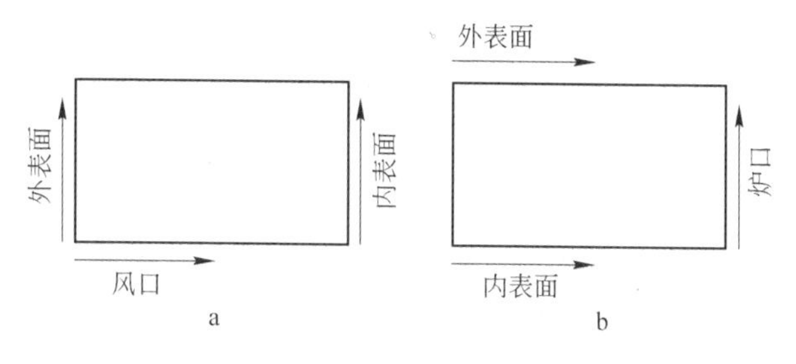

图6-3 风口区与炉口区示意图

a—风口区；b—炉口区

6.2.5.1 造渣期

加铜锍前炉衬温度分布仿真结果如图6-4～图6-6所示。

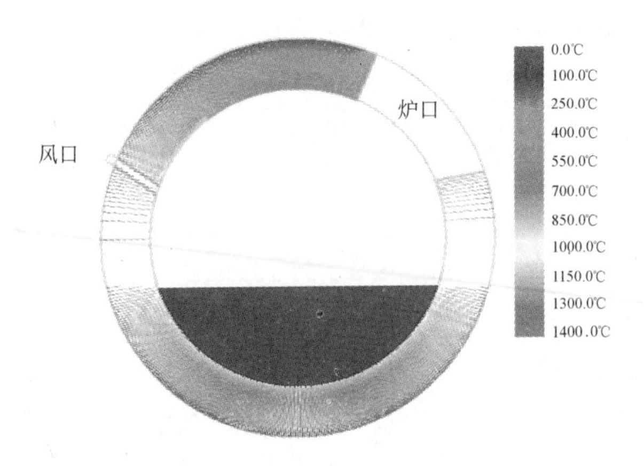

图 6-4　加铜锍前炼铜转炉炉衬温度分布图

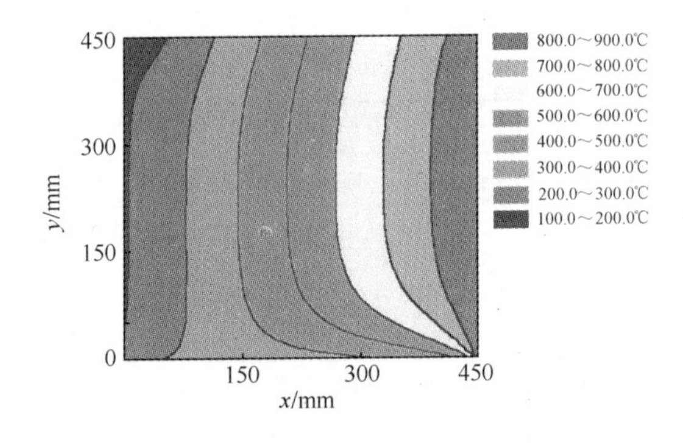

图 6-5　加铜锍前风口区温度分布

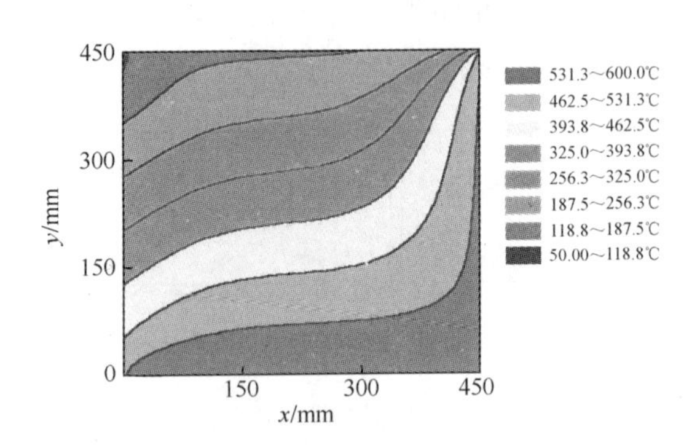

图 6-6　加铜锍前炉口区温度分布

加铜锍后炉衬温度分布仿真结果如图 6-7 ~ 图 6-9 所示。

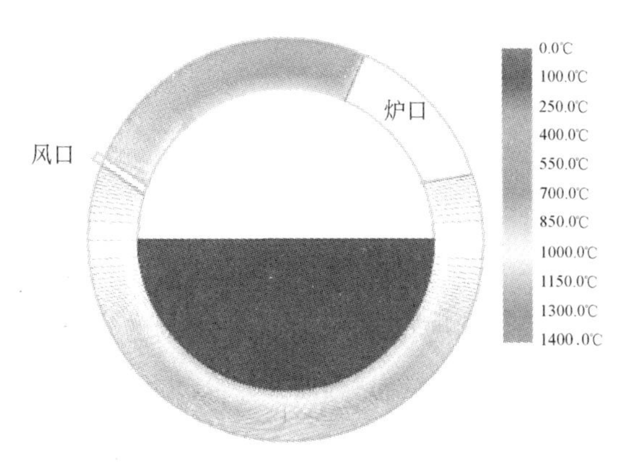

图 6-7　加铜锍后炼铜转炉炉衬温度分布图

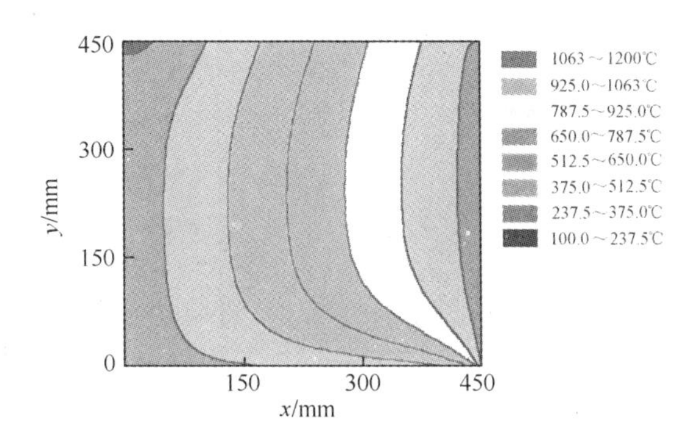

图 6-8　加铜锍后风口区温度分布

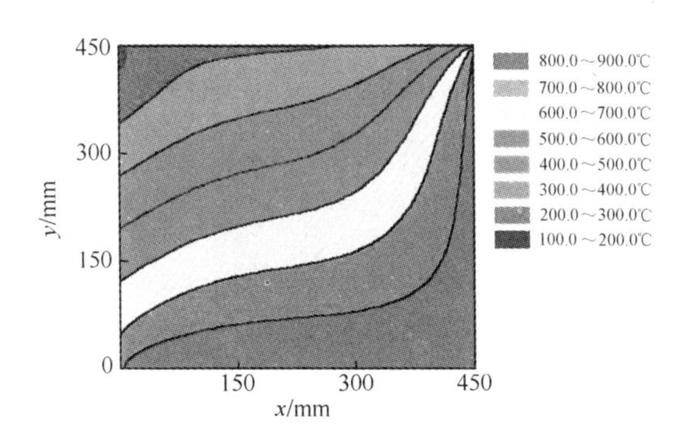

图 6-9　加铜锍后炉口区温度分布

出渣时炉衬温度分布仿真结果如图 6-10 ~ 图 6-12 所示。

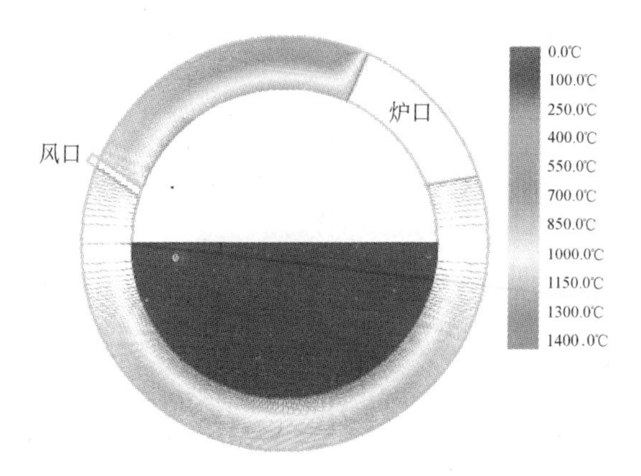

图 6-10 出渣时炼铜转炉炉衬温度分布图

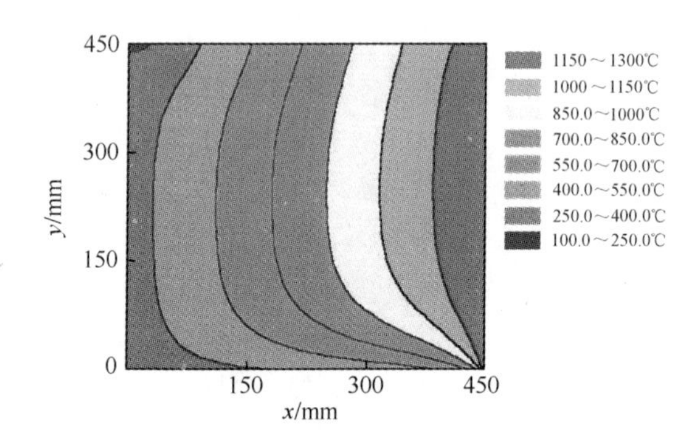

图 6-11 出渣时风口区温度分布

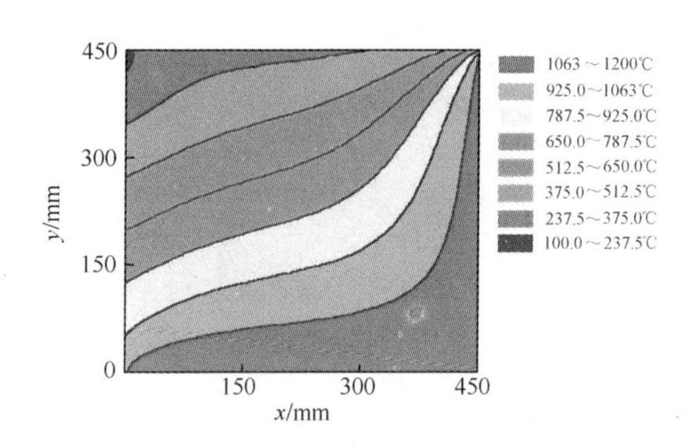

图 6-12 出渣时炉口区温度分布

风量（标准状态）为 32000m^3/h 时炉衬温度分布仿真结果如图 6-13 ~ 图 6-15所示。

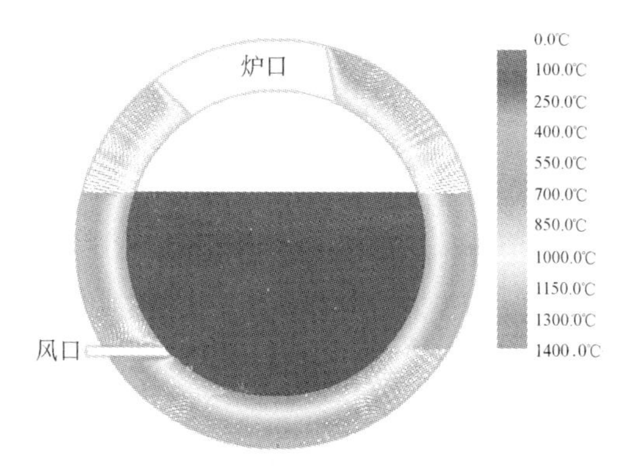

图 6-13 风量为 32000m³/h 炼铜转炉炉衬温度分布图

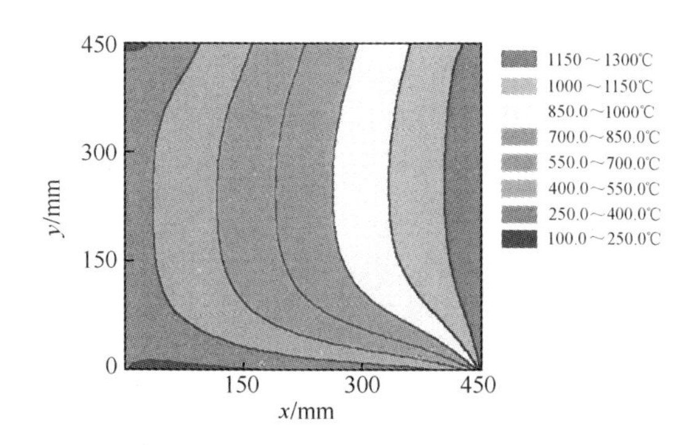

图 6-14 风量为 32000m³/h 风口区温度分布

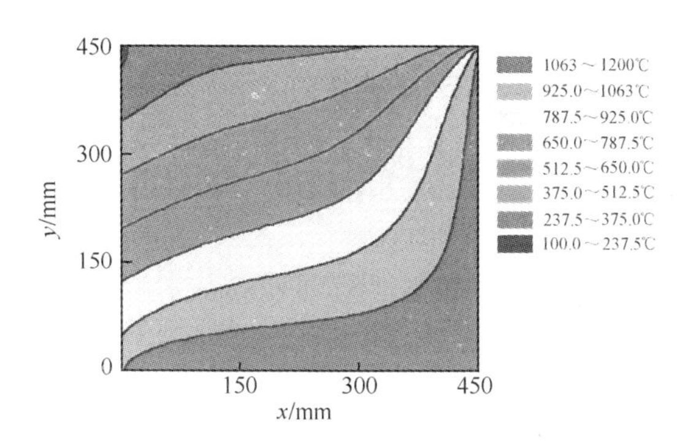

图 6-15 风量为 32000m³/h 炉口区温度分布

6.2.5.2 造铜期

开始吹炼时炉衬温度分布仿真结果如图 6-16 ~ 图 6-18 所示。

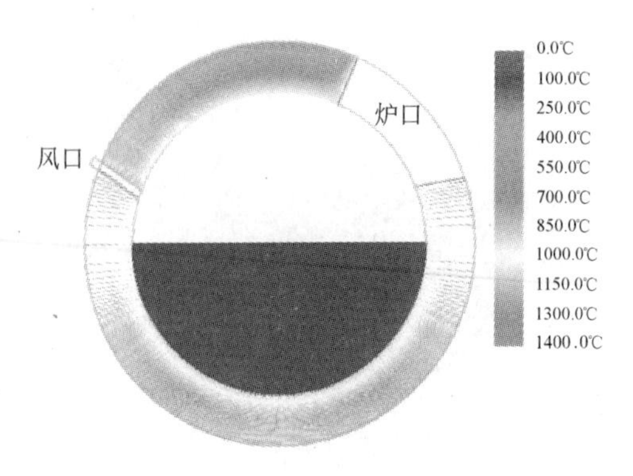

图 6-16 开始吹炼时炼铜转炉炉衬温度分布图

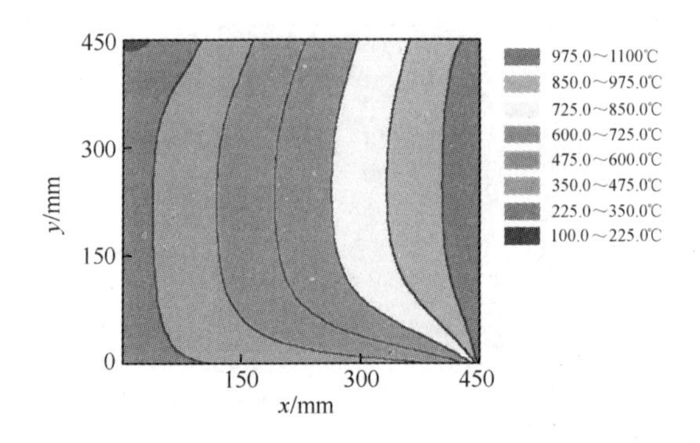

图 6-17 开始吹炼时风口区温度分布

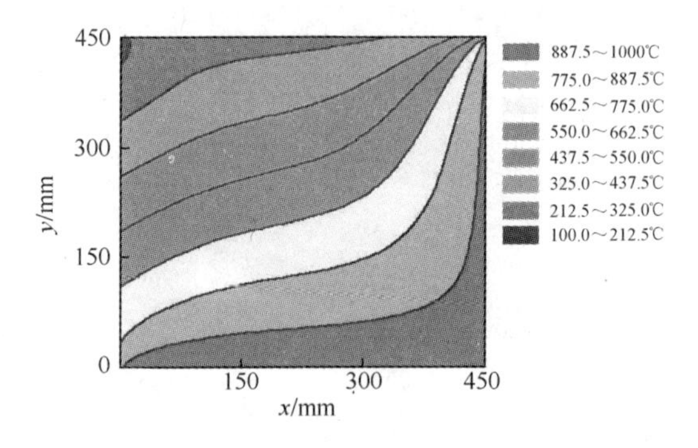

图 6-18 开始吹炼时炉口区温度分布

倒铜时炉衬温度分布仿真结果如图 6-19 ~ 图 6-21 所示。

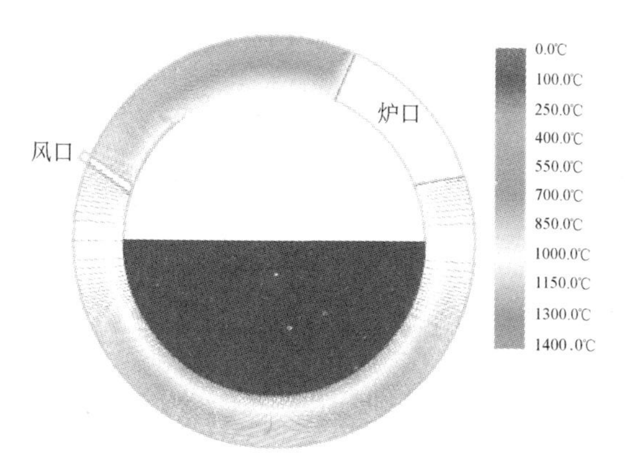

图 6-19 倒铜时炼铜转炉炉衬温度分布图

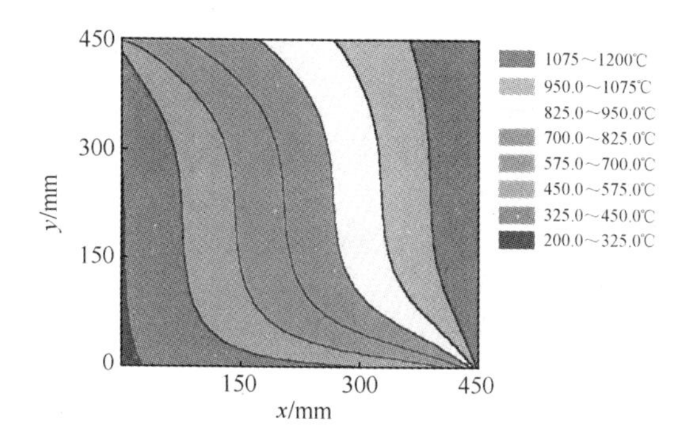

图 6-20 倒铜时风口区温度分布

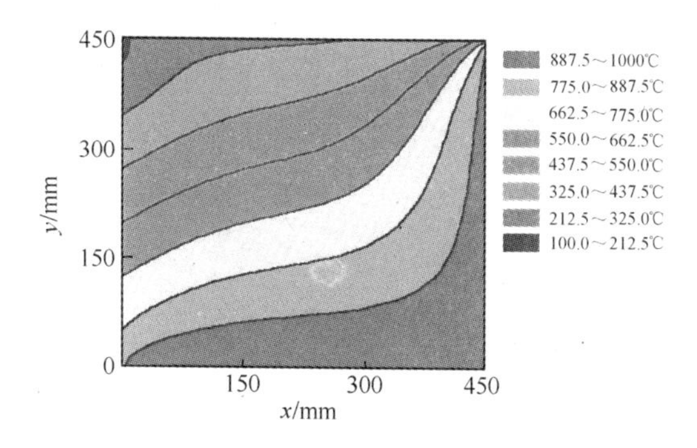

图 6-21 倒铜时炉口区温度分布

风量（标准状态）为 32000m^3/h 时炉衬温度分布仿真结果如图 6-22 ~ 图6-24 所示。

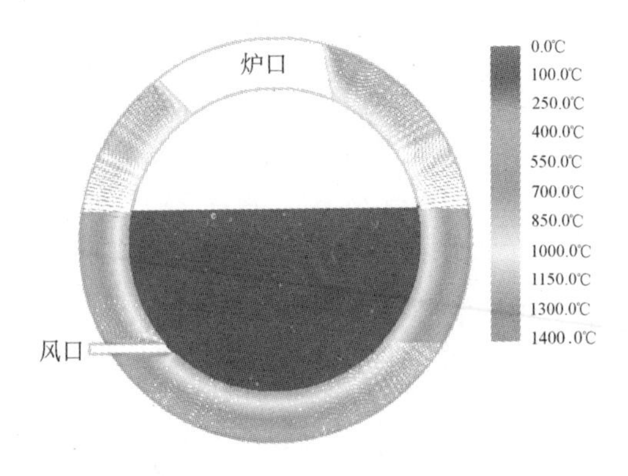

图 6-22　风量为 32000m^3/h 炼铜转炉炉衬温度分布图

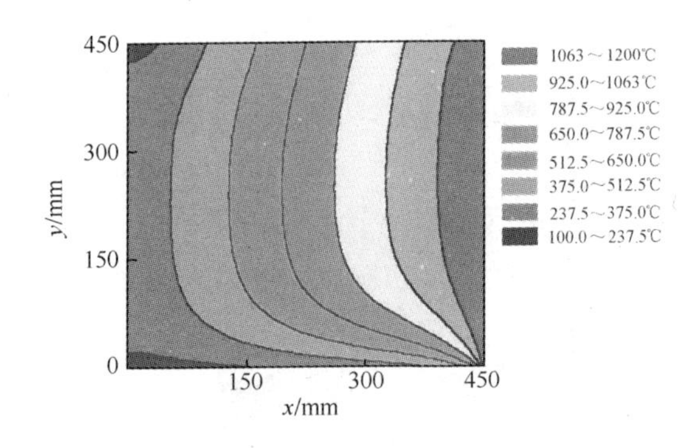

图 6-23　风量为 32000m^3/h 风口区温度分布

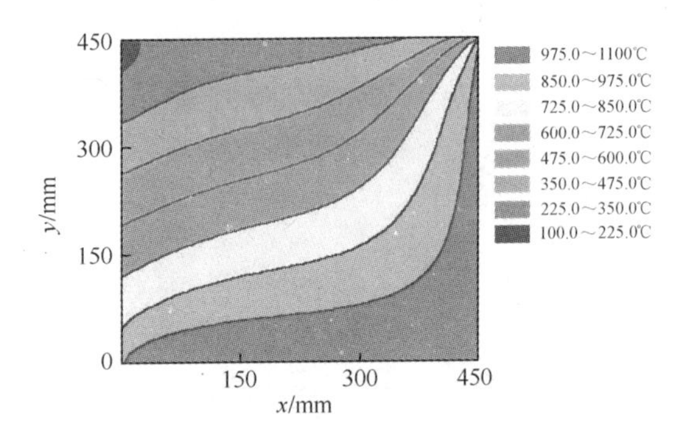

图 6-24　风量为 32000m^3/h 炉口区温度分布

6.2.6　体系温度计算模型

温度计算模型是在过程能量守恒的基础上建立的，即在某一时段内：

新加物料带入的总能量 + 开始时体系的总能量 =

结束时体系的总能量 + 体系向外的总散热 (6-10)

吹炼过程实际上是一个利用反应热补偿体系向外散热并使体系温度升高的过程。以往的计算一般采用静态方法，即先假设体系始末态的组成，而后根据始末态组元的摩尔量的变化来计算各反应的反应热，然后由总反应热减去体系的散热，以求取时段内体系的净热收入，再基于各相的比热来计算体系末态的温度。这种方法不能描述温度的变化过程，也不能反映操作参数变化对温度的影响，另外在计算各相比热时往往选用经验数据，不能反映相组成变化引起的各相比热的变化，同时，在计算反应热时还必须追踪各反应的进度，因此计算流程复杂，结构不清晰。为了克服这些不足并动态计算体系温度，我们将各组元的能量分为显热能和化学能两部分，取基准温度为 298K，根据能量守恒原理，可依照下式建立模型：

（新加物料总显热能 + 新加物料总化学热）+（时段初总显热能 + 时段初总化学能）

=（时段末总显热能 + 时段末总化学能）+ 时段内体系总散热 (6-11)

新加物料带入的总能量：

$$E_{新加物料} = E_{铜锍} + E_{新加熔剂} + E_{冷料} + E_{鼓入气体}$$

新加物料包括：（1）铜锍；（2）石英熔剂；（3）冷料；（4）鼓入气体。

时段初体系的总能量。时段初体系的总能量由时段初炉内各种物料带入的能量以及时段初炉衬带入的显热两部分组成。因此时段初体系的总能量为：

$$E_{初,总} = E_{初,锍} + E_{初,渣} + E_{未熔熔剂,初} + E_{未熔冷料,初} + E_{饱和,初} + E_{炉衬,初} \tag{6-12}$$

时段内炉体的热散失。在该模型内，时段内炉体的热散失主要包括炉体的外壁散热和炉口散热。炉体外壁散热以辐射、对流方式为主，炉口的散热则以烟气携热和辐射散热为主。外壁分为端墙和筒体两部分。

时段末体系的总能量。时段末体系包含熔锍、熔渣、烟气，若存在饱和相或未熔化的物料，则还需将其包含在内。因此时段末体系的总能量为：

$$E_{末,总} = E_{末,锍} + E_{末,渣} + E_{未熔熔剂,末} + E_{未熔冷料,末} + E_{饱和,末} + E_{炉衬,末} + E_{烟气,末} \tag{6-13}$$

体系温度计算。根据能量守恒定理，有：

$$E_{新加冷料} + E_{初,总} = Q_{损} + E_{末,总} \tag{6-14}$$

其中：

$$E_{新加物料} = E_{新锍} + E_{新加熔剂} + E_{鼓风} + E_{新加冷料}$$

$$E_{初,总} = E_{初,锍} + E_{初,渣} + E_{未熔熔剂,初} + E_{未熔冷料,初} + E_{饱和,初} + E_{炉衬,初}$$

$$Q_{损} = Q_{炉口,辐} + Q_{炉壳,对流} + Q_{炉壳,辐}$$

$$E_{末,总} = E_{末,锍} + E_{末,渣} + E_{未熔熔剂,末} + E_{未熔冷料,末} + E_{饱和,末} + E_{炉衬,末}$$

时段内体系温度计算简要流程图如图6-25所示。吹炼过程体系温度计算基本过程如图6-26所示。

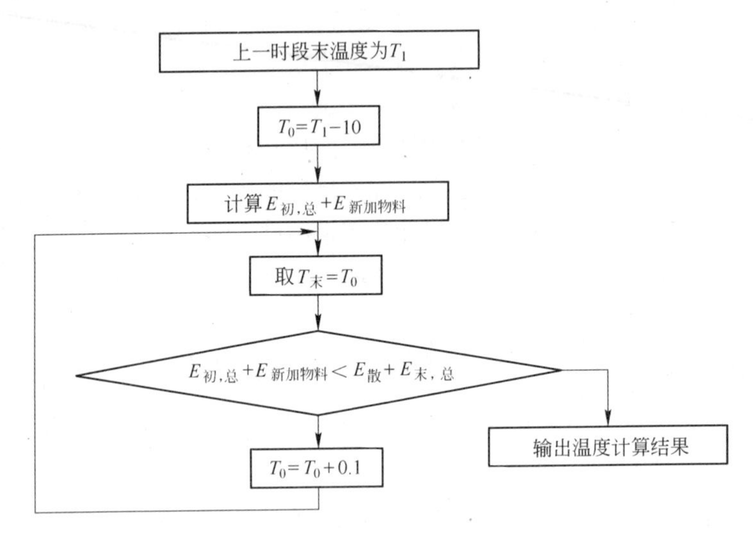

图6-25　体系温度计算流程图

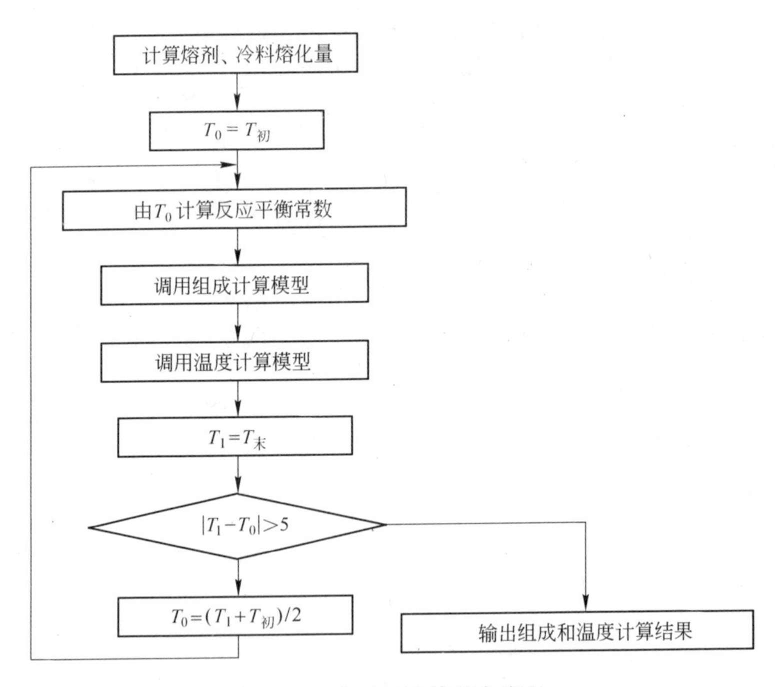

图6-26　各时段计算基本流程

2000年3月1日~12日利用型号为KS-602的一次性热电偶每隔5min对熔体温度进行测量，选取一组最完整的数据与计算值进行比较，造渣期风量（标准状态）为32000m³/h时熔体温度计算值与实测值比较图如图6-27所示。

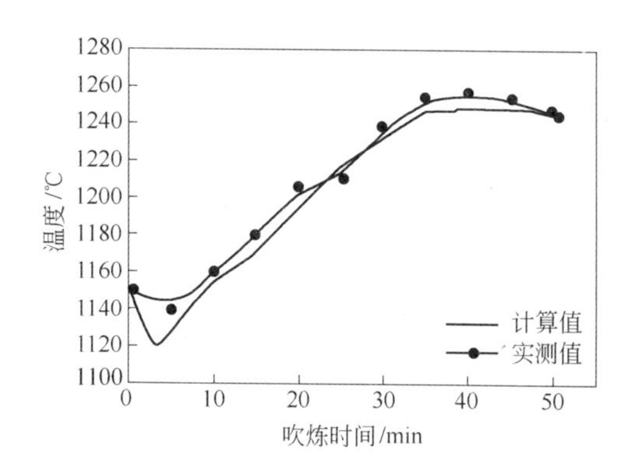

图6-27 风口区温度计算值与实测值比较图

由数值模拟结果可以看出，风口区温度的计算值与实测值吻合得很好。熔体温度仿真结果：(1) 不同吹炼阶段鼓风强度对熔体温度的影响见6.4节；(2) 炉口尺寸对熔体温度的影响见6.7节。

6.2.7 小结

在给定边界条件和计算参数下，利用铜锍吹炼用热场仿真的计算模型和相应的计算程序，得到吹炼过程各阶段铜转炉炉衬、风口区炉衬和炉口区炉衬的温度分布及变化，熔体温度随吹炼过程和工艺条件变化的仿真结果。再现铜转炉镁铬耐火材料在铜锍吹炼过程中的使用环境，为研究镁铬耐火材料热机械损毁（热剥落和结构剥落）及熔渣侵蚀和铜锍渗透等提供了理论分析依据，也为优化耐火材料性能提出更为合理的建议。

6.3 炼铜转炉用耐火材料的热机械损毁

炼铜工业消耗耐火材料量比较大，每年大约使用25000t耐火材料，而且铜生产商对耐火材料寿命要求日益严格，因此，有必要对炼铜工业用耐火材料损毁机理进行研究。本章将结合转炉用耐火材料的热场分布结果，详细讨论镁铬耐火材料的热应力损毁。

在转炉吹炼过程中，由于反复加料、吹炼、排渣以及炉次之间的停歇，造成炉内温度特别是风口区、炉口区温度波动大，且波动频繁，再加上熔体的剧烈冲刷，炉衬耐火材料的工作环境十分恶劣。

耐火材料是一种非均质的脆性材料，其弱点是韧性和热震稳定性差。在转炉这样的间歇式操作状态下，承受着周期性的温度变化，因而很容易引起热剥落和结构剥落，从而导致炉衬寿命降低。因此，这就要求耐火材料工作者要对耐火材料的工作环境（尤其是温度场）有比较全面系统的了解。

6.3.1 转炉耐火内衬的温度分布及变化

在6.2节中，我们曾详细讨论了转炉热场仿真的基本理论，建立了转炉热场仿真理论边界条件，并对贵溪 ϕ4.7m×11.7m 转炉进行了数值模拟计算。本部分将根据铜锍吹炼过程仿真结果，分析造渣期、造铜期、间歇时炉体、风口和炉口温度分布和变化情况，研究转炉镁铬耐火材料的损毁。

6.3.1.1 吹炼期间炉衬热表面的温度变化

由于熔体与炉衬热面直接接触，加上熔体处于强烈的搅拌状态（尤其是在风口区内），可以认为炉衬热面的温度与熔体的温度相同，所以对于吹炼期间熔体温度变化的仿真结果可以用于分析炉衬热面的温度变化情况。

根据熔体温度仿真结果和炉衬温度场的仿真结果，做出吹炼期间转炉耐火材料风口区和炉口区热面的温度变化图，如图6-28～图6-35所示。鼓风量为标准状态下的鼓风量。

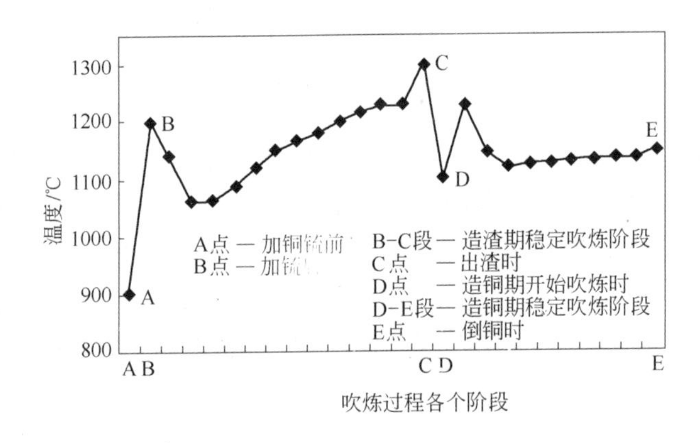

图6-28 吹炼期间风口区炉衬热面温度变化

（稳定吹炼时鼓风量为28000m³/h）

从图6-28～图6-35可以看出：

（1）加铜锍前炉衬热面温度较低，风口区炉衬热面最高温度在900℃左右，炉口区炉衬热面最高温度在600℃以下；加铜锍后，炉衬热面温度显著升高，风口区炉衬热面最高温度达1000～1200℃之间，前后温差高达400℃；炉口区炉衬热面最高温度在800℃以上，前后温差高达200℃以上，这主要是由铜锍加入带来的热量所致的。

（2）从加锍前后风口区的温度分布可以看出，加锍前后热面温差高达300℃

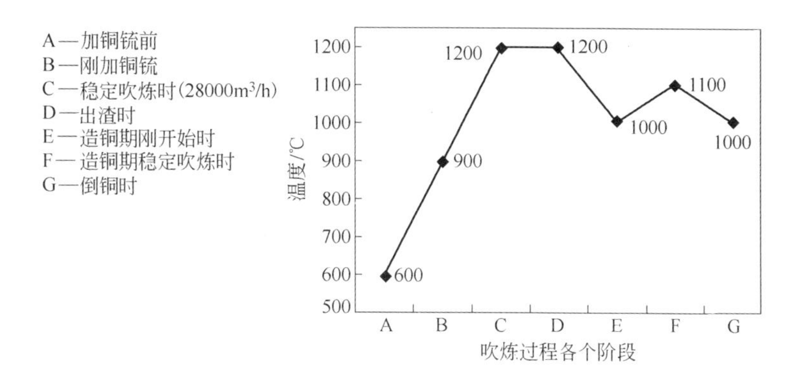

图 6-29 吹炼期间炉口区炉衬热面温度变化

(稳定吹炼时鼓风量为 $28000m^3/h$)

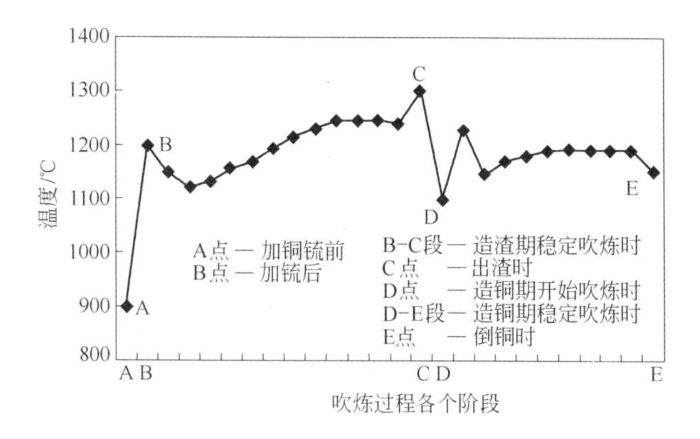

图 6-30 吹炼期间风口区炉衬热面温度变化

(稳定吹炼时鼓风量为 $32000m^3/h$)

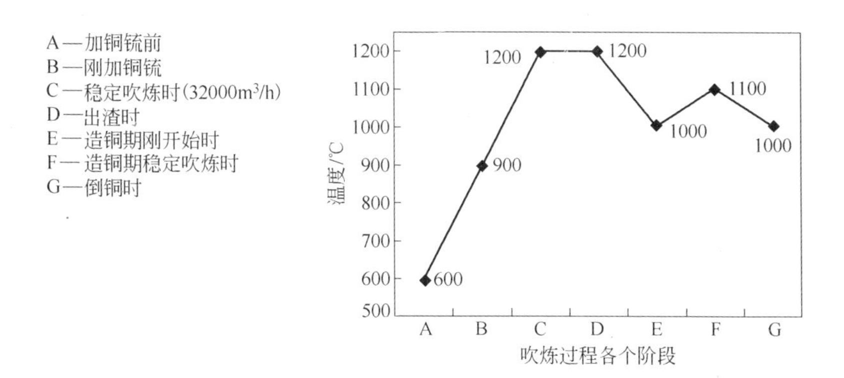

图 6-31 吹炼期间炉口区炉衬热面温度变化

(稳定吹炼时鼓风量为 $32000m^3/h$)

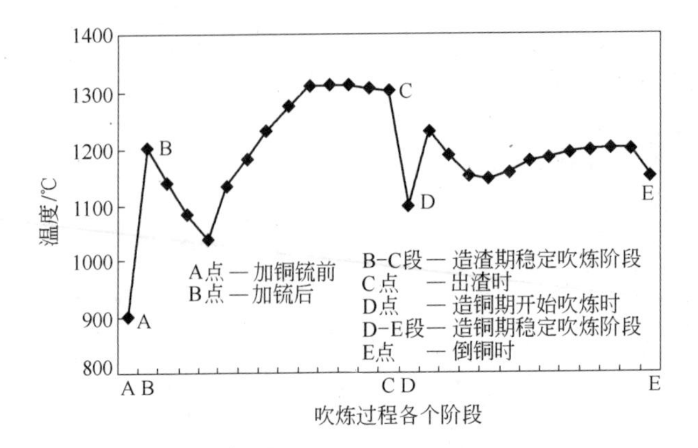

图 6-32 吹炼期间风口区炉衬热面温度变化

（稳定吹炼时鼓风量为 36000m^3/h）

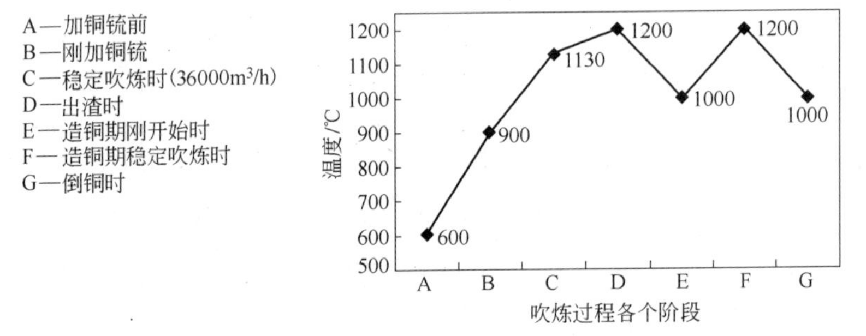

图 6-33 吹炼期间炉口区炉衬热面温度变化

（稳定吹炼时鼓风量为 36000m^3/h）

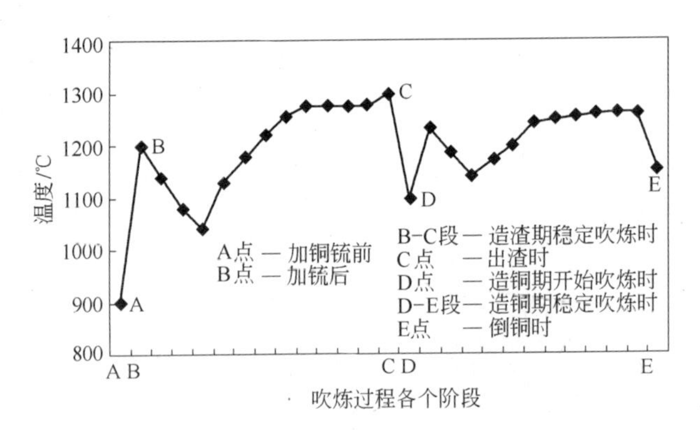

图 6-34 吹炼期间风口区炉衬热面温度变化

（稳定吹炼时鼓风量为 40000m^3/h）

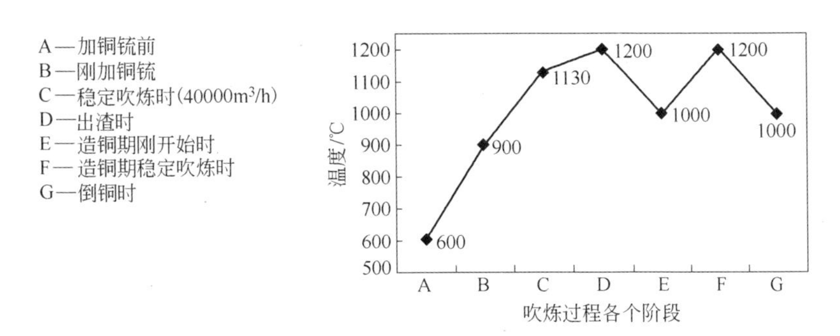

图 6-35 吹炼期间炉口区炉衬热面温度变化

（稳定吹炼时鼓风量为 40000m^3/h）

以上。在大多数情况下，砌体中制品的热膨胀仅仅局限于两个轴线方向上，因此砌体内部的最大应力可按下式计算：

$$p = E\alpha\Delta T/(1-\mu) \tag{6-15}$$

式中，E 为弹性模量；α 为线膨胀系数；μ 为泊松比。

当式 6-15 中 ΔT = 300℃时，对于镁铬质耐火材料来说，该应力可达到 50 ~ 80MPa。这一数值已经远远超过了镁铬耐火材料的抗折强度，与其耐压强度相当。根据热弹性理论，当热应力超过镁铬耐火材料的强度时，材料中即会出现新的裂纹，裂纹一经出现，熔体中黏度低、流动性好的铜锍便会沿耐火材料中的新生成的裂纹渗透并充满裂纹。当温度波动时，渗透到裂纹中的熔体产生体积变化，所产生的应力导致裂纹进一步扩展，最终使耐火材料逐片剥落下来。

（3）从整个吹炼过程的炉衬热面温度变化图中可以得知，加锍前后风口区和炉口区的温度波动比较剧烈，温差高达 300℃以上；出渣前后温差相对较小，大约为 200℃。因此，我们可以判断，加锍前后的温度波动所引起的破坏比出渣时严重；但出渣时温度变化产生热机械应力仍是风口区和炉口区耐火材料损毁的主要原因之一。

（4）随着鼓风量的增大，风口区和炉口区的温度逐渐升高。在一定的铜锍加入量下，当标准状态下的鼓风量超过一定限度（大于 36000m^3/h）时，由于废气带走的热量过多，炉衬温度下降，因此，在操作过程中不能一味地强调“高温大风”，要根据实际情况采用合理的风料比。

（5）从造铜期炉衬温度场的仿真结果可以看出，造铜期炉衬温度比造渣期的炉衬温度低，因此，在造渣期由热应力所引起的损毁大于造铜期。

6.3.1.2 风口区和炉口区炉衬的温度时变速率

由仿真结果计算得出的风口区和炉口区炉衬的温度时变速率如图 6-36 所示。从图 6-36 中可以看出，随着距热面（0mm 处）距离的增加，温度时变速率逐渐减小，其中在距热面 30mm 内耐火材料的温度时变速率最大，高达 30 ~ 40℃/min。这表明炉衬的热剥落损毁是从热面往冷端，逐层逐渐进行的。而且随着炉衬变薄，耐火材料的热场分布发生变化，准确地讲，是沿耐火材料砌体厚度方向的温度梯度将会增大。对用后镁铬耐火材料的分析发现，沿温度梯度减小的方向上，每隔几十毫米就可观察到平行于热面的微裂纹的存在，这些微裂纹中已经渗满了铜锍。

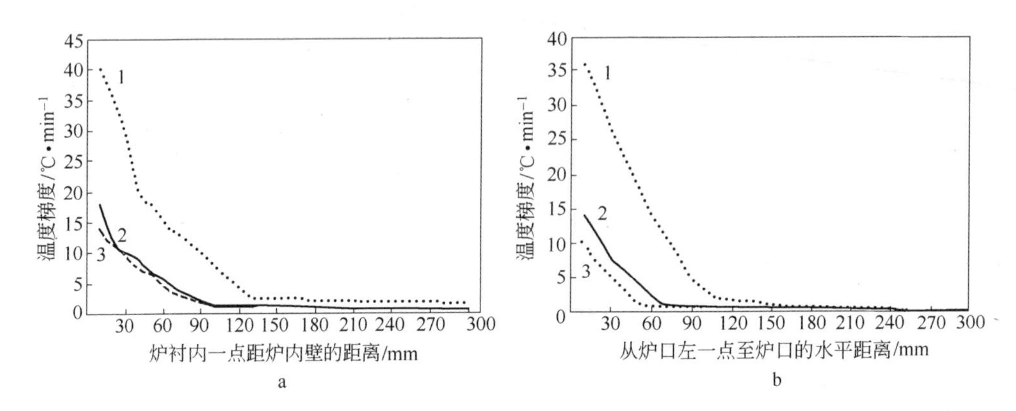

图 6-36　风口区（a）炉口区（b）温度时变速率

1—刚加入冰铜时；2—造渣期刚开始；3—造铜期刚开始

从三个不同阶段的温度时变速率中可以推知，加铜锍前后的温度时变速率最大，这表明，该阶段对耐火材料的损毁作用居三者之首。

6.3.2　停风时间对炉衬温度的影响

为了分析停风时间对炉衬温度的影响，选取 8 个点进行温度场的模拟，如图 6-37 所示。

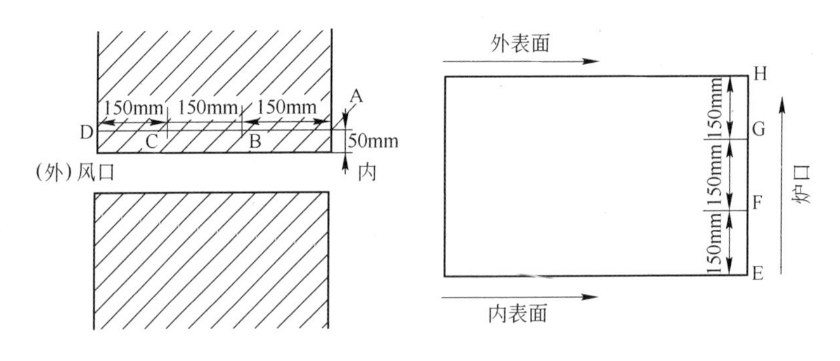

图 6-37　热场计算中取点位置的示意图

其中风口上 50mm 处炉衬水平方向取了 4 个点：A 为内表面，B 为 150mm

处，C 为 300mm 处，D 为外表面。炉口左炉衬边缘垂直方向取了 4 个点：E 为内表面，F 为 150mm 处，G 为 300mm 处，H 为外表面。下面的分析讨论按三种停风时间进行。B_1 为造铜一期，B_2 为造铜二期，S_1 为造渣一期，S_2 为造渣二期。

（1）B_1 至 B_2 期间的停风时间——50min。假设造铜一期至造铜二期的停风时间为 50min，利用仿真原理对风口区和炉口区的温度变化进行仿真，结果如图 6-38 所示。

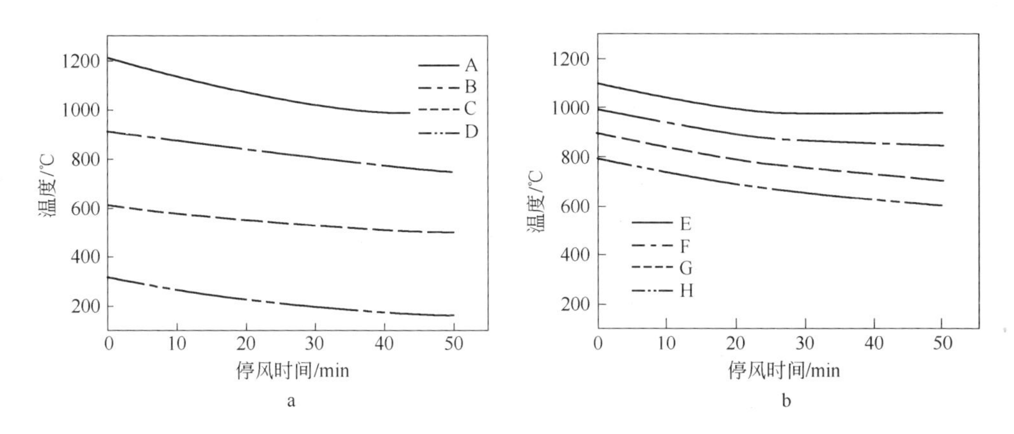

图 6-38 B_1 至 B_2 期间风口区（a）、炉口区（b）炉衬温度随停风时间变化的关系图

从图 6-38 中可以看出：B_1 至 B_2 期间，停风时间对风口区温度分布的影响大于对炉口区的影响；停风时间对风口区内表面和外表面的炉衬温度分布影响最大，温差在 200 ~ 300℃之间。

（2）B_2 至 S_1 期间的停风时间——150min。假设造铜二期至造渣一期的停风时间为 150min，利用仿真原理对风口区和炉口区的温度变化进行仿真，结果如图 6-39 所示。

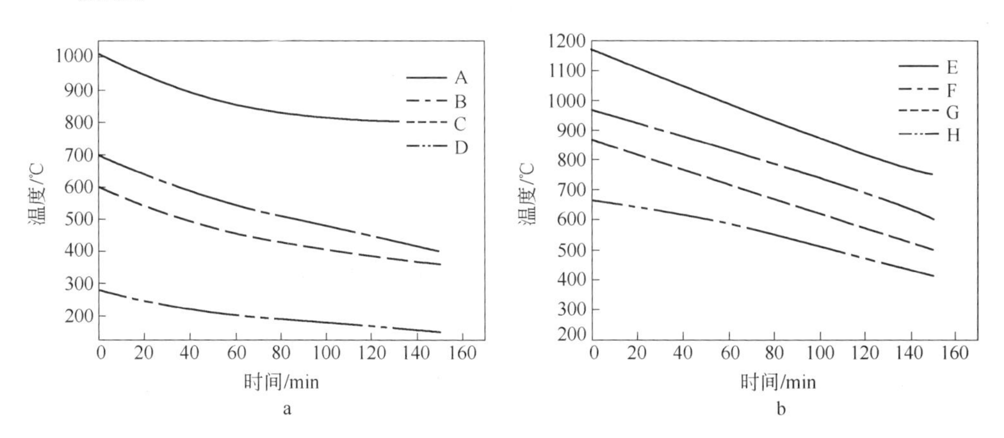

图 6-39 B_2 至 S_1 期间风口区（a）、炉口区（b）炉衬温度随停风时间变化的关系图

从图 6-39 中可以看出，B_2 至 S_1 期间，停风时间对炉口区温度分布影响大于风口区；停风时间对风口区内表面 150mm 处的炉衬温度分布影响最大，温差高达 300℃；炉口区各个部位的温差均较大，最大温差范围为 300 ~ 400℃。

（3）S_1 至 S_2 期间的停风时间——90min。假设造渣一期至造渣二期的停风时间为 90min，利用仿真原理对风口区和炉口区的温度变化进行仿真，结果如图 6-40所示。

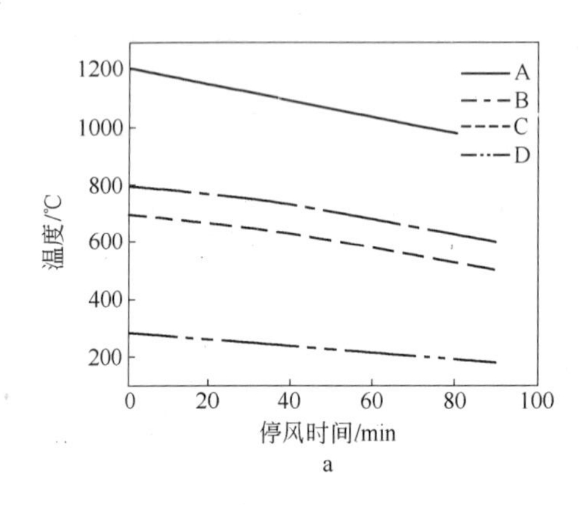

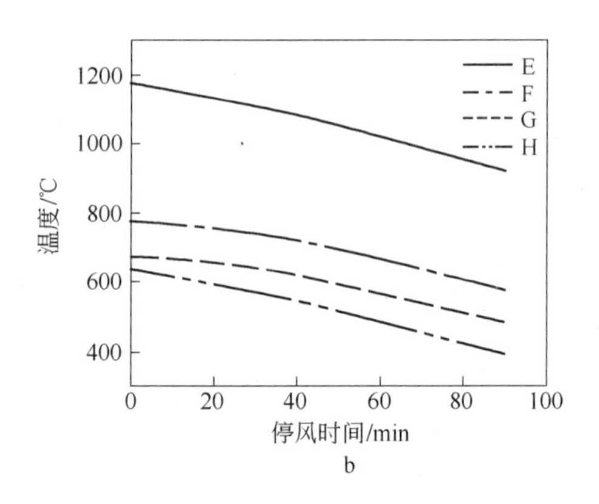

图 6-40　S_1 至 S_2 期间风口区（a）、炉口区（b）炉衬温度随停风时间变化的关系图

从图 6-40 中可以看出，S_1 至 S_2 期间，停风时间对炉口区温度分布影响和对风口区的影响相差不大，在三个不同阶段中，S_1 至 S_2 期间停风时间对风口区和炉口区内表面的炉衬温度分布影响最大，最大温差高达 300℃，温差范围为200 ~ 300℃。

从图 6-38 ~ 图 6-40 中可以看出，停风时间对炉衬温度的影响显而易见，停风时间越短，炉衬的温度波动越小；随着停风时间的延长，风口区和炉口区温度梯度呈升高趋势变化。镁铬耐火材料的热震稳定性差，因此，缩短停风时间在一定程度上能够缓解因温差而引起的热应力，提高炉衬寿命。

6.3.3　镁铬耐火材料热机械损毁基础理论

耐火材料在使用过程中，经常会受到环境温度的急剧变化作用，导致制品产生裂纹，最终剥落甚至崩溃。此种破坏作用不仅限制了制品和窑炉的加热和冷却速度，限制了窑炉操作的强化，并且是制品、窑炉损坏较快的主要原因之一。

6.3.3.1　耐火材料的热震稳定性

耐火材料抵抗温度的急剧变化而不被破坏的性能称为热震稳定性，此种性能也称为抗热震性或温度急变性。

材料随着温度的升降，会产生膨胀或收缩。如果此膨胀或收缩受到约束不能自由发展时，材料内部会产生应力。此种由于材料的热膨胀或收缩而引起的内应力称为热应力。热应力不仅在具有机械约束的条件下产生，而且均质材料中出现温度梯度时也会产生。非均质固体中各相之间的线膨胀系数的差别，甚至单相多晶体中线膨胀系数的各向异性，都是产生热应力的根源。

耐火材料是非均质的脆性材料，与金属制品相比，由于它的线膨胀系数较大，热导率和弹性较小，以及抗张强度低等，受热应力而不破坏的能力差，导致其抗热震性较低。材料的热震破坏可分为两大类：一类是瞬时断裂，称为热冲击断裂；另一类是在热冲击循环作用下，先出现开裂，剥落，然后碎裂和变质，终至整体破坏，称为热震损伤。对于脆性耐火材料抗热震性的评价源于两种观点。一种是基于热弹性理论，以热应力 σ_H 和材料的固有强度 σ_F 之间的平衡条件作为热震破坏的判据：

$$\sigma_H \geqslant \sigma_F \tag{6-16}$$

当材料固有强度不足以抵抗热震温差 ΔT 引起的热应力时，就导致材料瞬时断裂，即所谓的“热震断裂”。另一种是基于断裂力学概念，以热弹性应变能 W 和材料的断裂能 U 之间平衡条件为热震破坏的判据：

$$W \geqslant U \tag{6-17}$$

当热应力导致的储存于材料中的应变能 W 足以支付裂纹成核和扩展形成新生表面所需要的能量 U，裂纹就可能形成和扩展。它把材料的抗热震性和其物理性质的变化联系起来，探讨材料在受热过程中出现的开裂、剥落、退化、变质终至碎裂，损坏的过程，即所谓的热损伤过程。

6.3.3.2 抗热震断裂

由于材料受热冲击产生的热应力还与材料的热导率 λ、材料的表面传热系数 h（材料表面与环境介质间在单位温度差下其单位面积上单位时间内能传递给环境介质或从环境介质所吸收的热量）、材料的形状大小 b 等因素有关，即取决于 bh/λ 比值，此值称为比奥数，通常以 β 标之。例如材料的热导率 λ 大，制品的厚度 b 小，表面对环境的传热系数 h 小，则在材料表面放出或吸收的热量慢，有利于制品内温度的均匀化，从而改善材料的热震稳定性。所以随加热冷却方式和材料形状大小等变化，抗热震参数也表现不同。

（1）急热急冷。当 $\beta \geqslant 50$ 即 b、h 充分大而 λ 充分小时，从高温急冷（或急热），在冷却（或加热）初期，材料的表面层温度在瞬间降至环境温度，此时材料表面层产生的最大张应力（或压应力）σ_{max} 为：

$$\sigma_{max} = \frac{E\alpha}{1-\mu}(T_0 - T') \tag{6-18}$$

式中，α 为材料的线膨胀系数；E 为材料的弹性模量；T_0，T' 为材料的初始温度和表面温度；μ 为泊松比。

当 σ_{max} 值超过材料的强度极限时，即可导致开裂，材料所能承受的最大温差 ΔT_c 为：

$$\Delta T_c = \frac{\sigma_f(1-\mu)}{\alpha E} \tag{6-19}$$

显然，ΔT_c 值越大说明材料能承受的温度变化也越大，即抗热震性好，故得到抗热震参数 R_1 为：

$$R_1 = \Delta T_c = \frac{\sigma_f(1-\mu)}{\alpha E} \tag{6-20}$$

材料因出现热应力而破坏，不仅与热应力的大小有密切关系，而且还与它在材料中的分布、产生的速率和持续时间、材料的特性和结构等因素有关，因此 R_1 仅在一定程度上反映材料抗热冲击性的优劣，并不能简单地认为就是材料允许承受的临界温度差，只能看作 ΔT_c 与 R_1 有一定关系：

$$\Delta T_c = f(R_1) \tag{6-21}$$

（2）缓慢加热冷却：当 β 值充分小（b 与 h 充分小，λ 值充分大，$\beta \leqslant 0.5$ 时）时，例如将直径 1cm 的材料加热后在空气中自然冷却时，材料表面温度变化很缓慢，要待材料中心温度开始变化时，温差才达到极大值。在此条件下的临界温差为：

$$\Delta T_c = \frac{\sigma_f(1-\mu)\lambda}{\alpha E} \times \frac{3}{bh} = R_2 \frac{3}{bh} \tag{6-22}$$

式 6-22 中 $R_2 = R_1\lambda$ 称为抗热震参数。此公式适用于材料的内部和外部与环境的温差相接近，并在材料的内部形成稳定温度分布时。

（3）以上主要是讨论材料中允许存在的临界温差，从耐火材料工艺学观点出发，往往更关心的是材料所能容忍的最大升温或冷却速率 $\mathrm{d}T/\mathrm{d}t$，此时作为材料特性的抗热震参数具有下列形式：

$$R_3 = \frac{\sigma(1-\mu)}{\alpha E}\frac{\lambda}{\rho c} = \frac{R_2}{\rho c} = R_1 a \tag{6-23}$$

已知 $a = \dfrac{\lambda}{\rho c}$ 为导温系数，它表征材料在温度变化时，其内部各部分温度趋于均匀化的能力。λ 越大，ρ、c 越小，即热量在材料内传递得越快，材料内部的温度差越小，这显然对抗热震性有利。

6.3.3.3 抗热震损伤

从断裂力学的观点出发，分析材料在温度变化条件下的裂纹成核、扩展及抑制等动态过程，以弹性应变能和断裂能之间的平衡作为热震损坏的判据，是抗热震损伤的理论基础。实际上耐火材料中不可避免地存在着或大或小数量不等的微裂纹，在热震环境中出现的裂纹核也不总是立即导致材料的断裂。若材料中可能积存的弹性应变能小，而使裂纹扩展成新断裂面所必需的断裂表面能大，则材料的抗热震性好。因此材料的抗裂纹扩展能力正比于断裂表面能 γ_f，反比于弹性应变能。此时抗热震损伤参数具有下列形式：

$$R_4 = (E\gamma_f)/[(1-\mu)\sigma_f^2] \tag{6-24}$$

对一系列断裂能 γ 相当的材料进行比较时，γ_f可视作常数。于是，得出抗热震损伤参数：

$$R_4' = E/[(1-\mu)\sigma_f^2] \tag{6-25}$$

倘若热震过程中产生了 N 条裂纹，则弹性应变能必须支付 N 倍裂纹扩展新生表面所需的表面能，又由于 $\sigma_f = \left(\frac{2E\gamma_f}{c}\right)^{\frac{1}{2}}$，式中 c 为半裂纹长度，所以 $R_4 \propto cN$。

根据以上分析可以得出结论，抗热震损伤性能好的材料应具有较高的弹性模量和较低的强度，提高其断裂能和改善其断裂韧性显然是有益的，适量的微裂纹存在于耐火材料中可为抗热震损伤性能的提高作出贡献。

6.3.4 镁铬试样热震温度（ΔT）与热震后残余抗折强度关系

根据仿真结果可知，转炉炉衬的内部温度与外部和环境温度间的温差比较大，从抗热震断裂理论分析中可知，急冷急热模型适用于转炉炉衬的热应力损毁分析。该模型认为 ΔT_c 值越大说明材料能承受的温度变化也越大，即抗热震性好。为此，采用水中急冷法做出了直接结合镁铬试样、再结合镁铬试样的热震温差（ΔT）与热震后抗折强度的关系图，如图 6-41 所示。

由图 6-41 可见，直接结合镁铬试样和电熔再结合试样热震后的残余抗折强

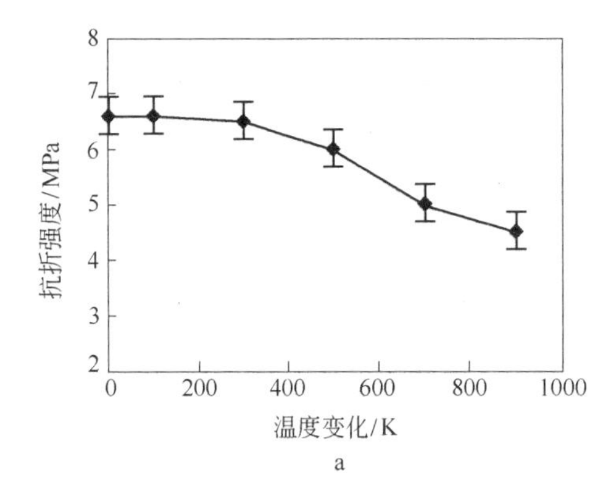

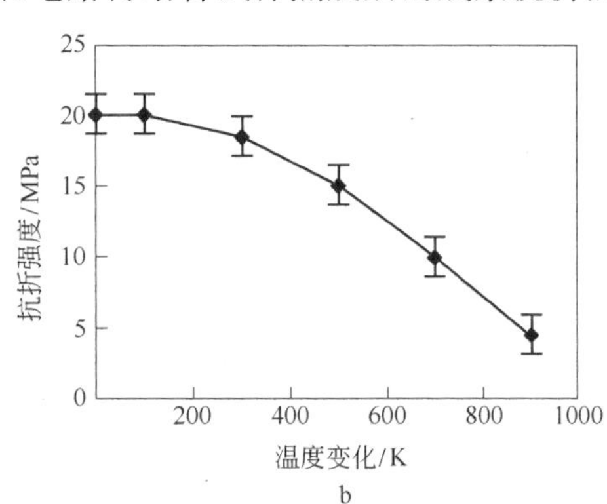

图 6-41 热震温度变化与热震后抗折强度之间的关系

a—直接结合镁铬砖；b—电熔再结合镁铬砖

度随热震温差的变化可以分为三个阶段：第一阶段为强度保持阶段。其中直接结合镁铬耐火材料试样在 $\Delta T<500℃$ 时，强度变化呈轻微下降趋势；而电熔再结合镁铬耐火材料在 $\Delta T<300℃$ 时强度维持不变。第二阶段为强度快速下降阶段。此阶段的热震应力快速增大，使得试样的强度急剧下降。直接结合镁铬耐火材料强度快速下降的临界温差在500℃左右；据此认为，直接结合镁铬耐火材料的临界热震温差（ΔT_c）为500℃。而电熔再结合镁铬耐火材料在300℃左右强度快速下降，其临界热震温差（ΔT_c）为300℃。

当 $\Delta T \geqslant \Delta T_c$ 时，材料内的裂纹将成核并扩展。热弹性力学的抗热震断裂理论所关注的主要是裂纹成核问题，断裂力学的抗热震损伤理论所关注的主要是裂纹扩展问题。对于某一给定的临界温差有两种不稳定的临界裂纹长度，其扩展过程以及相应的热震强度衰减变化规律如图6-42所示。

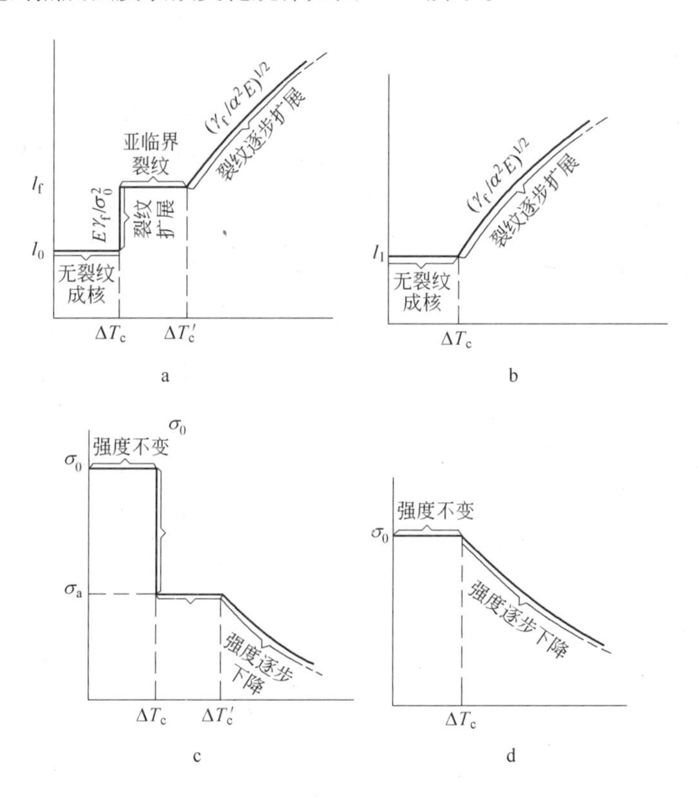

图6-42　热震裂纹长度和热震残留强度与热震温差的关系

a—原始短裂纹 l_0 随热震温度的变化；b—原始长裂纹 l_1 随热震温度的变化；

c—相应于短裂纹 l_0 扩展的强度下降；d—相应于长裂纹 l_1 扩展的强度下降

当材料内部所含有的裂纹较短时，裂纹以动态的形式扩展，如图6-42a所示，相应的强度变化示于图6-42c中。当材料内部所含有的裂纹较长时，裂纹以准静态的形式扩展，如图6-42b所示，相应的强度变化示于图6-42d中。

从直接结合镁铬耐火材料和电熔再结合镁铬耐火材料残余抗折强度和温度的关系分析得出，在其内部有较长的裂纹存在，其热震裂纹以准静态形式扩展。也就是说，热震裂纹随着热震温差的增大而逐渐扩展，因此热震后试样的残余抗折强度随热震温差的增大而逐渐减小，即镁铬耐火材料中裂纹扩展模型为准静态扩展，如图6-42b、d所示。

6.3.5 提高耐火材料热震稳定性的途径

由于转炉的间歇操作特性，对镁铬耐火材料的热震稳定性提出了严格要求。提高耐火材料的抗热震性，可采取阻止裂纹扩展，消耗裂纹扩展动力，增加材料断裂表面能，增加塑性，降低线膨胀系数，增加热导率等途径来实现。

（1）适当的气孔率。表面裂纹并不会立即引起断裂，严重的是由内部热应力引起的剥落和断裂。当适当增加气孔率时，在热冲击作用下，制品内部裂纹长度变短，数量有所增加，裂纹相互交错，形成网状的程度增强，因此制品断裂时需要的断裂能增加，可有效地提高制品的热震稳定性。耐火制品的最佳气孔率通常控制在13%～20%。

（2）控制原料的颗粒级配及选择低膨胀、高导热的原料。要获得热震稳定性好的镁铬耐火材料，就要求增大临界颗粒尺寸，减小铬矿颗粒中的细粉含量。采用线膨胀系数小的原料，以及添加高导热系数的原料如Cu_2O等。

（3）增加微细裂纹并形成网状结构。利用耐火制品颗粒和基质线膨胀系数不一致的特性以及相变的体积效应，使制品内产生微细裂纹，对抵抗制品灾难性破坏（热剥落或断裂）有着显著的作用。试验证明：增加耐火材料中的Al_2O_3含量或在镁铬耐火材料中加入适量的ZrO_2可以明显地改善镁铬材料的热震稳定性。从试样切口比较，加有ZrO_2的试样，其内部都有大量微细裂纹存在，正是由于这些微细裂纹的存在，吸收了裂纹扩展的能量，从而增强了试样的热震稳定性，但加入量不宜超过5%。

6.3.6 小结

小结如下：

（1）根据仿真结果可以得知：在铜锍吹炼的不同阶段中，铜锍吹炼间歇期间（即倒铜时到加铜锍前）的温度波动最大，温差高达300℃以上。

（2）在不同的操作阶段中，加锍前后炉衬温度时变速率变化最激烈，风口区炉衬热面温度时变速率最高可达到40℃/min，炉口区热面温度时变速率最高可达到35℃/min。

(3) 在一定铜锍加入量条件下，随着鼓风量的增大，炉衬热面温度升高。造渣期炉衬温度最高可达1300℃以上，造铜期炉衬温度可高达1250℃。

(4) 从停风时间对炉衬温度分布的影响来看，随着停风时间的延长，风口区和炉口区炉衬材料所承受的温差增大。

6.4 炼铜转炉熔体对镁铬耐火材料高温侵蚀与渗透

在铜转炉吹炼过程中，熔体温度是最重要的工艺参数之一，熔体温度升高将加剧镁铬耐火材料的侵蚀，而熔体温度将随鼓风强度、吹炼时间的变化而变化。因此，本章将利用6.2节熔体温度场计算模型和相关计算程序，计算不同时期熔体温度，以此为依据设计抗渣试验温度。选取有代表性试样，进行高温侵蚀、渗透机理研究。

6.4.1 铜转炉熔体

6.4.1.1 铜锍化学成分

表6-6、表6-7分别示出了铜锍吹炼过程中进料和产物的成分范围。

表6-6 铜锍的化学成分 （质量分数,%）

元素	Cu	Fe	S	O	Pb	Zn	As	Sb	Bi
含量	30 ~ 65	22 ~ 42	22 ~ 25	0.2 ~ 4	0 ~ 5	1 ~ 5	0 ~ 0.5	0 ~ 1	0 ~ 0.1

表6-7 粗铜的化学成分 （质量分数,%）

元 素	Cu	Fe	S	O	Pb
含 量	98.5 ~ 99.65	0.01 ~ 0.1	0.01 ~ 0.4	0.5 ~ 0.8	0.1 ~ 0.2
元 素	Zn	As	Sb	Bi	Ni
含 量	0 ~ 0.005	0 ~ 0.0015	0 ~ 0.3	0 ~ 0.01	<0.2

表6-8和表6-9分别示出P-S铜转炉熔体典型化学成分和物相成分。

表6-8 铜锍、粗铜的化学成分 （质量分数,%）

试样	Cu	S	Fe	SiO_2	As	Sb	Pb	Zn	O
铜锍-1	55.03	22.83	18.95	0.52	0.16	0.056	0.24	0.28	—
铜锍-2	57.27	21.83	17.04	0.75	0.20	0.053	0.23	0.30	—
粗铜-1	99.17	0.037	0.042	—	—	—	—	—	0.41
粗铜-2	98.97	0.014	0.005	—	—	—	—	—	0.39

表 6-9 铜锍、粗铜的物相组成 （质量分数,%）

试 样	Cu_5FeS_4	Cu_2S	Cu	Cu_2O	Fe_3O_4	Fe_2SiO_4
铜锍-1	87.00	—	4.2	—	6.59	1.76
铜锍-2	86.33	—	5.57	—	5.20	2.54
粗铜-1	—	0.18	95.77	3.67	0.06	—
粗铜-2	—	0.07	95.81	3.49	0.007	—

6.4.1.2 Cu-Fe-S 三元系

铜锍主要由 Cu、Fe、S 和少量 O 组成，因此 Cu-Fe-S 三元系相图对讨论铜的火法冶金过程有重要意义。图 6-43 是 Cu-Fe-S 三元系在 1250℃ 的等温截面图。从图 6-43 中可以看出，铜锍的成分就在 Cu_2S-FeS 假二元成分直线下方，铜、铁、硫形成的狭窄三角形互溶区内。

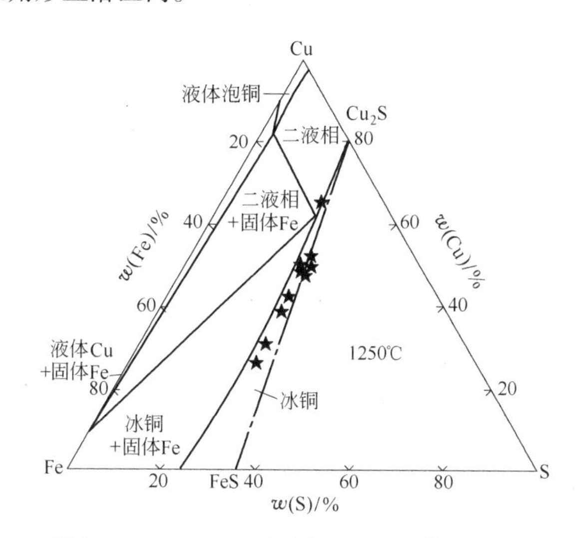

图 6-43 Cu-Fe-S 三元系在 1250℃ 的等温截面图

该系最显著的特点是，当液体铜锍中的硫含量越来越少时，将有第二个相（即富金属相）析出；另一个重要特点是在熔炼温度和压力下，任何超过 Cu_2S-FeS 假二元系的硫都将气化。因此，铜锍只能存在于不相混溶区和 Cu_2S-FeS 假二元系之间的狭窄的成分范围内。

6.4.1.3 炉渣的物理化学性质

表 6-10、表 6-11、表 6-12 分别列出了铜锍吹炼过程中炉渣成分范围、典型的化学成分和物相组成。

表 6-10 转炉渣成分 （质量分数,%）

成分	Cu	总 Fe	S	SiO_2	Fe_3O_4	Al_2O_3	MgO	CaO
含量	1.5～4.5	35～50	0.5～2.5	20～28	15～30	0～5	0～5	0～10

表 6-11 炉渣的典型化学成分 (质量分数,%)

试样	Cu	S	Fe	SiO_2	As	Sb	Pb	Zn
渣-1	4.08	0.60	49.93	19.25	0.085	0.18	0.71	1.25
渣-2	4.17	0.50	49.85	20.81	0.17	0.19	0.68	1.14

表 6-12 炉渣的物相组成 (质量分数,%)

试 样	Cu_2S	Cu	Fe_3O_4	Fe_2SiO_4	Fe
渣-1	2.74	1.79	28.09	62.39	0.28
渣-2	2.28	2.27	35.94	50.54	0.09

图 6-44a 示出了渣中组元含量随铜锍品位的变化。从图中可以看出，刚开始吹炼时，渣中 SiO_2 的含量高达 30% 以上，随着铜锍品位提高，其值逐渐降低。由图可见，渣中 Fe_3O_4 的含量与 SiO_2 的含量相关。当 SiO_2 含量高时，渣中 Fe_3O_4 较低，这表明 SiO_2 可制约 Fe_3O_4 的大量生成。另外随着冶炼时间的推移，渣中的 FeO 大量氧化为 Fe_3O_4 而被消耗，因此吹炼末期渣中 FeO 的含量减小。

图 6-44b 示出了渣中组元活度随铜锍品位的变化，由图可见，吹炼过程中 FeO 的活度变化不大。但造渣末期，由于 FeO 被氧化消耗，因此其活度迅速降低。由于吹炼时氧势不断提高，促进了反应的进行，使得渣中 Fe_3O_4 含量逐渐增高，其活度增大，造渣末期的高氧势使得 Fe_3O_4 的生成大大加快，其物质的量迅速增加，因此在渣中的含量也快速上升，活度增大。因此在造渣末期，Fe_3O_4 的析出不可避免。

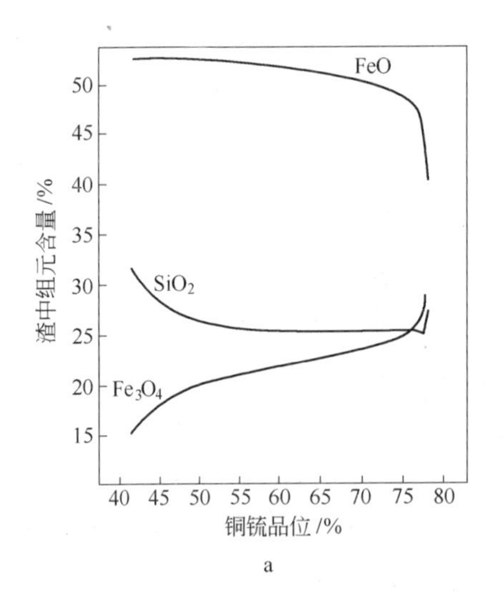

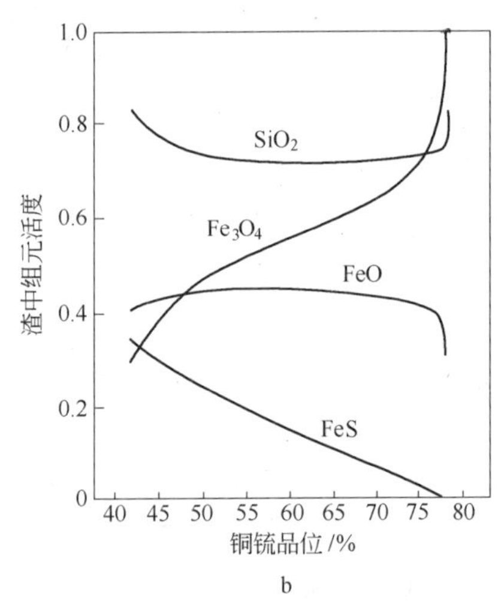

图 6-44 渣中组元含量与品位的关系（a）和组元活度与品位的关系（b）

6.4.1.4 $FeO-Fe_2O_3-SiO_2$ 三元系

根据实际造锍熔炼和铜锍吹炼的炉渣成分，可以将冶炼炉渣近似地看作

$FeO-Fe_2O_3-SiO_2$ 三元系的熔体。炉渣的成分范围如图 6-45 所示，ABCD 区内部是在熔炼温度下（1200℃）完全熔化的炉渣的成分范围。这个熔化范围被四个固体饱和区域所包围，其中 AB 为固体 Fe 饱和区，BC 为固体 FeO 饱和区。在熔炼炉里是不会遇到这两种情况的，原因在于炉内氧势高，且炉渣含 SiO_2 高。

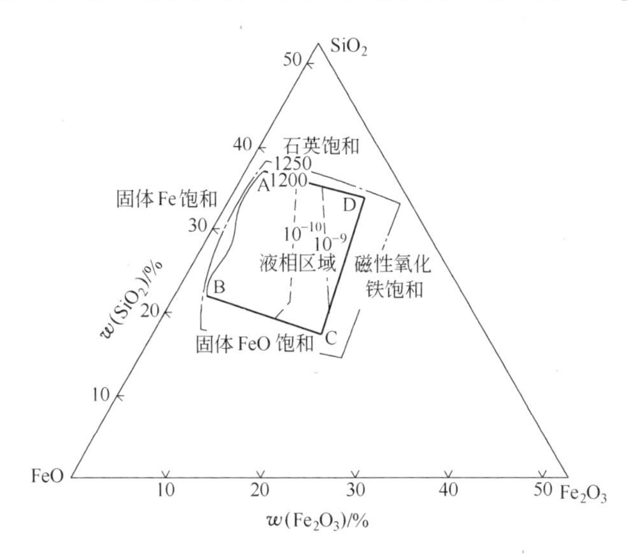

图 6-45 $FeO-Fe_2O_3-SiO_2$ 系局部液相线平衡相图

图 6-45 中，AD 表明了使熔炼炉渣饱和所必需的 SiO_2 量，从图中可以得知，在 $FeO-Fe_2O_3-SiO_2$ 系中使 SiO_2 饱和需要 35% ~40% 的 SiO_2。

图 6-45 中第二个重要的特点是固体磁性氧化铁饱和线 CD。这条界线的位置说明，当炉气的氧压超过大约 10^{-10}（CD）或 10^{-9}（在 SiO_2 饱和下，D 点）MPa 时，固体磁性氧化铁将是一个平衡相。铜锍吹炼炉内的气体的 $p(O_2) = 10^{-8} \sim 10^{-6}$MPa，因此，在气-渣界面上产出固体磁性氧化铁。当温度升高时，液相区将扩大，有利于抑制固体磁性氧化铁的生成。

6.4.1.5 $FeO-FeS-SiO_2$ 系

火法提取冶金的实质是在高温下借助于形成两个互不溶解的液相-金属熔体和炉渣，将有用金属与脉石或多余元素分开，从 $FeO-FeS-SiO_2$ 系相图上就体现出 SiO_2 对铜锍和熔渣分离的影响。图 6-46 是 $FeO-FeS-SiO_2$ 系在 1200℃ 的等温截面图。可看出 FeO 和 FeS 系完全混溶，但 SiO_2 的存在使得出现两个不相混溶的液相。

SiO_2 的存在使得铜锍和炉渣分离。当没有 SiO_2 时，氧化物和硫化物结合成一种共价键结合的 Cu-Fe-O-S 相；当 SiO_2 存在时，SiO_2 与氧化物形成聚硅酸盐阴离子，汇聚成渣相。而硫化物没有形成这种阴离子的倾向，它们仍为共价键结合的铜锍相，从而形成不相混溶的两层。

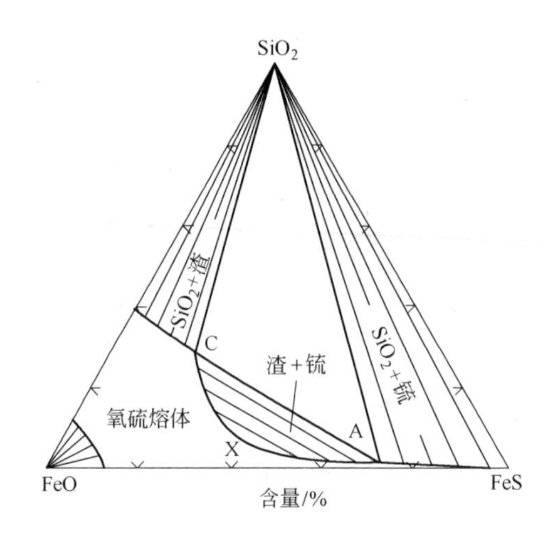

图 6-46　FeO-FeS-SiO_2 系在 1200℃的等温截面图

6.4.1.6　炉渣的显微分析

由物相分析得出，转炉渣样中含有铁橄榄石（Fe_2SiO_4）、硅酸盐玻璃和 Fe_3O_4。由其 X 射线衍射谱中可以发现少量的 Cu_2S 和金属铜。转炉炉渣的化学成分见表 6-11，物相组成见表 6-12，岩相照片如图 6-47 所示。

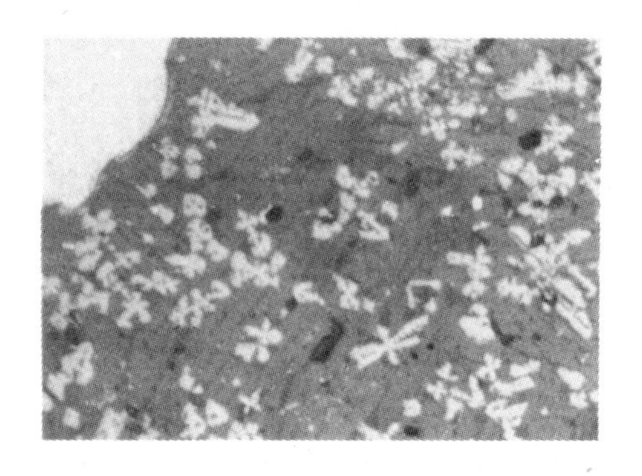

图 6-47　转炉渣样品的岩相照片
（Fe_2SiO_4（浅灰）呈柱状晶体；间隙（深灰）为玻璃相；Fe_3O_4（灰白）呈树枝状析晶；Cu_2S（亮白）呈珠滴夹杂渣中）

6.4.2　铜锍吹炼不同阶段熔体温度

铜锍、粗铜、SO_2 及 SO_3 对耐火材料的侵蚀、渗透等物理化学作用与吹炼过程中熔体温度有关。温度升高，方镁石固溶体溶解增加，铜锍、粗铜黏度降低，渗透加快，同时 SO_2 及 SO_3 也扩散加快，更易与方镁石发生化学反应。对特定转炉来说，在一定的富氧空气含量下，熔体温度与鼓风强度有关。图6-48和图6-49给出造渣期和造铜期鼓风强度与熔体仿真计算温度之间的关系。

6.4.2.1 造渣期

造渣期鼓风强度对熔体温度的影响如图6-48所示。从图6-48中可以看出，造渣期炉内熔体的一般温度在1100～1250℃范围之内。熔体温度随着鼓风强度增大和吹炼时间延长而升高，有时甚至高达1300℃以上。

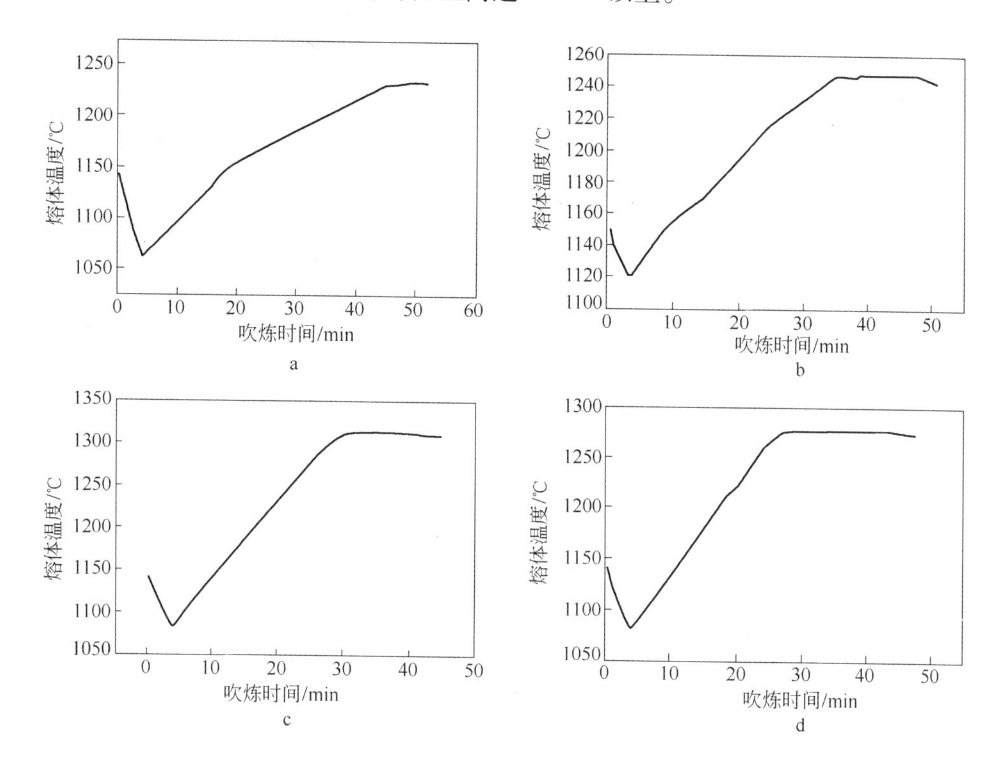

图6-48 造渣期鼓风强度对熔体温度的影响

标准状态下的鼓风量：a—28000m^3/h；b—32000m^3/h；c—36000m^3/h；d—40000m^3/h

6.4.2.2 造铜期

造铜期鼓风强度对熔体温度的影响如图6-49所示。

从图6-49中可以看出，造铜期炉内熔体温度随着鼓风强度的增大而升高，最高温度可高达1260℃以上。但鼓风强度过高，熔体温度反而下降。因此，在转炉操作中一味地强调高温大风并不合理。

熔体温度升高，其性能发生变化，这些变化都不利于耐火材料的寿命。文献中论述了黏度和温度之间的经验关系式，如下：

$$\eta = Ae^{-B/T} \tag{6-26}$$

式中，A、B 为常数，对每一种流体可用试验求得。

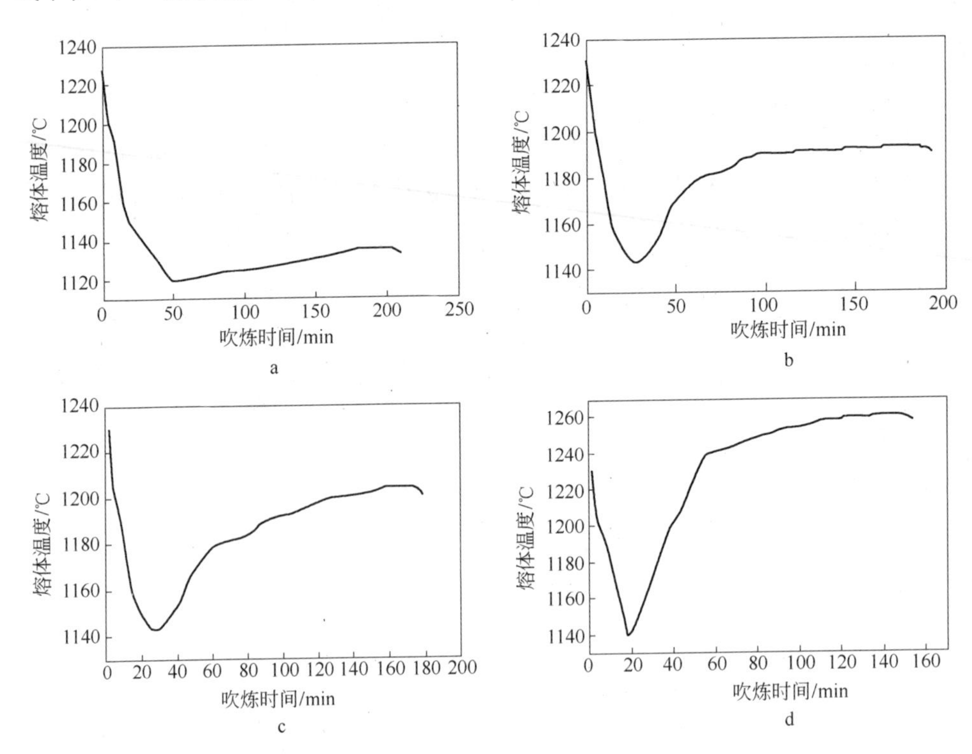

图 6-49 造铜期在不同鼓风强度下，熔体温度随吹炼时间变化仿真结果

标准状态下的鼓风量：a—28000m^3/h；b—32000m^3/h；c—28000m^3/h；d—32000m^3/h

转炉耐火材料损毁的三种主要原因都与温度有关。如果熔体温度偏高，则三种作用对耐火材料性能的影响就越明显；温度偏低，则三种作用减弱，可延长炉衬寿命。因此，选择合理的风料比，有利于产量提高和炉衬保护。

6.4.3 耐火材料抗渣侵蚀性能的研究

6.4.3.1 试验模型及试样

采用坩埚法来研究炉渣对镁铬耐火材料的侵蚀。图 6-50 给出了炉渣侵蚀坩埚示意图。

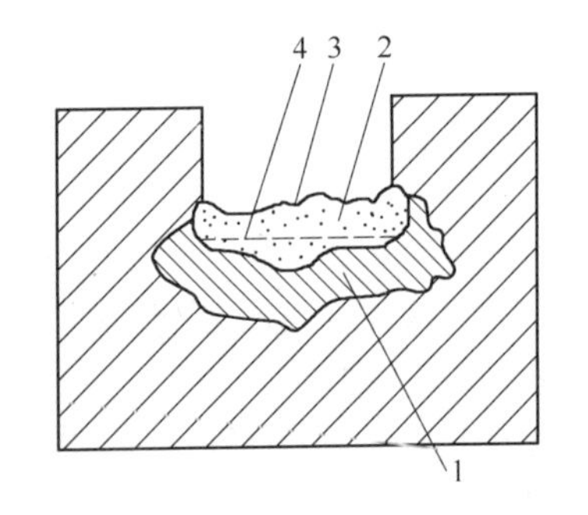

图 6-50 炉渣侵蚀坩埚示意图

1—炉渣侵蚀面积；2—试验后熔渣面积；3—试验后试样表面；4—试验前试样表面

本试验选择有代表性的试样进行抗渣试验，试样的物理化学性能见表 6-13 和表 6-14。

表 6-13 不同生产工艺镁铬耐火材料化学成分 （质量分数，%）

编号＼含量	SiO_2	Al_2O_3	Fe_2O_3	CaO	MgO	Cr_2O_3	C/S
T-8	3.84	7.16	7.22	1.65	69.73	9.68	0.43
T-14	3.20	7.46	8.44	1.40	64.34	13.91	0.44
T-18	4.0	12.38	12.94	1.07	45.91	22.71	0.28
T-25	3.42	12.38	14.36	1.07	40.10	26.38	0.31
T-30	3.34	11.63	14.78	1.10	38.68	28.76	0.33
C-8	1.90	2.40	5.50	1.75	77.95	10.10	0.92
C-12	1.40	3.58	6.93	1.43	73.45	12.79	1.02
C-18	1.56	4.31	9.99	1.30	63.70	18.74	0.83
B-16	0.97	4.13	9.47	1.25	66.63	17.14	1.29
D-20	1.03	4.30	10.40	1.11	62.71	20.34	1.08
D-26	0.97	5.64	12.86	1.17	51.33	28.02	1.21

注：T 代表普通镁铬砖，C 代表直接结合镁铬砖，B 代表半再结合镁铬砖，D 表示电熔再结合镁铬砖，字母后的数字代表砖中的 Cr_2O_3 含量。

表 6-14 不同生产工艺镁铬耐火材料的物理性能

编号＼性质	热震稳定性/%	气孔率/%	体积密度/g·cm^{-3}	耐压/MPa	荷重软化温度/℃	常温抗折强度/MPa	高温抗折强度(1400℃,30min)/MPa	残余抗折强度(1100℃空冷5次后)
T-8	88.1	17.3	3.01	30	1600	4.2	1.9	3.7
T-14	83.3	20.3	2.96	25	1660	5.4	3.6	4.5
T-18	79.4	21.6	2.99	37	1710	6.3	4.5	5.0
T-25	75.1	19.1	3.14	54	1690	12.0	10.3	9.0
T-30	72.6	20.3	3.13	62	1780	11.7	7.8	8.5
C-8	76.0	16.3	3.08	130	1780	7.5	4.2	5.7
C-12	77.1	16.8	3.11	99	1760	8.3	4.3	6.4
B-16	62.6	15.1	3.23	67	1770	10.7	6.9	6.6
D-20	56.6	15.0	3.27	79	1790	12.2	9.1	6.9
D-26	70.1	17.3	3.27	32	1780	9.7	7.3	6.8

6.4.3.2 试验步骤

试验步骤具体如下：

（1）把制备好耐火砖切割成坩埚，每个坩埚的尺寸为 70mm × 70mm × 70mm，中孔为 ϕ25mm × 30mm。

（2）抗渣试验在 N_2 炉内进行，为了防止炉渣的氧化，试验过程中采取了抽

真空充 N_2 气保护、快速升温等措施，炉内氮气压力为 0.11MPa。

（3）将称好的炉渣 20g 分别放入不同材质的坩埚内，将试样放入试验炉内加热熔化。

（4）升温速度为 5℃/min，快速升温至所需要的试验温度 1250℃（1300℃、1350℃、1400℃、1450℃），保温 3h。

（5）将试验后的坩埚从中间切开，观察、计算熔渣的渗透深度、侵蚀深度和渗透面积。对各种不同试样的渗透深度和侵蚀深度加以比较，以其中一个试样为基准，进行数据分析。

6.4.3.3　试验结果

把试验后的坩埚从中间切开，观察炉渣的侵蚀情况并计算炉渣的侵蚀深度，其结果见表 6-15。

表 6-15　炉渣的侵蚀深度

温度/℃	炉渣侵蚀深度/mm									
	D-26	D-20	B-16	C-12	C-8	T-30	T-25	T-18	T-14	T-8
1250	0.05	0.1	0.2	0.4	0.5	0.5	0.8	1	1.5	2.0
1300	0.2	0.3	0.5	0.5	1.0	1.0	1.5	2.0	2.0	2.5
1350	0.5	0.5	0.5	1	1.5	1.5	2	2.5	2.5	3.2
1400	1.0	1.0	1.5	1.5	2.0	3.0	3.5	4.0	4.5	5.0
1450	3.0	3.5	3.5	4.0	4.0	4.5	5.0	5.5	6.0	7.5

6.4.3.4　炉渣的侵蚀机理分析

A　温度的影响

各种生产工艺镁铬耐火材料的炉渣侵蚀深度与温度的关系如图 6-51 所示。试验结果表明：炉渣侵蚀深度都随温度的升高而增大。温度升高 50℃，侵蚀深

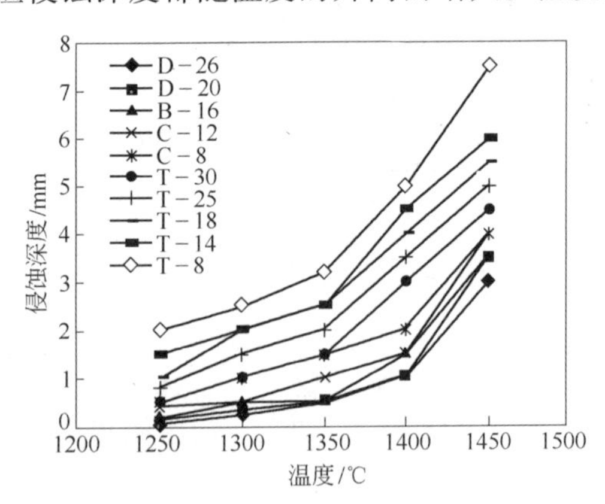

图 6-51　炉渣侵蚀深度与温度的关系

度增加5%左右。温度升高，熔渣对耐火材料的化学侵蚀能力迅速增加。化学反应速率常数 K 可用阿累乌尼斯公式来表示：

$$K = A_0 e^{-E/RT} \tag{6-27}$$

图6-52给出了 FeO-SiO_2 系炉渣的黏度和温度的关系，从图6-52中可以得知随着温度的升高，FeO-SiO_2 系炉渣的黏度降低。

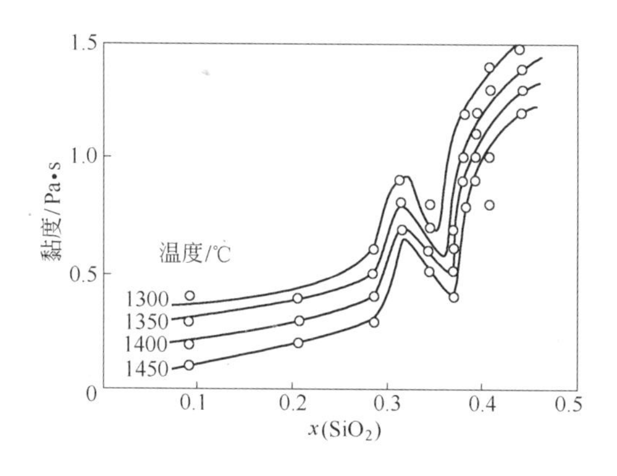

图6-52　FeO-SiO$_2$ 系炉渣的黏度与温度、SiO$_2$ 含量的关系

表6-16给出了 FeO-SiO_2 系炉渣的表面张力和温度的关系。从表6-16中可以得知：随着温度的升高，表面张力减小，但温度对表面张力的影响不大。图6-53给出了 FeO-SiO_2 系炉渣的表面张力与 SiO_2 含量的关系。从图中可以得知：随着 SiO_2 含量的增加，炉渣的表面张力减小。

表6-16　$x(FeO)=0.667$ 的 FeO-SiO_2 熔体在1270～1557℃范围内的表面张力

温度/℃	1270	1315	1366	1408	1466	1509	1557
表面张力/mN · m^{-1}	351	351	352	352	352	349	349

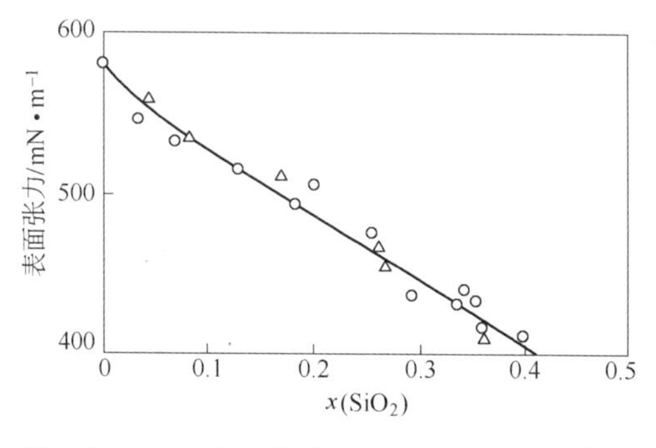

图6-53　FeO-SiO$_2$ 熔体在1420℃下的表面张力

图 6-54 为氧化镁在硅酸亚铁渣中的溶解度和 MgO-FeO-SiO_2 三元系相图。

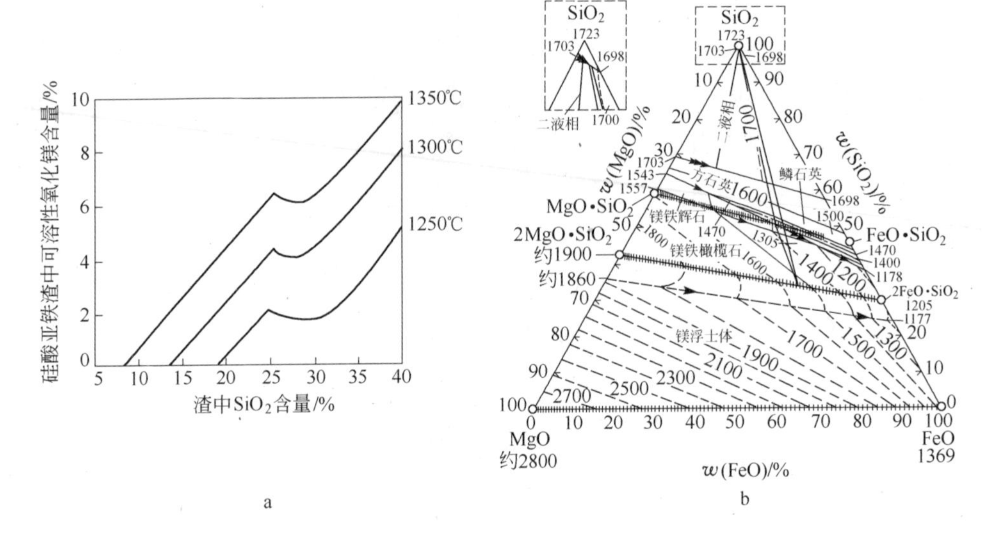

图 6-54　氧化镁在硅酸亚铁渣中的溶解度（a）和 MgO-FeO-SiO_2 三元系相图（b）

从图 6-54a 中可以看出，在同样 SiO_2 含量条件下，随着温度的升高方镁石在炉渣中的溶解度增大；同样，同一温度下随着炉渣中 SiO_2 含量的增加，方镁石在炉渣中的溶解度增大。SiO_2 含量为 30% 时，1200℃ 硅酸亚铁渣中可溶解氧化镁约为 2%，1300℃ 可溶解 4%。从图 6-54b 可知，MgO 在硅铁渣中的溶解度随温度的升高和渣中 SiO_2 含量增大而加大。

图 6-55 示出了 FeO-SiO_2-CaO 三元系相图。从图中可以看出，随着温度升高，炉渣液相区变大。

在一定的温度范围内，随着温度的增加，反应速度是急剧上升的。这是因

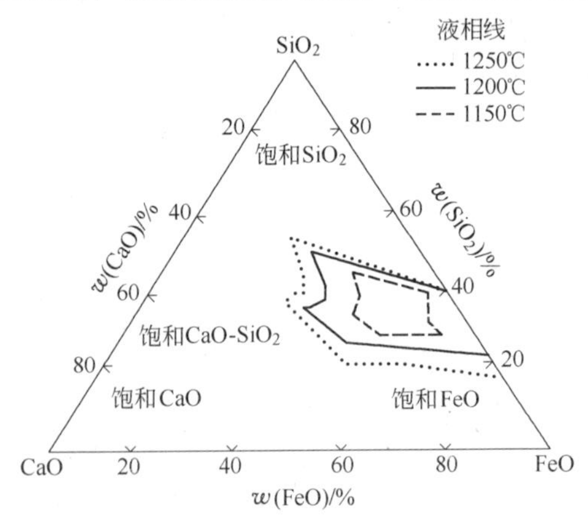

图 6-55　FeO-CaO-SiO_2 三元系相图

为，温度升高，不仅使反应速度加快和耐火材料工作面的液相量增多，同时还使扩散层熔体的黏度下降，以及使反应物与生成物通过扩散层的扩散速度增大。因此，在有色冶炼生产过程中，高温作业不利于炉衬的寿命。

B 生产工艺的影响

不同工艺生产的镁铬耐火材料的渣侵蚀结果列于图 6-56。

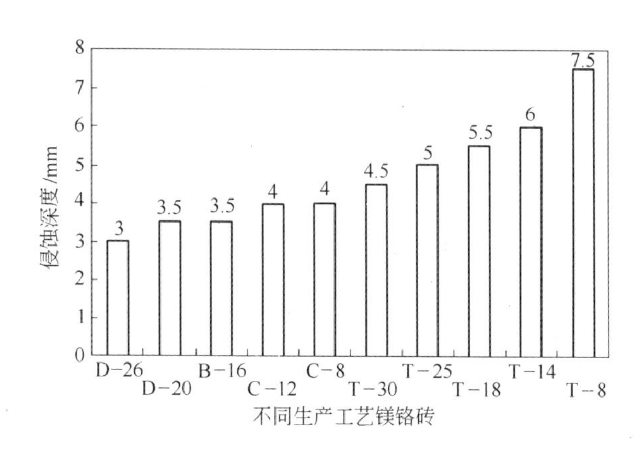

图 6-56 1450℃下炉渣对不同生产工艺镁铬耐火材料的侵蚀深度

从图 6-56 中可以得知，不同工艺生产的镁铬耐火材料抗炉渣侵蚀能力不同，其抗炉渣侵蚀能力的大小如下：电熔再结合镁铬耐火材料 > 半再结合镁铬耐火材料 > 直接结合镁铬耐火材料 > 硅酸盐结合镁铬耐火材料。

由于电熔再结合镁铬耐火材料和半再结合镁铬耐火材料以电熔镁铬砂为原料，耐火材料中所形成的复合尖晶石多，抗炉渣侵蚀性强。

C Cr_2O_3 含量的影响

Cr_2O_3 含量对抗侵蚀性能的影响的试验数据示于图 6-57。

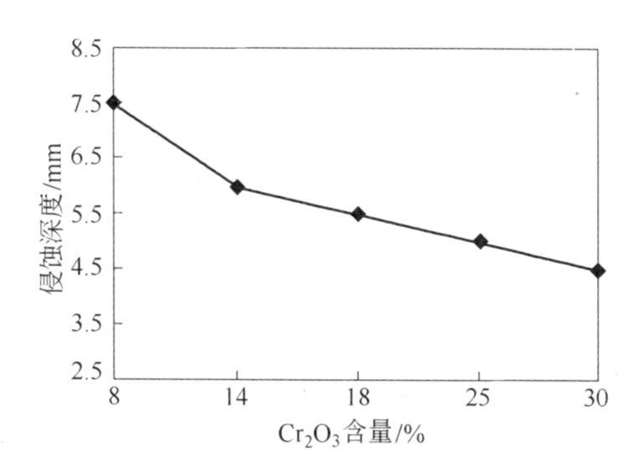

图 6-57 硅酸盐结合镁铬耐火材料侵蚀深度和 Cr_2O_3 含量的关系

从图 6-57 中可以看出，同一生产工艺生产的镁铬耐火材料，抗炉渣侵蚀能

力随耐火材料中 Cr_2O_3 含量的增加而提高，这说明镁铬尖晶石的抗炉渣侵蚀性要优于方镁石，在复合尖晶石中其抗炉渣侵蚀性最佳。

Cr_2O_3 之所以能明显提高耐火材料的抗渣能力可从图 6-58 的相图得以说明。图 6-58 给出了 Al_2O_3、MgO、Cr_2O_3、ZrO_2、CaO 与铁硅渣在 1500℃ 形成的液相区。从图 6-58 中可以得知，由于 Cr_2O_3 与铁硅渣形成的液相区最小，因此 Cr_2O_3 抗铁硅渣侵蚀能力强。

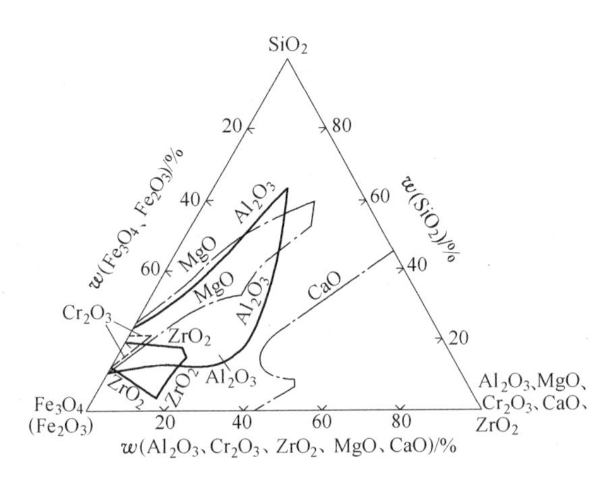

图 6-58　Al_2O_3-SiO_2-Fe_3O_4、Cr_2O_3-SiO_2-Fe_2O_3、ZrO_2-SiO_2-Fe_3O_4、MgO-SiO_2-Fe_3O_4、CaO-SiO_2-Fe_2O_3 系 1500℃ 时的液相区

另外，在 MgO-SiO_2 体系中，加入 Cr_2O_3 可进一步提高其熔点，而且不管是 MgO 溶解在 Cr_2O_3 中，或者 Cr_2O_3 溶解在 MgO 中，其所形成的固溶体的固液平衡温度都很高，抗 SiO_2 或铁橄榄石侵蚀的能力都很强。

D　显微结构分析

对渣蚀前后的渣进行化学分析表明，渣蚀前渣中 MgO 含量为 1.85%，而渣蚀后渣中 MgO 含量为 17.58%。可见，炉渣对方镁石的侵蚀严重。从方镁石和炉渣反应的热力学中可以看出：

$$2MgO + SiO_2 = 2MgO \cdot SiO_2 \qquad \Delta G^{\ominus}_{1200℃} = -64834J \tag{6-28}$$

$$MgO + Fe_2O_3 = MgO \cdot Fe_2O_3 \qquad \Delta G^{\ominus}_{1200℃} = -22328J \tag{6-29}$$

在熔炼温度下，两反应的负值很大，表明反应很容易发生，在残砖的反应层中也检查到了镁钙橄榄石和尖晶石的存在。

对试样从工作面向耐火材料的内部依次进行了 EDAX 分析，每次分析为面积约为 500μm×500μm 的平均成分，其结果如图 6-59 所示。

反应界面上 MgO 含量的降低、FeO 含量的增加表明耐火材料中的 MgO 被炉渣中的 FeO 所置换。Cr_2O_3 的含量变化不大，这说明复合尖晶石的抗渣性好。

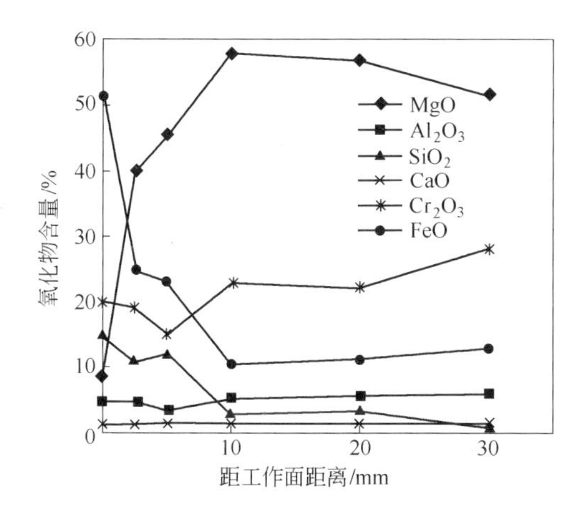

图 6-59 距工作面不同距离处各氧化物的含量

图 6-60 给出了工作面处 LDMGe-26 耐火材料被炉渣侵蚀的情况。图 6-60a 中，亮白色的一层为反应层，从图中可以看出，炉渣对方镁石的侵蚀十分明显，有些方镁石已被蚀掉，反应生成灰色或深灰色的 M_2S 或 MFS，只留下游离状的复合尖晶石。而在铬矿颗粒周围，由于部分吸收了 FeO 而生成 FeO · Fe_2O_3 尖晶石环。

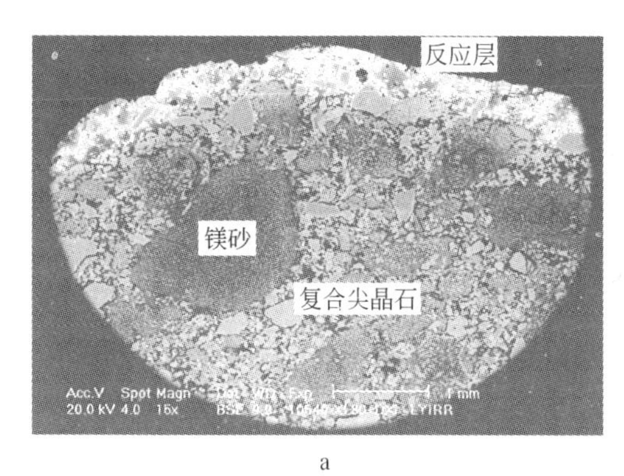

a

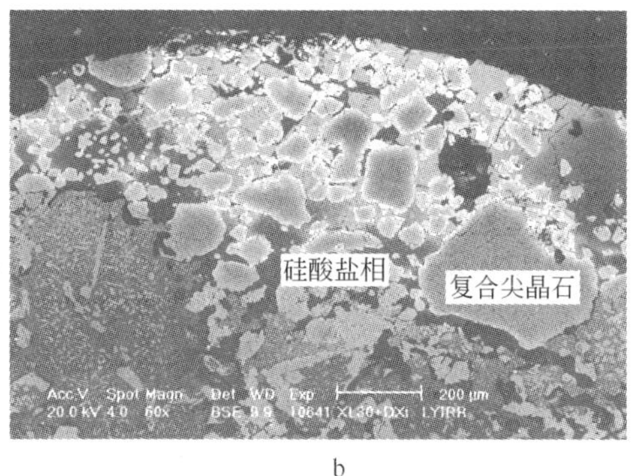

b

图 6-60 工作面处渣侵蚀电熔镁铬砖（D-26）的显微结构照片

当反应界面上的方镁石被溶解完后，渣相中的方镁石仍未达到饱和。它将绕到尖晶石的“背后”继续溶解方镁石，如图 6-60b 所示。界面上颜色最亮、零星分布的物相是渗入耐火材料中的锍，颜色稍暗一些的物相是复合尖晶石，灰色颗粒中带有脱溶相的是镁铬熔块，镁铬熔块周围深灰色的物质是反应生成的 M_2S。从中可以观察到，复合尖晶石“背后”的镁铬熔块已被溶解，其边缘不再是浑圆状，而是被渣熔蚀成锯齿状；同时我们还可以观察到，由于方镁石的溶解，原先方镁石中的复合尖晶石脱溶相却未被溶解，而是游离在方镁石和渣反应生成的

MFS 中。这充分说明复合尖晶石抗炉渣侵蚀性强。

$FeO\text{-}SiO_2$ 系渣中的 SiO_2 成分主要和耐火材料中的 MgO 发生作用，反应生成低熔点的 MFS 或 M_2S，而渣中的 FeO 成分对镁铬砖的作用不一，主要表现为以下四种形式：

（1）FeO 和 SiO_2 一起和耐火材料中的方镁石（MgO）作用生成 MFS。

（2）在铬矿周围生成 $FeO \cdot Cr_2O_3$ 尖晶石环。

（3）渗入方镁石颗粒中，与方镁石形成镁铁富氏体（又称 RO 相）。

（4）渗入铬矿内部，铬矿内部的 FeO 含量明显增多。

图 6-61 示出了 $FeO\text{-}SiO_2$ 渣侵蚀方镁石大颗粒的情况。由于渣侵蚀过程中遇到的是方镁石大颗粒，因此我们可以观察到方镁石颗粒被侵蚀的三个反应环带：

（1）反应带：方镁石被熔蚀，反应生成柱状的 MFS，其中 MgO 含量高，FeO 含量少。

（2）固溶带：FeO 和耐火材料中的方镁石形成镁铁富氏体（又称 RO 相），并进而在其中析出 $FeO \cdot Fe_2O_3$，RO 相间填充有 M_2S。

（3）原砖带：未被熔蚀或溶解的方镁石颗粒。

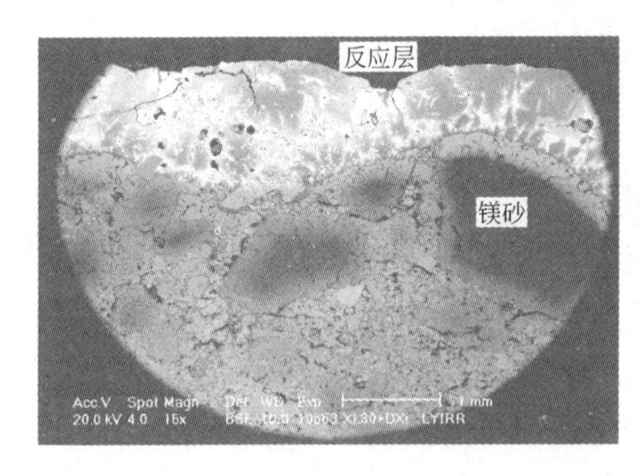

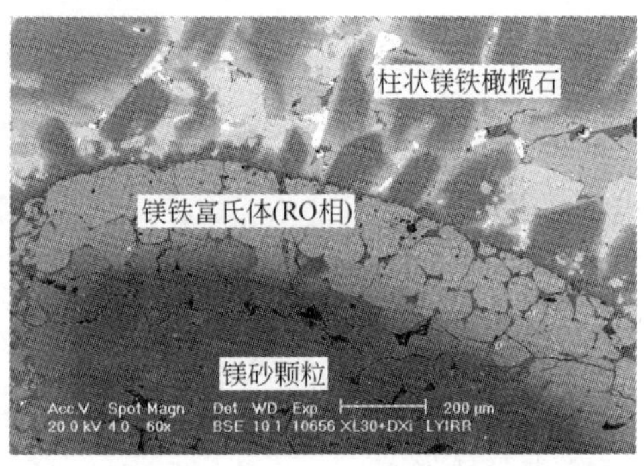

图 6-61　渣熔蚀方镁石颗粒的扫描电镜照片

由于该试验所采用的抗渣试验方法为静态坩埚法，故能够观察到 MgO 和 FeO 固溶形成 RO 相的过程。可以推测，如在动态试验中或者在实际使用中，由于填充在 RO 相之间的 MFS 熔点低，因此，极易被冲刷掉或溶入渣中随渣流走，可能观察不到此现象。

图 6-62 示出了方镁石中颗粒（0. 3mm）被渣侵蚀后，颗粒结构遭到破坏的情况。$FeO\text{-}SiO_2$ 系渣沿颗粒界面进入方镁石颗粒中，FeO 进入颗粒中和 MgO 形成 RO 相，SiO_2 则熔蚀部分 MgO 反应生成 M_2S 填充在颗粒界面之间，使方镁石颗粒结构破坏。

通过以上分析可见：炉渣对镁铬耐火材料的侵蚀主要表现为方镁石的溶解（或者说方镁石在 $FeO\text{-}SiO_2$ 渣系中有较大的溶解度）；反应生成低熔点的橄榄石

图 6-62 炉渣破坏方镁石颗粒结构的显微结构照片

主要是镁铁橄榄石 2(MgO,FeO)·SiO_2(MFS)和少量的镁橄榄石 2MgO·SiO_2(M_2S)，而尖晶石则表现出良好的抗渣性（或者说尖晶石在 FeO-SiO_2 渣系中溶解度小)，复合尖晶石以游离状存在于方镁石和炉渣反应形成的橄榄石基质中。这种结构削弱了耐火材料结合强度，增加了由于循环热冲击和机械应力所引起的损毁。

6.4.4 耐火材料抗铜锍侵蚀的研究

6.4.4.1 试验方法

抗铜锍侵蚀试验采用静态坩埚法。图 6-63 给出了铜锍渗透坩埚示意图。

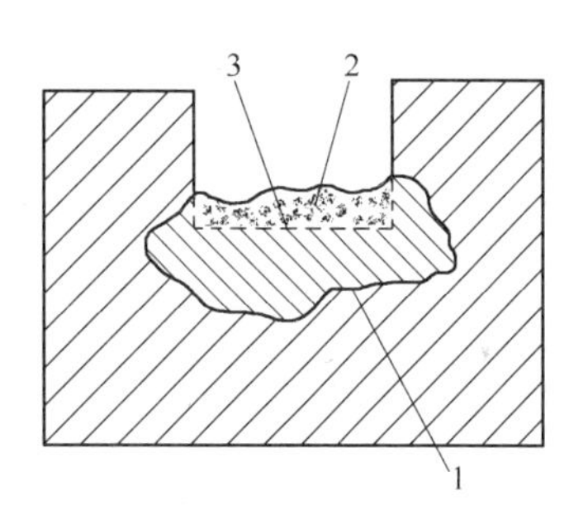

图 6-63 铜锍渗透坩埚示意图
1—铜锍渗透面积；2—试验后的铜锍；3—试验前试样表面

本试验选择有代表性的试样进行抗铜锍侵蚀试验，试样的物理化学性能见表 6-13 和表 6-14。

6.4.4.2 试验步骤

（1）把制备好的耐火砖切割成坩埚，每个坩埚的尺寸为 70mm×70mm×70mm，中孔为ϕ25mm×30mm。

（2）抗铜锍侵蚀试验在 N_2 炉内进行，为了防止铜锍氧化，试验过程中采用抽真空充 N_2 气保护、快速升温等措施，炉内氮气压力为 0.11MPa。

（3）将称好的铜锍 20g 放入坩埚内，将坩埚试样放入试验炉内加热熔化，快速升温至所需要的试验温度 1250℃（1300℃、1350℃、1400℃、1450℃）。

（4）升温速度为 5℃/min，快速升温至所需要的试验温度 1250℃（1300℃、1350℃、1400℃、1450℃），保温 3h。

（5）将试验后的坩埚从中间切开，观察、计算铜锍的渗透面积。对各种不同试样的渗透面积加以比较，以其中一个试样为基准，进行数据分析。

6.4.4.3 铜锍侵蚀试验结果及分析

A 显气孔率的影响

对于 Cr_2O_3 含量为18%的试样，采用不同的成型压力，分别为 80MPa、120MPa、150MPa，压制成坩埚，在同一窑车上烧成。成型压力对显气孔率的影响，以及显气孔率对镁铬耐火材料抗铜锍渗透的影响分别见表 6-17 和图 6-64。

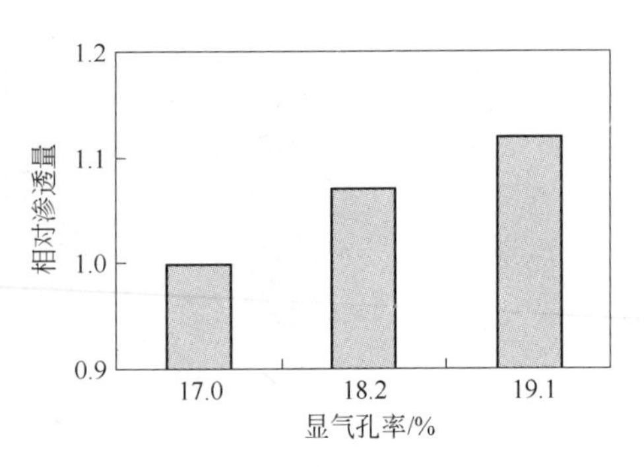

图 6-64 显气孔率对铜锍渗透深度的影响

表 6-17 镁铬试样的成型压力、显气孔率以及铜锍的渗透面积

成型压力/MPa	显气孔率/%	渗透面积/mm^2	相对渗透量 MK_x/MK_{15}
80	19.1	324	1.12
120	18.2	310	1.07
150	17.0	289	1.00

从试验结果可见，随着显气孔率的增加，铜锍的渗透面积增大。这说明在熔渣入侵的几种途径中，沿毛细管通道渗入是主要途径之一。对镁铬耐火材料的气孔孔径分布进行分析发现，气孔孔径主要分布在 1 ~ 20μm 的范围之内，根据杨氏方程

$$\sigma_{lv}\cos\theta > 0 \tag{6-30}$$

如果润湿角小于 90°，则铜锍可以渗入并沿气孔进行扩散；如果接润湿角大于 90°，则锍可以沿其渗透的最小孔径为：

$$d = [4d_{lv}\cos(180 - \theta)]/\rho_l gh \tag{6-31}$$

Ip 和 Toguri 研究了锍对不同氧化物的润湿性，结果显示锍对不同基质接触角的变化与锍中硫化镍的质量分数呈线形关系。由于铜锍液体在复合镁铬耐火材料上的润湿角小于 90°，因此铜锍能够很好地润湿镁铬耐火材料，铜和铜锍在耐火材料中的渗透也很深。

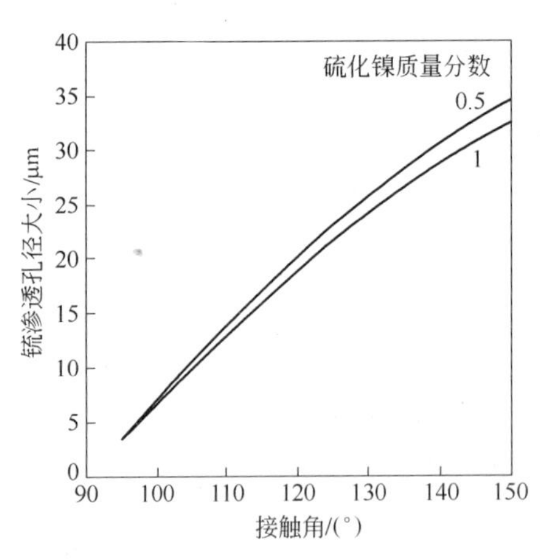

图 6-65 1473K 时锍渗透的气孔孔径和接触角的关系

根据式 6-30 和式 6-31，P-S 转炉在操作过程中锍在风口中的最大浸入量为 0.85m。就这一深度，假设熔体中全部为镍锍，则不同接触角下不同镍硫化物含量条件下，计算出熔体可以渗透的气孔孔径如图 6-65 所示。取硫化镍在方镁石

上的最大接触角为120°，则锍能够渗透的最小孔径为20μm，随着硫化亚铁含量的增加，锍可以渗透的孔径减小。A. Starzacher 在研究铜水浸渍过的碱性耐火材料的导热系数时指出，经铜水浸渍过的耐火材料孔径分布主要集中在0.1～0.5mm之间。

B 生产工艺的影响

不同生产工艺镁铬耐火材料抗铜锍渗透的试验结果示于图6-66。从图6-66中可以得知，不同工艺生产的镁铬耐火材料抗铜锍侵蚀能力不同，但总的来讲，各种工艺生产的镁铬耐火材料抗粗铜渗透能力的大小如下：电熔再结合镁铬耐火材料 > 半再结合镁铬耐火材料 > 直接结合镁铬耐火材料 > 硅酸盐结合镁铬耐火材料。

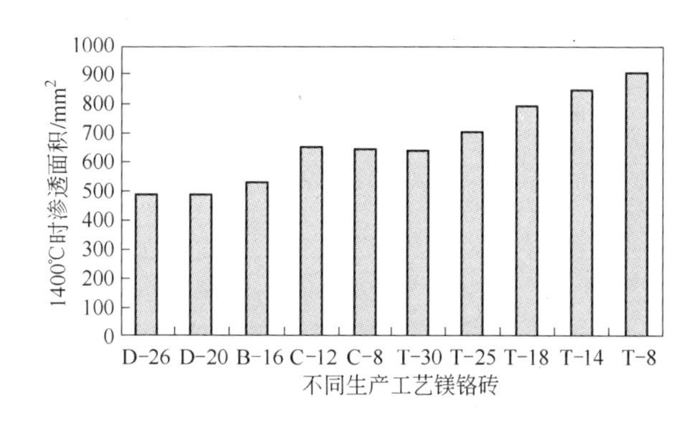

图6-66 1400℃时铜锍在不同生产工艺镁铬耐火材料中的渗透面积

C Cr_2O_3 含量的影响

硅酸盐结合镁铬耐火材料中 Cr_2O_3 含量对材料抗铜锍渗透性的影响如图6-67所示。

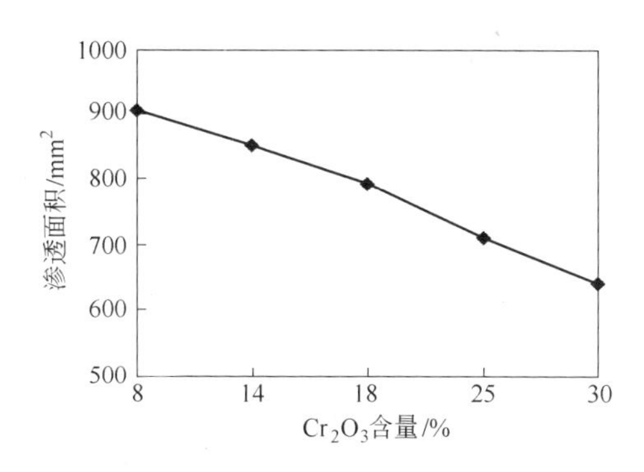

图6-67 1400℃时铜锍在不同 Cr_2O_3 含量普通镁铬砖中的渗透面积

从图6-67中可以得知，在同一工艺生产的镁铬耐火材料当中，抗铜锍侵蚀

能力随耐火材料中 Cr_2O_3 含量的增加而提高。这是因为一方面随着 Cr_2O_3 含量的增加，使耐火材料中液相开始熔化温度升高，晶内晶间尖晶石增多，直接结合程度增大，从而减少了以薄膜状分布于耐火物相之间的硅酸盐相，减少了铜锍渗透的渠道；另一方面，随着 Cr_2O_3 含量的增加，铜锍对镁铬耐火材料的润湿性减弱。

D　温度的影响

同抗炉渣侵蚀试验一样，研究了铜锍侵蚀性和温度的关系，试验结果列于表6-18 及图 6-68。

表 6-18　不同温度下铜锍在镁铬耐火材料中的渗透面积　（mm^2）

温度/℃	D-26	D-20	B-16	C-12	C-8	T-30	T-25	T-18	T-14	T-8
1250	211	249	327	453	514	484	520	571	665	720
1300	279	292	329	482	592	588	568	645	732	766
1350	397	408	443	554	599	607	681	772	809	717
1400	494	533	591	688	741	789	831	897	945	1088
1450	531	584	628	749	854	898	947	1022	1057	1081

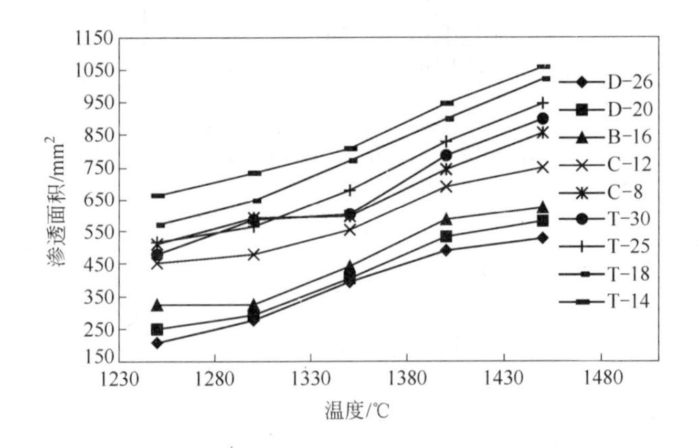

图 6-68　不同温度下铜锍在镁铬耐火材料中的渗透面积

从表 6-17 及图 6-68 中可以得知，无论对哪种工艺生产的镁铬耐火材料而言，随着温度的升高，铜锍的渗透面积增大，这是因为随着温度升高，铜锍的黏度降低，流动性增强，渗透性加剧。一般来讲，温度升高 50℃，渗透面积增加 5% ~8% 。

E　显微结构分析

将抗铜锍侵蚀试验后的坩埚制成光片，放在扫描电镜下观察，并结合能谱分析（EDAX）其成分。分析发现，铜锍对镁铬耐火材料的侵蚀主要表现为渗透，渗入的铜锍主要填充在开口气孔中，不与耐火材料成分发生反应。

图 6-69 是试样距工作面 0.5 ~ 1mm 处铜锍填充开口气孔，形成网络状组织的显微照片（图 6-69a）和原砖层中基质的结构与形貌（图 6-69b）。比较两者不难看出，铜锍渗入镁铬耐火材料内部的主要渠道为开口气孔。

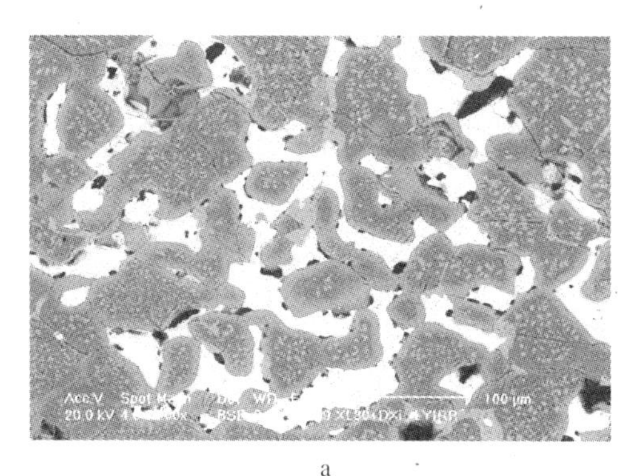

a

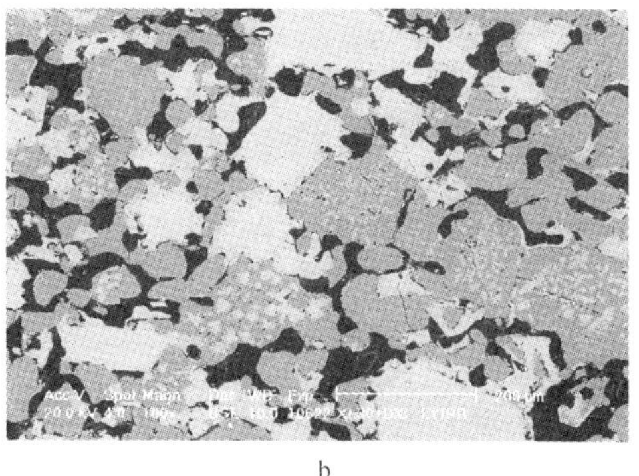

b

图 6-69　铜锍填充开口气孔的显微照片（C-12）

图 6-70 是渗入物相——铜锍的高倍显微照片，其中亮白色物质是铜锍（FeS、Cu_2S、Ni_xS_2、Fe_3O_4），颜色稍浅一些的物质是 FeS。

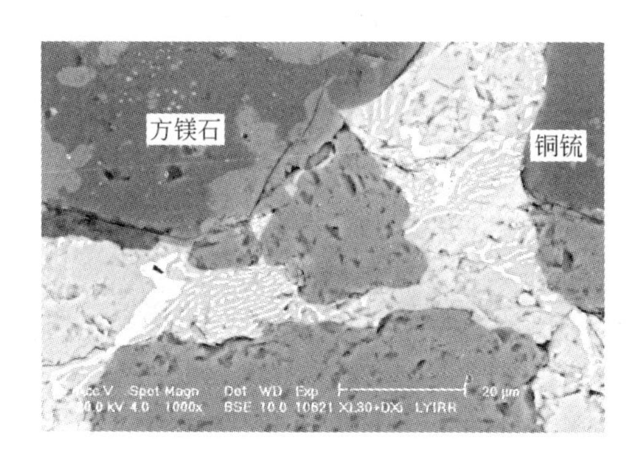

图 6-70　渗入物相——铜锍的高倍显微照片（C-12）

在分析过程中发现，有少量的铜锍沿颗粒界面渗透，如图 6-71 所示。从中可以观察到，铜锍沿颗粒界面渗透，并破坏方镁石颗粒的结构（渗入的铜锍把方镁石颗粒分解并包裹起来，使一部分方镁石晶粒从方镁石大颗粒中脱离出来），因此，我们可以推测，在有色冶炼过程中，被分离出来的方镁石晶粒会在高温熔体和机械冲刷等作用下随熔体流走，破坏镁铬耐火材料的结构，降低其使用寿命。

从以上分析可知，铜锍对镁铬耐火材料的侵蚀主要表现为渗透，其渗透的主要途径为开口气孔，少量的沿颗粒界面渗透。根据仿真的结果可知，在转炉的吹

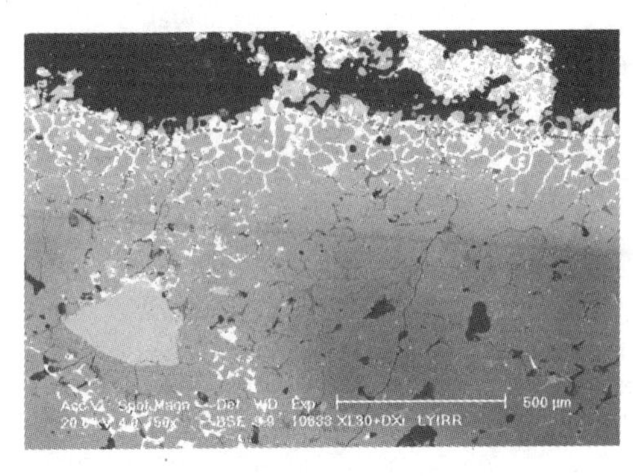
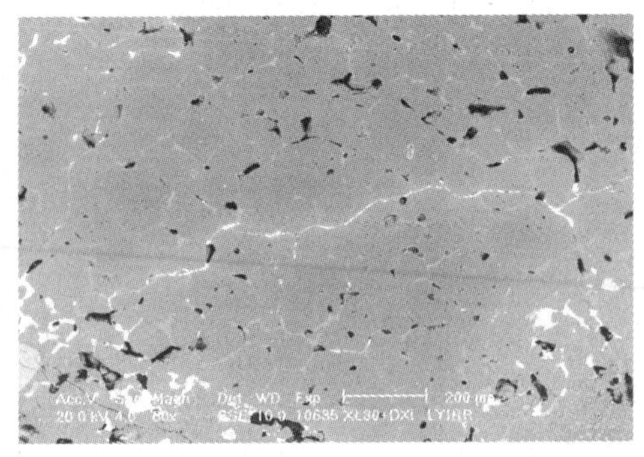

图 6-71 铜锍沿颗粒界面渗透（C-12）

炼过程中温度波动剧烈。渗透到耐火材料气孔中的铜锍在温度波动时，产生的体积变化使耐火材料发生结构剥落，这是镁铬耐火材料损毁的主要原因之一。因此，降低耐火材料的气孔率，减小气孔孔径是提高镁铬耐火材料抗铜锍渗透和炉衬寿命的主要途径之一。

6.4.5 粗铜渗透的研究

6.4.5.1 试验方法

抗粗铜侵蚀试验采用静态坩埚法。粗铜渗透坩埚示意图见图 6-63。本试验选择有代表性的试样进行抗渣试验，试样的物理化学性能见表 6-13 和表6-14。

6.4.5.2 试验步骤

试验步骤具体如下：

（1）把制备好的耐火砖切割成坩埚，每个坩埚的尺寸为 70mm × 70mm × 70mm，中孔为 ϕ25mm × 30mm。

（2）抗粗铜侵蚀试验在重烧炉内进行，为了防止粗铜氧化，试验过程中采用埋炭保护、快速升温等措施。

（3）将称好的粗铜 20g 放入坩埚内，将坩埚试样放入试验炉内加热熔化。

（4）升温速度为 10℃/min，快速升温至所需要的试验温度 1250℃（1300℃、1350℃、1400℃、1450℃），保温一定时间（3h、4h、5h、6h、10h）。

（5）将试验后的坩埚从中间切开，观察、计算粗铜渗透面积。对各种不同试样的渗透面积加以比较，以其中一个试样为基准，进行数据分析。

6.4.5.3 试验结果

将试验后的坩埚从中间切开，测量并计算粗铜的渗透面积，其结果见表 6-19。

表 6-19 不同试验温度下粗铜的渗透面积 (mm^2)

温度/℃	D-26	D-20	B-16	C-12	C-8	T-30	T-25	T-18	T-14	T-8
1250	391	453	506	554	617	588	654	698	776	811
1300	452	491	544	621	651	647	751	788	823	882
1350	471	513	579	668	716	751	801	835	885	918
1400	488	538	621	703	736	789	836	869	927	979
1450	563	615	730	761	831	843	864	974	1024	1092

6.4.5.4 侵蚀的影响因素及粗铜的侵蚀机理分析

A 试验温度的影响

各种工艺生产的镁铬耐火材料的粗铜渗透面积与温度的关系如图 6-72 所示。

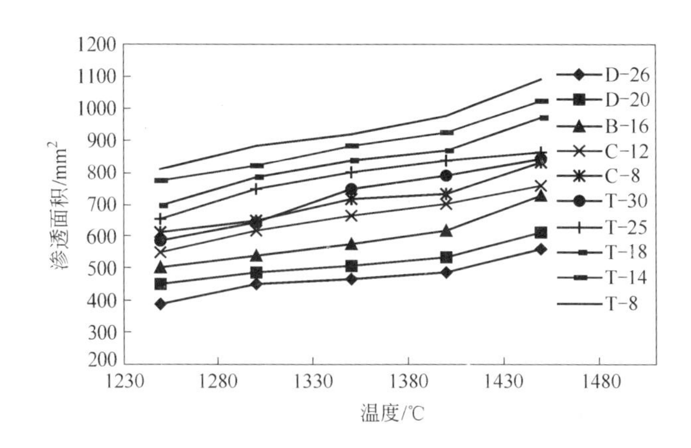

图 6-72 粗铜渗透面积与温度的关系

试验结果表明：无论对哪种工艺生产的镁铬耐火材料而言，粗铜的渗透面积都随温度的升高而增大。一般来讲，温度升高 50℃，渗透面积增加 5% ~8%。由此可见，温度对镁铬耐火材料抗粗铜侵蚀性能的影响很大。因此，在有色冶炼生产过程中，改善操作条件，控制温差的波动范围，可以有效地提高有色冶炼用耐火材料的使用寿命。

由于粗铜的主要成分为 Cu 和 Cu_2S，一般来讲，粗铜和镁铬耐火材料之间不会发生化学反应。在试验温度下，粗铜的黏度比较低，因此渗入开口气孔的能力很强。对于某一指定的耐火材料来讲，由于其结构因素相同，熔渣渗入毛细管的深度（X）可用修改后的比可曼（Bilkerman）推导的关系式来表示：

$$X = A(\sigma \tau \cos\theta / \eta)^{\frac{1}{2}} \tag{6-32}$$

式中，σ 为熔渣的表面张力；η 为熔渣的黏度；θ 为接触角；τ 为时间；A 为常数。

从渗透深度 X 的表达式可以得知：对同种工艺生产的镁铬耐火材料而言，温度升高，粗铜的表面张力 σ 增大，黏度 η 减小，使渗透深度加深。

B　生产工艺的影响

生产工艺对镁铬耐火材料抗粗铜渗透的影响如图 6-73 所示。

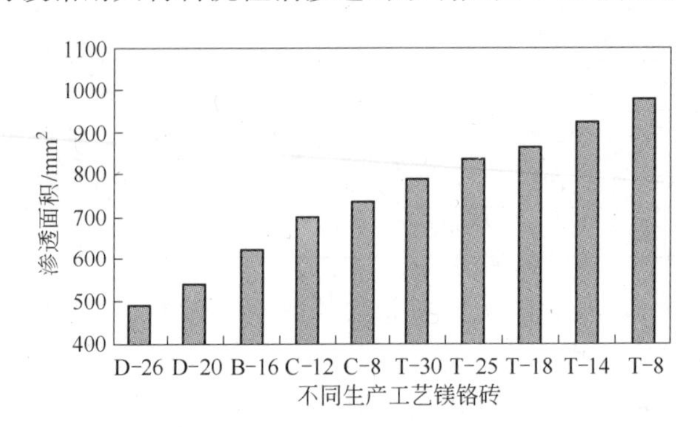

图 6-73　1400℃下粗铜在不同生产工艺镁铬耐火材料中的渗透面积

从图 6-73 中可以得知，不同工艺生产的镁铬耐火材料抗粗铜渗透能力不同，但总的来讲，不同工艺生产的镁铬耐火材料抗粗铜渗透能力的大小如下：电熔再结合镁铬耐火材料 > 半再结合镁铬耐火材料 > 直接结合镁铬耐火材料 > 硅酸盐结合镁铬耐火材料。

从各种镁铬耐火材料的理化性能分析中可以得知：气孔率变化规律和抗粗铜渗透能力的变化规律一致。这表明，粗铜渗透的主要途径为开口裂隙。直接结合程度高的优质镁铬耐火材料中，少量的硅酸盐相呈孤岛状存在而不是以薄膜状分散于耐火物相晶粒之间。在高温下，硅酸盐相熔液凝聚于一处，形不成液相渠道，从而提高了镁铬耐火材料抗粗铜侵蚀性。

C　Cr_2O_3 含量的影响

同一工艺生产的镁铬耐火材料中 Cr_2O_3 含量对粗铜渗透面积的影响示于图 6-74。从图 6-74 中可以得知，在同一工艺生产的镁铬耐火材料当中，抗粗铜侵蚀能力随耐火材料中 Cr_2O_3 含量的增加而提高。

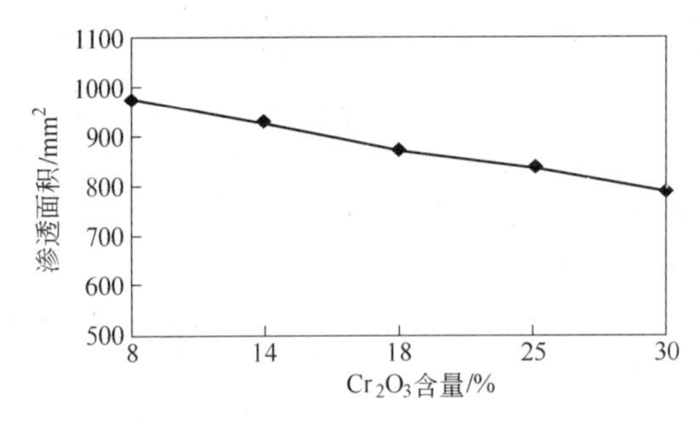

图 6-74　硅酸盐结合镁铬耐火材料中粗铜渗透面积和 Cr_2O_3 含量关系

图 6-75 示出了铜液中的氧含量对在不同 Cr_2O_3 含量的共烧结镁铬耐火材料上接触

角的影响。从图6-75可以得知，镁铬耐火材料中Cr_2O_3含量增大，润湿性变差。

通过以上分析可知，在镁铬耐火材料中，随着Cr_2O_3含量的增加，尖晶石在硅酸盐相中的溶解度降低，且开始熔融温度升高，从而减少了粗铜在镁铬耐火材料中的渗透渠道；而且，随着Cr_2O_3含量的增加，粗铜对镁铬耐火材料的润湿性变差。因此随着Cr_2O_3含量升高，镁铬耐火材料抗粗铜渗透性增强，当然，铜中的氧含量也应该尽量低，否则也将增加铜的渗透。

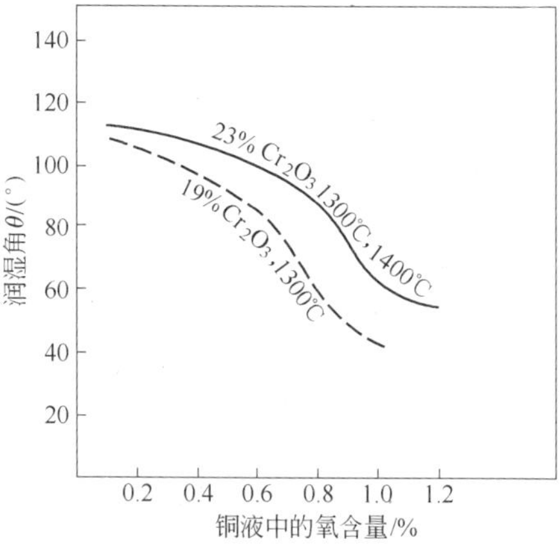

图6-75　含氧的铜液在Cr_2O_3含量不同的共烧结镁铬耐火材料上的接触角

D　气氛的影响

从试验结果可知：在弱氧化气氛下所做的抗粗铜侵蚀试验，粗铜的渗透性很强，渗透量高达100g以上；相反，在N_2保护气氛下所做的抗粗铜侵蚀试验，粗铜并没有渗透到镁铬耐火材料内，而是熔融后成球状附在坩埚的底部。这与不同气氛下铜液对镁铬耐火材料的润湿角不同有关。图6-76示出了铜液中氧和硫含量对其在镁铬耐火材料上接触角的影响。说明硫化铜和氧化铜熔体都能很好地润湿镁铬耐火材料。

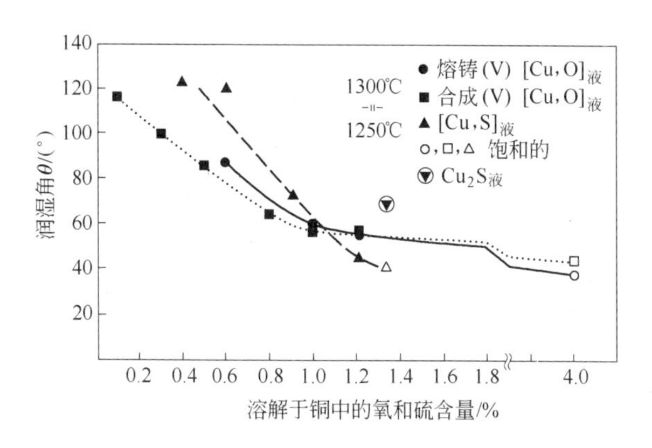

图6-76　铜液中氧和硫含量对其在镁铬耐火材料上接触角的影响

从图6-76中可以看出，硫和氧对铜液是强表面活性物质，能大大降低铜液的表面张力以及与固体的界面张力，增加对耐火材料的润湿性。

E　EDAX及SEM分析

将抗粗铜侵蚀试验后的坩埚（C-12，1400℃）磨制成光片，进行EDAX和SEM分析。由于试验气氛为弱氧化气氛，粗铜中的Cu和Cu_2S被氧化，主要以

Cu 和 Cu_2O 的形式存在。分析中发现：在工作面附近，粗铜主要以 Cu 和 Cu_2O 的形式存在，在里面的段带内，主要以金属铜的形式存在。铜的氧化物和耐火材料中的方镁石（MgO）相互扩散，形成固溶体，在方镁石（MgO）的周围形成环带，而非填充在开口气孔中。并非如前人所研究的那样铜的氧化物不与镁铬耐火材料中的其他氧化物发生反应。

图 6-77 为工作面处铜的氧化物扩散到方镁石晶体中的低倍 SEM 照片。从照片中可以看出：方镁石颗粒的边缘已变成“均匀”的固溶体，其晶内已看不到明显的尖晶石脱溶相。该处方镁石固溶体的成分（EDAX）见表 6-20。

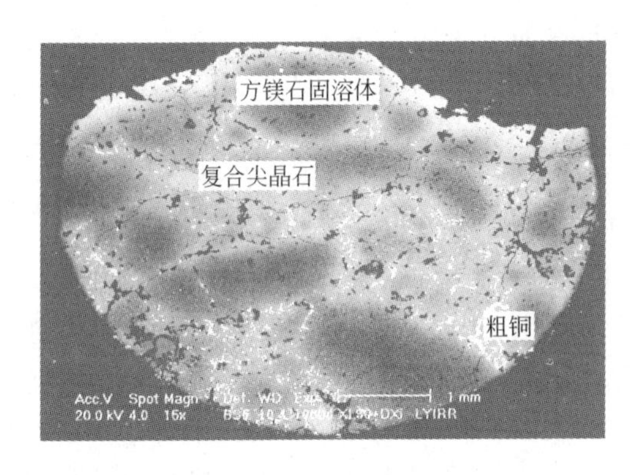

图 6-77 工作面处显微结构照片（C-12）

表 6-20 方镁石固溶体的成分（EDAX） （质量分数,%）

分析区域	MgO	Al_2O_3	Cr_2O_3	Fe_2O_3	NiO	Cu_2O
1	52.65	32.5	12.57	4.14	21.43	4.96
2	47.02	0.34	2.76	4.82	21.18	23.87

虽然在工作面附近粗铜主要以 Cu_2O 的形式存在，但在坩埚内部我们仍可以观察到 Cu 填充开口气孔的情况，如图 6-78 所示。图 6-78a 中构成网络状的白色

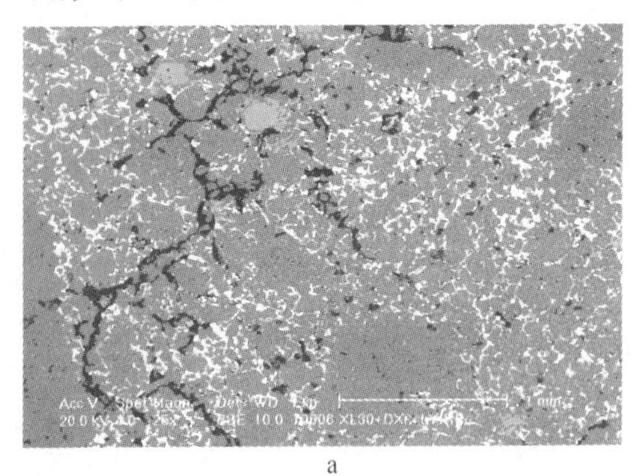

a

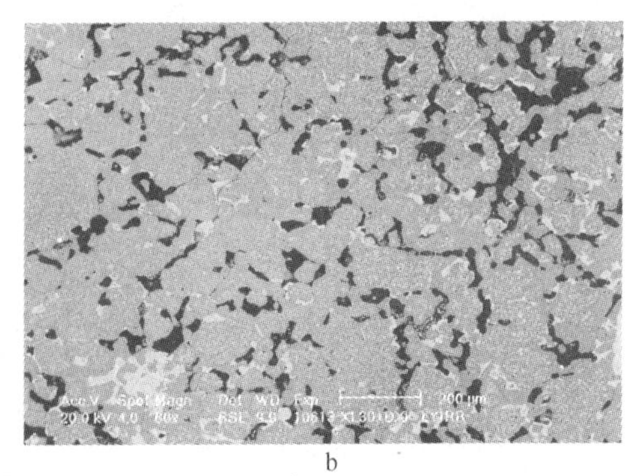

b

图 6-78 粗铜填充开口气孔显微结构照片（C-12）

a—抗粗铜侵蚀实验后试样；b—原砖试样

渗透物为 Cu 及少量的 Cu_2O，图 6-78b 是原砖基质的结构与形貌，比较两图可以看出：粗铜的渗透主要渠道为开口气孔。

图 6-79 是在扫描电镜下试样中观察到的镁砂颗粒中所形成的裂纹，有些甚至是穿晶的。

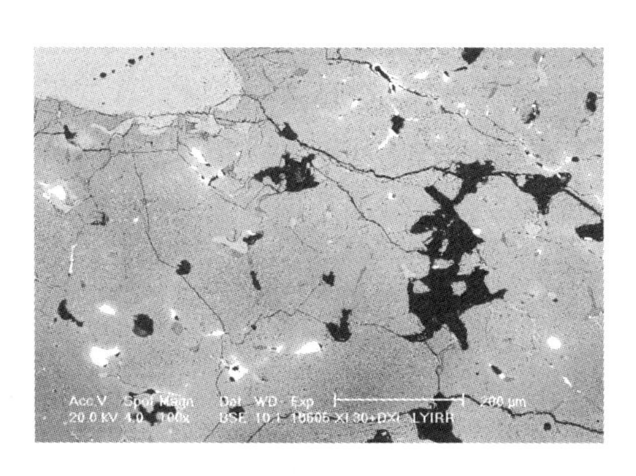

图 6-79 扫描电镜下观察到的镁砂颗粒中的裂纹（C-12）

对在弱氧化气氛下进行的抗渣试样的显微分析结果表明：虽然粗铜中的 Cu 和 Cu_2S 被氧化，主要以 Cu 和 Cu_2O 的形式存在。但粗铜对镁铬耐火材料的侵蚀仍以渗透为主，其渗透的主要渠道为开口气孔。

6.4.6 小结

小结如下：

（1）鼓风强度对熔体温度的影响的仿真结果表明，随着鼓风强度的增大，熔体温度升高，造渣期熔体温度最高达 1300℃以上，造铜期熔体最高温度在 1250℃以上。

（2）以洛阳耐火材料集团公司生产的铜冶炼用镁铬耐火材料为试验对象，进行了抗渣、铜锍和粗铜侵蚀试验，试验结果表明，添加了预合成镁铬砂的优质镁铬耐火材料具有良好的抗渣侵蚀性和渗透性，而且其抗渣性随着耐火材料中 Cr_2O_3 含量的提高而增强；温度对镁铬耐火材料抗渣性能的影响较大，随着温度的升高，炉渣对耐火材料的侵蚀加剧。

（3）抗渣试验结果表明：炉渣与耐火材料中的方镁石固溶体发生反应，使方镁石固溶体溶解于 FeO-SiO_2 系炉渣中，是炉渣侵蚀镁铬耐火材料的主要特征，而复合尖晶石则表现出优良的抗渣性；粗铜和铜锍对镁铬耐火材料的侵蚀主要表现为渗透，其渗透的主要途径为孔隙。

6.5 高性能镁铬耐火材料在ϕ3.66m×7.7m 转炉的应用

由前面的研究可知，要想改善镁铬耐火材料的抗炉渣侵蚀性和抗锍的渗透性，必须适当增加 Cr_2O_3 或 $MgO \cdot Cr_2O_3$ 尖晶石的含量；要想改善镁铬耐火材料的抗热震稳定性和高温强度，就要适当增加 Al_2O_3 或 $MgO \cdot Al_2O_3$ 尖晶石的含量；同时要想保持镁铬耐火材料具有的良好抗侵蚀性和高温强度，必须降低杂质（CaO、SiO_2 等）的含量。这些是我们生产转炉用高性能镁铬耐火材料的依据。基于此，作者在国内镁铬耐火材料中添加了预合成纯 $MgO \cdot Cr_2O_3$ 尖晶石来强化耐火材料的基质，同时考虑到随着 Cr_2O_3 含量的增加，会降低材料的烧结性，所以适当地添加 Al_2O_3 以利于在高温下利用 Al_2O_3 良好的稳定性来促进烧结。综合考虑，选用铬精矿、精选菱镁石、工业氧化铝、工业氧化铬等为原料，来试制转炉优质镁铬耐火材料。转炉的基本性能参数示于表6-21。试生产出的优质镁铬风口砖的化学组成与物理性能示于表6-22。

表 6-21 ϕ3.66m×7.7m 转炉基本性能参数

转炉主要参数		使用条件	
转炉容量/t	60	鼓风压力/kPa·cm^{-2}	78～118
直径×长度/m×m	3.66×7.7	低锍品位	一期：Ni 13%～15%，Cu 6%～8.5% 二期：Ni 30.88%，Cu 17.16%
工作直径/m	2.76	鼓风量/m^3·min^{-1}	330
风口数量/个	28～34	鼓风强度/m^3·$(cm^2 \cdot mm)^{-1}$	0.54
风口间距/mm	152	操作温度/℃	1220～1250
风管直径/mm	48	送风时率/%	65～75

表 6-22 优质镁铬风口砖的化学组成和物理性能

项目		No.5	No.6	No.7
化学组成（质量分数）/%	MgO	55.3	52.4	51.2
	Cr_2O_3	26.6	31.7	29.5
	Al_2O_3	9.1	8.9	9.7
	Fe_2O_3	6.0	4.2	7.5
	CaO	1.03	1.61	0.69
	SiO_2	1.61	0.93	1.16
物理性能	气孔率/%	18.3	24.0	21.0
	体积密度/g·cm^{-3}	3.14	2.95	3.07
	常温耐压强度/MPa	53.5	66.5	59.1
	1400℃抗折强度/MPa	11.4	17.5	13.7
	荷重软化开始温度/℃	1770	1770	1770

研制出的优质镁铬风口砖，其基质部分结合甚好，尖晶石发育很好。将上述优质镁铬风口砖与配套的镁铬风口砖砌筑于50t 炼镍转炉风口与风口区，分批进行使用试验。进入转炉的低冰镍品位为含 Ni 14%，产出的高冰镍品位为含 Ni 48%。使用中，曾由于炉口掉砖，中途停炉修理。最后，皆因非试验砖损毁而寿终，使用寿命分别为51、57、58、61 炉。停炉后对风口与风口区用砖进行了测量，蚀损最严重的风口部位残砖厚度仍有130 ~240mm。该炉龄创金川公司一期转炉的最高炉龄，同时也证明，在冶炼工艺条件不变的情况下，通过改进耐火材料的性能，也可使炉龄成倍增长，彻底解决了转炉制约冶炼生产的这一“瓶颈”因素。

用后镁铬风口砖的残砖长度及电子探针分析如图6-80、图6-81 所示。

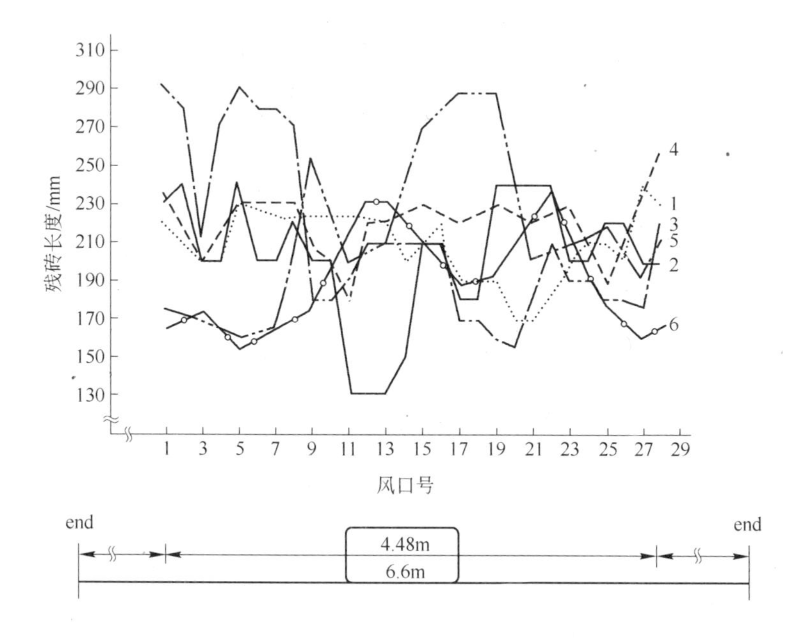

图6-80 用后镁铬风口砖的残砖长度

1—风口；2—风口以上第二层；3—风口以上第六层；4—风口以上第十层；5—风口以上第十三层；6—风口以上第十八层

从图6-81 中可以看出，氧化铁含量在离工作面6mm 处即与原砖相近，说明氧化铁渗入深度不大。SiO_2 含量在离工作面1.5mm 内变化大，在离工作面11mm 处仍比原砖稍高。Ni、Cu、S 相伴渗入镁铬风口砖内，而且在离工作面11mm 处，含量甚高，说明冰镍渗透能力很强，渗透很深，然而，反应层不厚。以上结果表明，优质镁铬风口砖具有良好的抗结构剥落性，因而使用效果好。

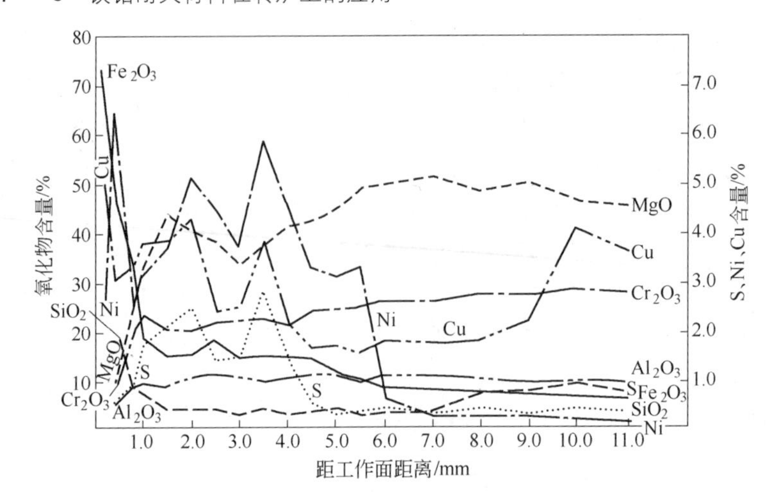

图 6-81　用后镁铬风口砖的电子探针分析

6.6　铜转炉风口区镁铬耐火材料制备与损毁机理研究

根据不同熔炼阶段、炉衬温度场变化的仿真结果可知铜转炉风口及风口区炉衬温度变化剧烈、热应力变化大，同时又将承受风力及人工捅风口的机械力的冲击。加之，风口区也是受熔渣、熔锍、熔融粗铜侵蚀的动力学最严重的区域。因此风口及风口区也是 P-S 转炉最易受损的区域。解决此区耐火材料的使用寿命，既可以降低整个转炉炉衬的损毁量，也可大大提高转炉炉龄。

根据对现行各类镁铬耐火材料的物理性能、力学性能及化学性能的研究结果可以得出，电熔再结合镁铬砖可能是风口区最佳的备选耐火材料，因此本章研究该材料在贵溪 200t 转炉上的试用效果及损毁机理。

6.6.1　风口区镁铬砖研制

从抗渣试验结果可以得知，使用电熔镁铬砂为原料制备出的镁铬砖可以显著提高其抗渣性等各高温性能。电熔镁铬砂就其所用原料和配比而言可谓多种多样。表 6-23 为生产电熔镁铬砂的所用原料的化学成分。

表 6-23　用于生产电熔镁铬料的菱镁石、铬矿的化学成分（质量分数,%）

原　料	MgO	Cr_2O_3	Al_2O_3	Fe_2O_3	CaO	SiO_2
铬精矿	15.14	56.09	10.43	13.25	0.82	2.60
铬　矿	15.07	54.25	10.76	14.35	1.03	5.73
精选菱镁石	47.53	—	—	—	0.34	0.21
菱镁石	46.85	—	—	—	0.61	0.83

将表6-23的原料经过配比，制成镁铬砂。表6-24列出了制成的电熔镁铬砂的物理性能及化学成分。

表6-24 电熔镁铬砂的性能

项　目		A	B	C
化学组成（质量分数）/%	MgO	60.24	61.14	59.32
	Cr_2O_3	18.26	20.19	18.97
	Fe_2O_3	12.67	10.25	14.04
	Al_2O_3	6.87	6.63	6.04
	SiO_2	1.34	1.41	0.93
	CaO	0.55	0.85	0.66
矿物成分	方镁石	很　强	很　强	很　强
	复合尖晶石	强	强	中
物理性能	吸水率/%	0.9	1.1	1.1
	真相对密度	3.86	3.86	3.60
	体积密度/$g \cdot cm^{-3}$	3.73	3.70	3.47
	显气孔率/%	3.4	4.1	3.7

在制成的镁铬砂中加入结合剂，后在180MPa压力下成型。经过干燥后，在1780℃温度下煅烧，制成电熔再结合镁铬砖。其物理化学性能见表6-25。

表6-25 电熔再结合镁铬砖LDMGe-20物理化学性能

化学成分	MgO	Cr_2O_3	Al_2O_3	Fe_2O_3	CaO	SiO_2
含量（质量分数）/%	63.70	20.43	4.86	7.95	1.62	1.54
物理性能	显气孔率/%	常压强度/MPa	荷重软化温度/℃		体积密度/$g \cdot cm^{-3}$	
数　值	15	70	1740		3.28	

6.6.2 高性能镁铬耐火材料在φ4m×11.7m转炉的应用

根据前面的研究可知，风口区是铜转炉最容易损毁的部位之一。主要原因为：（1）该部位的工作温度相对较高，且温度波动大，刚加入铜锍前后温度时变速率达到40℃/min以上；（2）高温熔体的侵蚀、渗透以及气体和熔体的冲刷；（3）冶炼新技术的采用，如20世纪90年代，采用富氧吹炼技术，使该部位耐火材料的使用环境更为苛刻。因此，只有不断地改进该部位用镁铬耐火材料，才能适应转炉冶炼技术的发展，提高转炉的使用寿命。图6-1为我国贵溪冶炼厂200t铜锍吹炼转炉炉型。

转炉的基本参数操作条件见表6-26。

表 6-26　转炉的操作条件

转炉的主要参数		使用条件	
转炉容量/t	200	出铜温度/℃	1180
直径 × 长度/m × m	4 × 11.7	铜锍品位/%	48.6
工作直径/m	3.1	熔剂率/%	8.24
风口数量/个	48	送风时率/%	77.61
风口间距/m	0.152	冷料率/%	30.46
风管直径/m	0.064	出渣温度/℃	1200 ~ 1250

在试验初期，侧重于解决耐火材料的热震稳定性和提高耐火材料的高温强度等因素，因此采用了高温烧结生产的直接结合镁铬砖作为炉衬。虽然取得了明显的使用效果，但炉龄基本维持在 180 炉左右。对使用后的残砖分析表明，锍的渗透相当厉害，所以侧重点由提高热震性、高温强度等因素转移至抗渗透性的提高上。根据基础研究的试验结果，采用添加预合成镁铬砂，基质部分采用 Cr_2O_3 增强，降低杂质含量，来提高其抗锍的渗透性。电熔再结合镁铬耐火材料在大型转炉上的使用效果良好，使炉衬寿命维持在 250 炉左右，从而达到了提高炉衬寿命的目的，满足了生产要求。

6.6.3　铜转炉用电熔再结合镁铬耐火材料损毁机理

6.6.3.1　残砖取砖位置

电熔再结合镁铬耐火材料在贵溪 200t 转炉上的试验结果表明使用效果很好，使炉龄提高到 250 炉次以上。为了进一步研究耐火材料在转炉中的损毁状况。在贵溪冶炼厂停炉检修时，从 200t P-S 卧式转炉上取下残砖样，取砖部位位于渣线下风口区。

6.6.3.2　残砖的外貌观察

图 6-82a 是取下的部分残砖的外貌照片，可以观察到：残砖的工作面已经变得凹凸不平，主要是由热剥落和结构剥落引起的，受热面严重渣蚀。把残砖从中间切开，其断面见图 6-82b，观察断面可以发现：在距工作面 5 ~ 12mm 处，存在一条“平行”于热面的大裂纹。从热面到裂纹的区域内粗铜渗透十分明显，形成了一层“挂铜层”，或称之为“铜皮”，残砖变得十分致密。裂纹后面的区域，随着粗铜（主要是 Cu 和 Cu_2S）的渗入，残砖的颜色变化如下：黄铜色→黄褐色→褐色。在每两个颜色变化带之间，能够观察到由于粗铜的渗透所形成的细裂纹。因而，可以推知该耐火材料的损毁是以结构剥落和热剥落为主的（主要是由于粗铜的渗入，其导热系数和镁铬耐火材料不同而产生裂纹，在热应力和机械应力的作用下剥落掉）。而这种损毁会造成镁铬耐火材料一次十几毫米甚至几十毫米的突然剥落，因此对炉衬寿命影响极大。

a　　b

图 6-82　残砖的外貌及断面照片

a—侧面；b—正面

从残砖的外观分析，可以将其分为四层：

（1）附渣层（剥落区）：热面（0mm）至 5～10mm 处。

（2）渗透层：5～10mm 至 10～40mm 处。

（3）微渗层：10～40mm 至 15～70mm 处。

（4）原砖层：15～70mm 以后。

6.6.3.3　残砖的物理性能分析

把残砖进行分层处理，从热面到冷面共分为 6 层。层号由热面开始排，将残砖分为 6 层，由于铜锍、粗铜和赤铁矿的体积密度与镁铬耐火材料的密度相差较大，各层的气孔率和体积密度的变化可反映熔体对镁铬耐火材料的侵蚀与渗透的情况。各层的气孔率和体积密度见表 6-27 及图 6-83。

表 6-27　耐火材料气孔率和体积密度

层　号	距热面的距离/mm	气孔率/%	体积密度/g · cm^{-3}
MGC1	0～10	7.5	5.24
MGC2	14～19	4.1	4.01
MGC3	23～30	4.1	4.07
MGC4	34～42	3.4	3.97
MGC5	45～59	4.9	3.85
MGC6	63～72	5.7	3.63
原　砖	120	15.0	3.27

从测试结果图 6-83 中可以看出：第一层（受热面）由于铜和锍的渗透量最

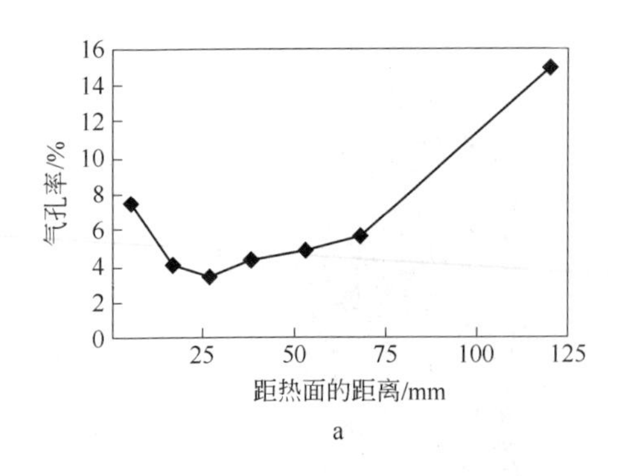

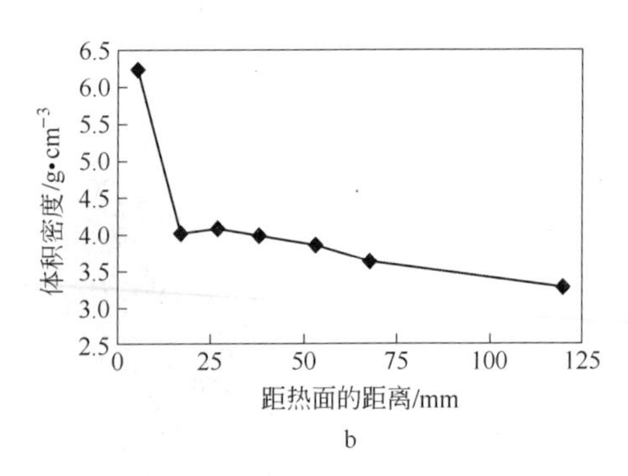

图 6-83 残砖各层的气孔率（a）和体积密度（b）

多，所以这一层的体积密度最大（从外观上看，已成为一层“挂铜层”），高达 5.24g/cm^3（铜的密度为 8.89g/cm^3，电熔镁铬耐火材料的密度为 3.28g/cm^3）。第一层气孔率很大的原因主要是该层内存在一条“平行”于热面的裂纹；同时，气孔率较大表明该层已经十分疏松，很快就会剥落掉。随着距热面距离的增加，残砖的体积密度逐渐减小，这表明铜和锍的渗透逐渐减弱，铜和锍的渗透是一个逐步加深的过程。

残砖的气孔率随着距离热面的距离的增大而逐渐增大。这说明铜和锍渗透到耐火材料体内以后，主要填充在开口气孔中，从而使残砖变得更加疏松。也表明在熔渣入侵的几种途径中，沿毛细管通道渗入最为主要。因此，降低镁铬耐火材料的显气孔率，减小气孔的孔径，是提高镁铬耐火材料抗粗铜和锍渗透性的主要途径，也是提高铜转炉用耐火材料使用寿命的途径之一。

6.6.3.4 残砖的显微分析

将用后的优质镁铬耐火砖 LDMGe-20 的残砖制成光片，并且每隔 5mm，从工作面向耐火材料的内部依次进行了 EDAX 分析，每次分析为面积约为 300μm × 300μm，其结果见表 6-28、图 6-84。

表 6-28 距热面不同距离处各种氧化物、Cu 以及 S 含量的变化（EDAX）（质量分数,%）

距热面距离/mm	MgO	Al_2O_3	SiO_2	S	CaO	Cr_2O_3	Fe_2O_3	Cu
0	18.53	4.49	15.0	1.93	0.90	9.80	42.06	7.30
5	50.51	3.43	1.73	2.65	1.03	10.5	5.92	23.23
10	53.21	4.45	1.71	2.21	0.94	15.32	8.23	12.92
15	54.2	3.92	2.52	2.8	1.04	14.22	8.37	12.92
20	53.41	3.99	2.09	1.9	0.8	12.79	7.68	17.35
25	48.95	4.33	2.88	2.24	1.04	13.84	7.33	19.39
30	52.92	4.4	1.47	1.78	0.92	17.86	9.19	11.46

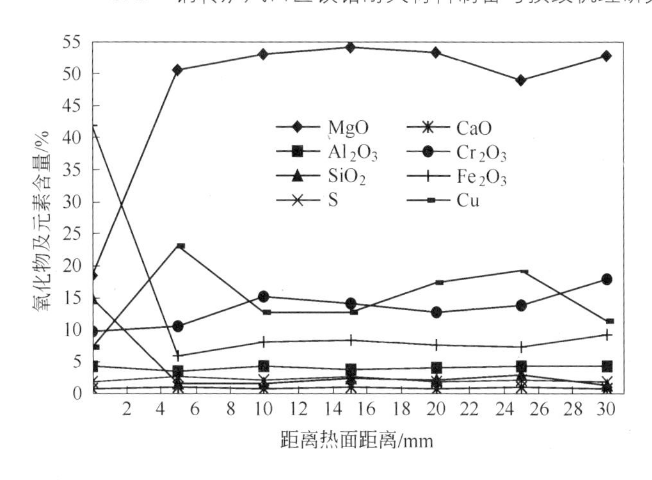

图 6-84 用后残砖中各种氧化物、Cu 以及 S 含量的变化（EDAX）

从 EDAX 分析中不难看出，与未变层相比，残砖表面 MgO 的含量很低，而 FeO 的含量很高。这表明，炉渣主要和镁铬耐火材料中的方镁石固溶体发生反应，使方镁石固溶体溶解于硅铁渣中。渗透带中耐火材料各成分含量变化不大，这表明渗入的粗铜（Cu 和 Cu_2S）并未和耐火材料中的成分发生反应，只是简单的渗透，在距工作面 25mm 处 Cu 和 Cu_2S 的含量还很高，说明粗铜的渗透能力很强。

观察用后残砖，表面呈凹凸不平，且有很薄的附渣层和反应层，显微分析表明，附渣层由铁橄榄石和磁铁矿组成（图 6-85），能谱分析表明，残砖表面 MgO 含量急剧下降（表 6-28）。反应层很薄，主要表现为镁铬耐火材料中方镁石固溶体在硅铁渣中的溶解。

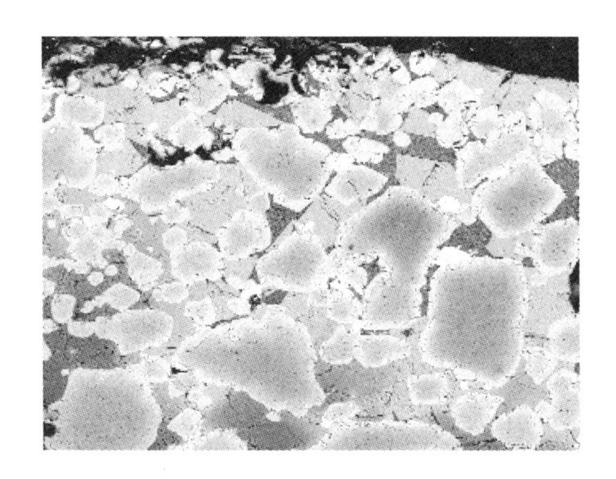

图 6-85 附渣层的显微照片（LDMGe-20）

图 6-86 为铜、锍渗透带的显微结构。从图 6-86 可以看出：Cu 和 Cu_2S 沿基

质中开口气孔渗入，并形成连续的网络状结构（图中亮白色相为 Cu 和 Cu_2S）。而且可以进一步看出：渗入的 Cu 和 Cu_2S 基本上充填了所有的开口气孔。从另一个方面说明了铜和锍渗透的主要途径为毛细管通道，即铜和锍是通过气孔渗透的。

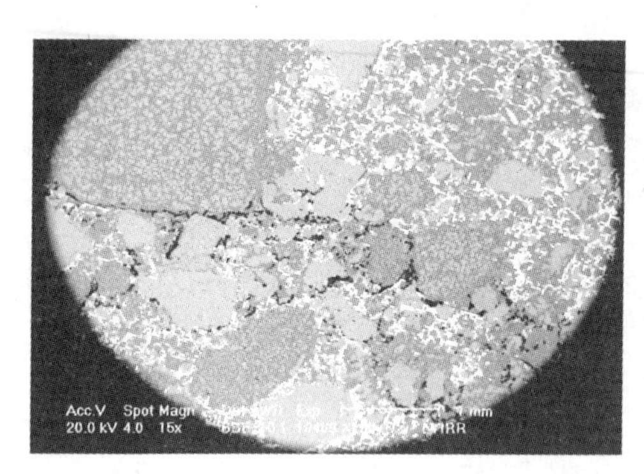

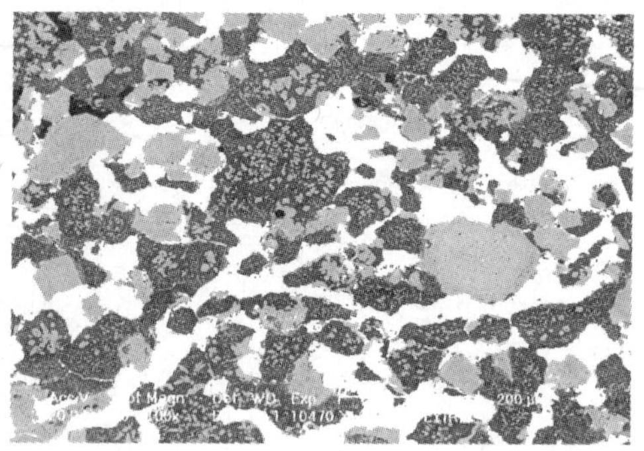

图 6-86　工作面处粗铜的渗透显微照片（LDMGe-20）

图 6-87 为基质气孔中 Cu 和 Cu_2S 的高倍显微结构，两者均为不规则填隙状。图中呈亮白色且内部有许多蜂窝状的微气孔的是金属铜；呈灰白色、结构致密的是 Cu_2S。

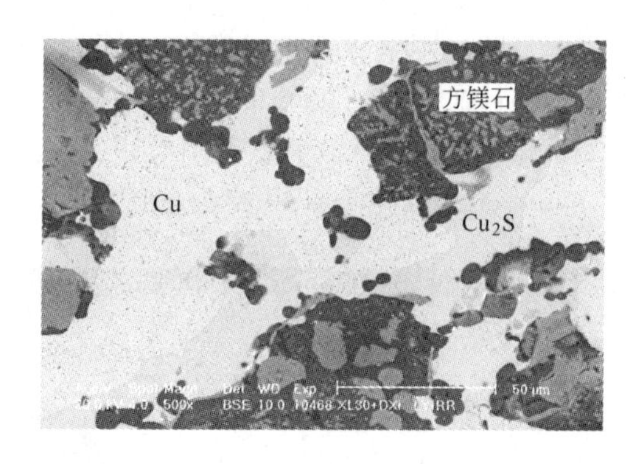

图 6-87　渗入耐火材料体内的 Cu 和 Cu_2S 的显微照片（LDMGe-20）

分析中发现也有少量的 Cu 和 Cu_2S 沿颗粒界面渗入晶粒内部，如图 6-88 所示，破坏耐火材料中主晶相间的直接结合，但这种现象并不常见。

熔渣能否沿晶界渗入，取决于固-固和固-液界面张力的对比，通常以二面角来衡量。同一种或不同种固体的二颗粒与液体接触时，产生二面角（ϕ），二面角关系式为：

$$\gamma_{固-固} = 2\gamma_{固-液}\cos(\phi/2) \tag{6-33}$$

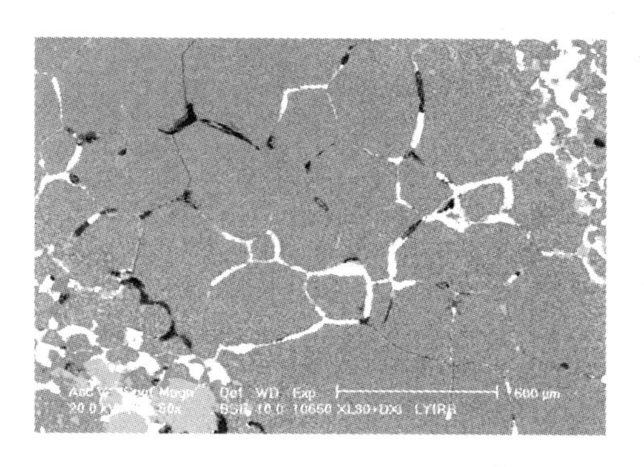

图 6-88 Cu 和 Cu_2S 沿颗粒界面渗透的显微照片（LDMGe-20）

若 $\gamma_{固-液}$降低，则 ϕ 随之降低，最后趋向于零。如：

$$\gamma_{固-液} \leqslant 1/2\gamma_{固-固} \tag{6-34}$$

则液体可以完全进入晶界。由此可见，粗铜和方镁石-方镁石，方镁石-尖晶石晶粒的二面角是很小的。

耐火材料中渗入 Cu 和 Cu_2S 后在冷却过程中形成大量的裂纹，有些甚至是穿晶的。这可能是由 Cu 和 Cu_2S 与其邻近的矿物相的线膨胀系数以及导热系数不同所导致的，而这也是粗铜引起耐火材料损毁的主要原因。S. 吉野（YOSHINO）在炼铜炉用耐火材料的研究中对使用前后炉床耐火材料的导热系数进行了测定，结果表明被铜水渗透的耐火材料导热系数比原砖高 1.7 倍。假定残砖中所有的 S 元素皆以 Cu_2S 形式存在，则：

$$S + 2Cu \longrightarrow Cu_2S \tag{6-35}$$

利用式 6-35 以及所得数据可以计算出残砖中 Cu 和 Cu_2S 的含量及比值，计算结果见表 6-29。

表 6-29 Cu 和 Cu_2S 的含量及比值 （质量分数,%）

距热面距离/mm	Cu + S	S	Cu_2S	Cu(Cu_2S)	Cu	Cu_2S/(Cu + S)	Cu/(Cu + S)
5	25.88	2.65	13.25	10.6	12.63	51.2	48.8
10	15.13	2.21	11.05	8.84	4.08	73.0	27
15	15.72	2.80	14	11.2	7.2	89.1	10.9
20	19.25	1.90	9.5	7.6	9.75	49.4	50.6
25	21.63	2.24	11.2	8.96	10.43	51.8	48.2
30	13.24	1.78	8.9	7.12	4.34	67.2	32.8

由计算结果可知：实际渗透到镁铬耐火材料开口气孔内的 Cu 和 Cu_2S 的数量，Cu_2S 的量多于 Cu，Cu 含量在 11% ~ 51% 之间，大多数在 30% ~ 50% 之间；而

Cu_2S 含量在49% ~89%之间，大多数在50% ~70%之间。从冶金原理可知铜锍的吹炼过程明显地分为两个周期：第一周期，硫化亚铁氧化造渣，又称造渣期；第二周期，一方面硫化亚铜氧化成氧化亚铜或进一步氧化成金属铜，另一方面氧化亚铜再与硫化亚铜反应产出金属铜，该周期又称造铜期。造铜期进行的反应有：

$$Cu_2S + \frac{3}{2}O_2 \xlongequal{} Cu_2O + SO_2 \tag{6-36}$$

$$Cu_2S + O_2 \xlongequal{} 2Cu + SO_2 \tag{6-37}$$

$$2Cu_2O + Cu_2S \xlongequal{} 6Cu + SO_2 \tag{6-38}$$

上述过程是与 Cu_2S-Cu 体系的相变过程联系在一起的。如图 6-89 所示，吹炼过程沿着 ABCD 横线进行。由图可知，在转炉吹炼的造铜期，渗透最为严重。

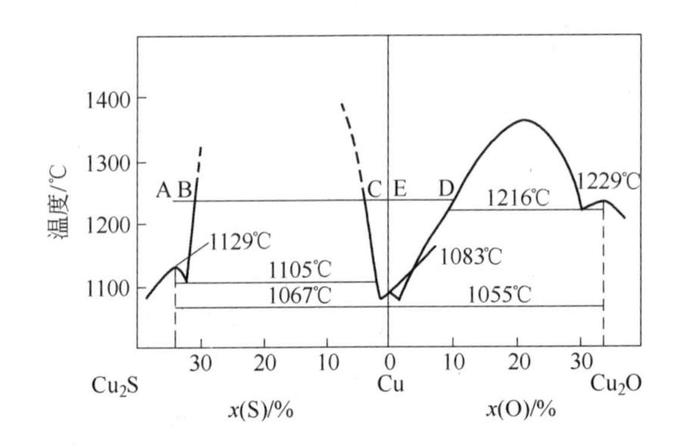

图 6-89 Cu-S-O 系中 Cu_2S 的氧化途径

对贵溪冶炼厂 200t P-S 卧式转炉风口区用后电熔再结合镁铬耐火材料的物理化学及显微分析表明：

（1）用后的电熔再结合镁铬耐火材料中粗铜的渗透很深，除工作面附近以外，粗铜主要以 Cu 和 Cu_2S 共生形式存在，且几乎不与耐火材料中的其他氧化物发生反应。

（2）铜对镁铬耐火材料的侵蚀主要表现为渗透，渗入的粗铜填充在气孔之中，几乎不破坏镁铬耐火材料的网状结构组织。

6.6.3.5 SO_2 气氛分析及其对镁铬耐火材料侵蚀机理的研究

研究表明铜锍对耐火材料的侵蚀主要表现为渗透，这是因为 Cu_2S 的黏度和表面张力都很小，沿孔隙就能渗入，所以 Cu_2S 的物理渗透相当厉害。在接触铜锍的区域处于氧化气氛下（锍中氧分压大约是 10^{-3} MPa），耐火材料可与铜锍发生如下反应：

$$MgO + Cu_2S + \frac{3}{2}O_2 \xlongequal{} MgSO_4 + 2Cu \quad \Delta G^{\ominus}_{1200℃} = -148545J \tag{6-39}$$

$$CaO + Cu_2S + \frac{3}{2}O_2 \xlongequal{} CaSO_4 + 2Cu \quad \Delta G^{\ominus}_{1200℃} = -266117J \tag{6-40}$$

上述反应的标准生成自由能的负值都很大，说明 Cu_2S 极易与材料中的 MgO、CaO 作用。同样如下反应也是可能的：

$$3MgO + CaO + 4Cu_2S + 6O_2 = CaSO_4 \cdot 3MgSO_4 + 8Cu \qquad (6\text{-}41)$$

因为 $CaSO_4 \cdot 3MgSO_4$ 的生成自由能低于 $MgSO_4$ 或 $CaSO_4$ 的生成自由能。这就是在残砖中发现硫酸镁和硫酸钙镁以及金属铜的原因。一旦有硫酸盐生成，体积膨胀，加上熔点又低，则材料容易被损毁，不过镁铬耐火材料很致密，而且 MgO、CaO 本身熔点很高，所以反应（侵蚀）速度慢。

从上述反应还可看出，CaO 与 Cu_2S 反应比 MgO 与 Cu_2S 的可能性大，但由于镁铬耐火材料中 CaO 的量少、MgO 量大，因此主要生成 $CaSO_4 \cdot 3MgSO_4$。

由于冶炼是在 SO_2/SO_3 气氛下进行，因此当镁铬耐火材料暴露于 SO_2/SO_3 气氛中时，则可能发生下列反应：

$$MgO + SO_3 = MgSO_4 \qquad \Delta G^{\ominus}_{1200℃} = -22089 J/mol \qquad (6\text{-}42)$$

$$CaO + SO_3 = CaSO_4 \qquad \Delta G^{\ominus}_{1200℃} = -139661 J/mol \qquad (6\text{-}43)$$

$$CaO + 3MgO + 4SO_3 = CaSO_4 \cdot 3MgSO_4 \qquad (6\text{-}44)$$

由于 SO_2/SO_3 的侵蚀是气固相反应，而气体很容易渗入到耐火材料缝中，因此其反应比上述的液固相反应更快。

铜锍吹炼过程炉内气氛的计算。图 6-90 为 1300℃ 下铜熔炼硫-氧势状态图。

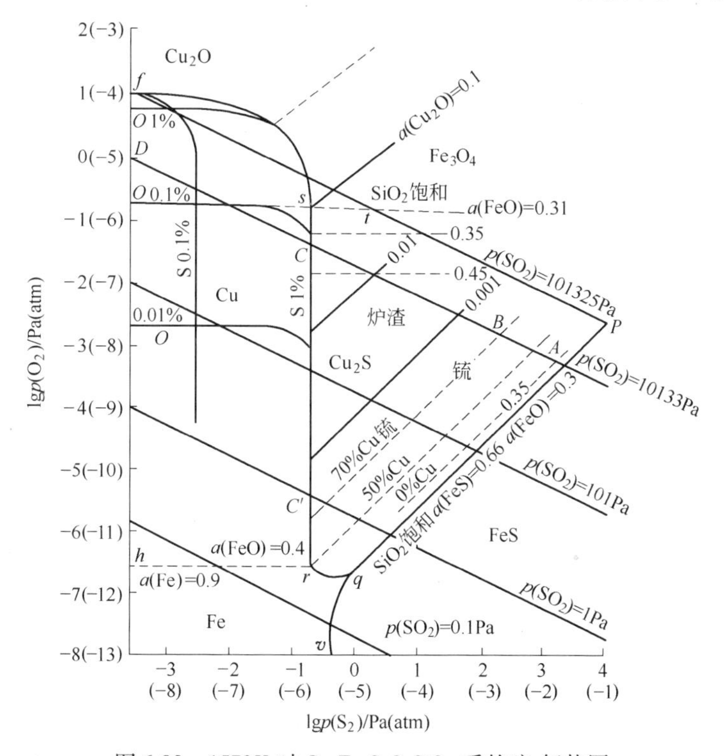

图 6-90 1573K 时 Cu-Fe-S-O-SiO_2 系的硫-氧势图

图中 $pqrst$ 是炉气-炉渣-铜锍三相共存区，造锍熔炼过程在此区进行。当作业温度一定时，可由炉气中 SO_2 的分压线与 pq 线来定。生产中一般炉气中 SO_2 含量在10%左右，故 $p(SO_2)=10^{-2}$MPa 而 pq 线的位置是按 $2FeS+O_2+2SiO_2 = 2FeO \cdot SiO_2+S_2$ 来计算的。铜精矿造锍熔炼是从 A 点开始，A 点的铜锍品位为零，随氧化过程的进行，体系氧势增大，硫势减小，体系向 B 点移动，铜锍品位提高到70%，AB 段相当于造锍熔炼过程及铜锍吹炼过程的造渣期。在 BC 段，品位进一步提高，铜锍吹炼成粗铜阶段。当氧势提高到 C 点时，金属铜相出现。

在铜锍吹炼过程中，在 SO_2 气氛中的氧分压计算如下：

$$\frac{1}{2}S_2(g)+O_2 = SO_2(g) \tag{6-45}$$

$$\Delta G^\ominus = -362334+71.965T = -RT\ln\frac{p(SO_2)}{p^\ominus}+RT\ln\frac{p(O_2)}{p^\ominus}+\frac{1}{2}RT\ln\frac{p(S_2)}{p^\ominus}(\text{J})$$

则欲计算 $p(O_2)$，尚需知道 $p(SO_2)$ 及 $p(S_2)$ 值。$p(S_2)$ 按 Cu-Cu_2S 平衡算：

$$2Cu+\frac{1}{2}S_2(g) = Cu_2S$$

$$\Delta G^\ominus = -146858+41.84T = \frac{1}{2}RT\ln\frac{p(S_2)}{p^\ominus}(\text{J}) \tag{6-46}$$

如按铜冶炼温度1200℃（1473K）计算：

$$\lg\frac{p(S_2)}{p^\ominus} = -6.0443 \tag{6-47}$$

所以 $p(S_2) = 9.03\times10^{-8}$MPa。

铜转炉冶炼炉气中的 SO_2 分压一般在0.01～0.1MPa，所以当 $T=1473$K 且 $p(SO_2)=0.1$MPa 时，代入式6-45，得：

$$\lg\frac{p(O_2)}{p^\ominus} = -5.867$$

$$p(O_2) = 1.3\times10^{-7}\text{MPa}$$

当 $T=1473$K 且 $p(SO_2)=0.01$MPa 时，代入式6-45，得

$$\lg\frac{p(O_2)}{p^\ominus} = -6.867$$

$$p(O_2) = 1.3\times10^{-8}\text{MPa}$$

当 $T=1573$K 且 $p(SO_2)=0.1$MPa 时，代入式6-45，得 $p(O_2)=2.654\times10^{-7}$。

当 $T=1573$K 且 $p(SO_2)=0.01$MPa 时，代入式6-45，得 $p(O_2)=2.557\times10^{-8}$。

就铜锍吹炼而言，Schuhmann 曾计算出锍吹炼时平衡态氧分压为 $2.7\times10^{-9}\sim3.4\times10^{-7}$ MPa。Sorokin 计算结果认为，SO_2 分压和 O_2 分压是锍中镍含量的函数。镍含量从 83% ~44%，氧分压则从 3.0×10^{-11} MPa 上升到 2.0×10^{-8} MPa。锍中镍含量为 83% 时，SO_2 分压为 2.0×10^{-5} MPa。$MgSO_4$ 的形成自由能：

$$\Delta G(900\sim1150^{\circ}C) = 3651000 - 252T(J)$$

在这样的氧分压下铜锍吹炼时，硫酸盐的形成区域如图 6-91 所示。从图中可以看出，在氧分压为 $10^{-8}\sim10^{-7}$ MPa，SO_2 分压为 0.01 ~0.1MPa，吹炼温度在 1200℃条件下，硫酸镁的形成温度为 700 ~800℃，这说明硫酸镁形成于耐火材料的冷端，而非热面。

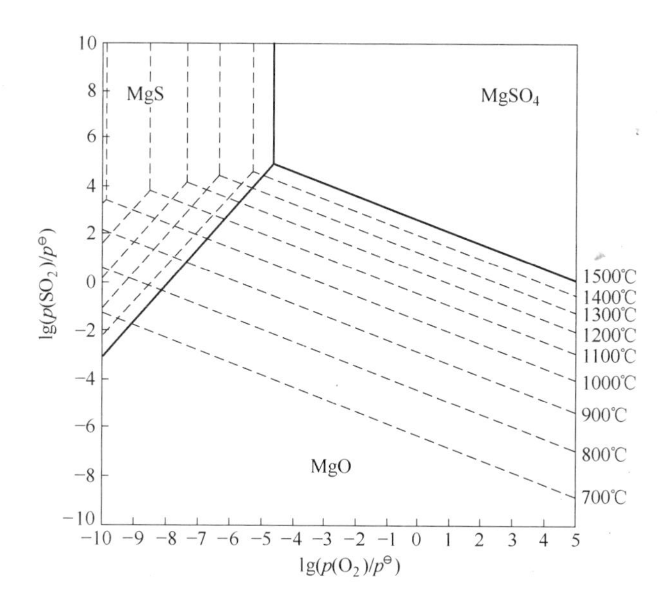

图 6-91　$MgSO_4$ 热力学稳定图

为此，对用后的镁铬耐火材料进行断口分析，在距热面 62mm 左右存在大量的 $MgSO_4$ 分布层，如图 6-92 所示。最初并没有发现 $MgSO_4$ 的存在，原因在于在制作光片时采用水冷却，而 $MgSO_4$ 是易溶于水的。

当炉衬温度下降时，在耐火材料冷端形成的 $MgSO_4$ 分解形成 MgO，导致该处的镁铬耐火材料更易受到炉渣等熔体的侵蚀。原因在于 $MgSO_4$ 的密度低，为 2.66g/cm³，而 MgO 的密度为 3.58g/cm³，因此 $MgSO_4$ 分解所形成的 MgO 结构疏松。而在铜锍吹炼过程中形成 $MgSO_4$ 会带来 400% 的体积膨胀，从而导致耐火材料的开裂和气孔孔径的增大，为铜锍的进一步渗透提供了渠道，加剧镁铬耐火材

图 6-92 残砖生成 $MgSO_4$ 的显微照片

料结构破坏，致使耐火材料的寿命下降。

能够生成 $MgSO_4$ 的首要条件是，SO_2 气体必须扩散到耐火材料中。从用后镁铬耐火材料的分析得知，$MgSO_4$ 存在于距热面较远的冷端，这说明 SO_2 的扩散速度很快。利用 Slattery 和 Brids 的关系式，在 1200℃时 SO_2 扩散速度为 $(1\sim2)\times10^{-4}m^2/s$。$SO_2$ 的高扩散速度以及高压空气的鼓入都将促进耐火材料冷端的 $MgSO_4$ 相形成。

为了降低 SO_2 气氛的侵蚀，首先要减少 SO_2 侵入耐火材料的通道——开口气孔。镁铬耐火材料的气孔率一般在 15%～20% 之间，孔径分布于 1～20μm 范围内，因此，降低耐火材料的气孔率，减小孔径，可以提高镁铬耐火材料抗 SO_2 侵蚀能力。

6.6.4 小结

对风口区用后电熔再结合镁铬耐火材料的损毁机理进行了分析，总结出铜吹炼用耐火材料的侵蚀机理如下：

(1) 炉渣和耐火材料中的方镁石固溶体发生反应，生成镁铁橄榄石、硅酸盐相和磁铁矿，在耐火材料的表面形成变质层，所形成的变质层在机械应力和热应力的作用下发生结构剥落。

(2) 铜锍和粗铜对镁铬耐火材料的侵蚀主要表现为渗透，渗透的主要途径为开口孔隙，渗透到转炉内衬中的铜锍和粗铜因温度波动而发生体积变化，在耐火材料内部形成裂纹，最终导致耐火材料成片剥落。

(3) SO_2/SO_3 对镁铬耐火材料的侵蚀主要表现为在一定温度范围内、一定的氧压下与耐火材料中 MgO、CaO 反应形成 $MgSO_4$、$CaSO_4$ 等硫酸盐相。温度波动使在耐火材料冷端生成的硫酸盐分解，导致耐火材料结构疏松，并为锍、渣等介质的进一步入侵提供了渠道。

6.7 转炉用耐火材料的结构优化与配置

6.7.1 转炉用耐火材料的优化配置

P-S 转炉用耐火材料在各个部位的损毁情况不一样，风口与风口区不仅温度波动大而且频繁，因此要求耐火材料不仅要抗熔蚀和冲刷，而且要有良好的抗热剥落和结构剥落等性能。根据熔体及炉衬的温度场仿真和镁铬耐火材料性能、损毁的研究，我们确定选材原则为：热稳定性好，抗 SO_2 气氛侵蚀性能好，抗炉渣侵蚀性好，抗铳渗透性强以及高温强度大等。根据这一原则，风口及风口区炉衬材料选用电熔再结合镁铬耐火材料，其他部位选用直接结合镁铬耐火材料。选用镁铬耐火材料的物理化学性能列于表 6-30。转炉耐火材料的综合配置图如图 6-93 所示。

表 6-30 优质镁铬耐火材料的理化性能

性能 \ 品种		电熔再结合镁铬耐火材料	直接结合镁铬耐火材料
化学成分（质量分数）/%	MgO	43～47	52～57.5
	Cr_2O_3	24～30	15～19
	Al_2O_3	4～6.5	3～5
	Fe_2O_3	9～14	8～12
	CaO	1～1.5	1～1.5
	SiO_2	1.5～2.1	1.3～1.5
物理性能	显气孔率/%	16～18	17～18
	体积密度/$g \cdot cm^{-3}$	3.3	3.1
	耐压强度/MPa	32～40	38～43
	荷重软化温度/℃	>1700	1700
	热震稳定性(1100℃水冷)/次	5	5

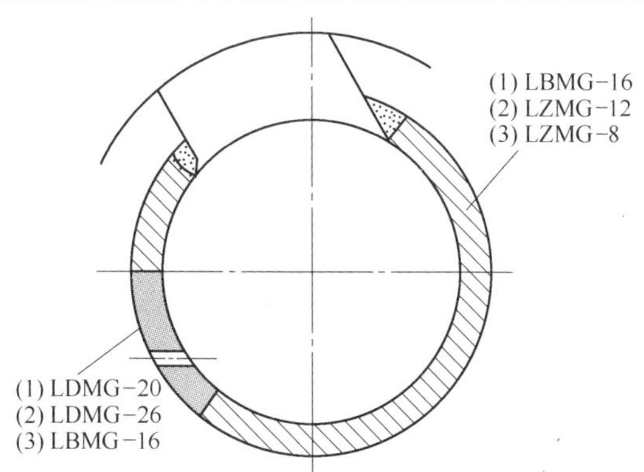

图 6-93 转炉耐火材料的综合配置图

6.7.2　炉体结构及砌筑方法优化

为了消除由于炉衬砌筑不合理而引起的结构应力和热应力，在采用优质镁铬耐火材料的同时对砖型和砌筑结构进行了调整。

6.7.2.1　砖型改进

风口区是吹炼反应最强烈、熔体冲刷最严重的部位。加上风口维护时捅风眼机钢钎的冲击，风口区损坏而停炉修理。风口耐火材料的使用寿命代表着转炉炉龄（在一个风口耐火材料更换期内转炉作业的炉次）。

风口耐火材料一般采用直接结合镁铬耐火材料或电熔再结合铬镁耐火材料，以往的砖型设计为每个风口由两块风口砖组成，砖的宽度为风口中心距减去砖缝厚度2mm。由于大型转炉采用多钎式捅风眼机进行风口维护，因此，对风口中心距、风口角、风口中心线的水平度等都有严格的要求。一般风口砖每隔一块砖插入2mm厚纸板一块，不钻风眼的部分每隔3块砖插入2mm厚的纸板一块。风眼砌砖如图6-94a所示。以往风口砖的砖型设计为每个风口由两块风口砖组成，如图6-94b（上）所示。根据减小炉衬应力集中和铜锍沿砖缝渗透的原则，设计了新型风口耐火材料。

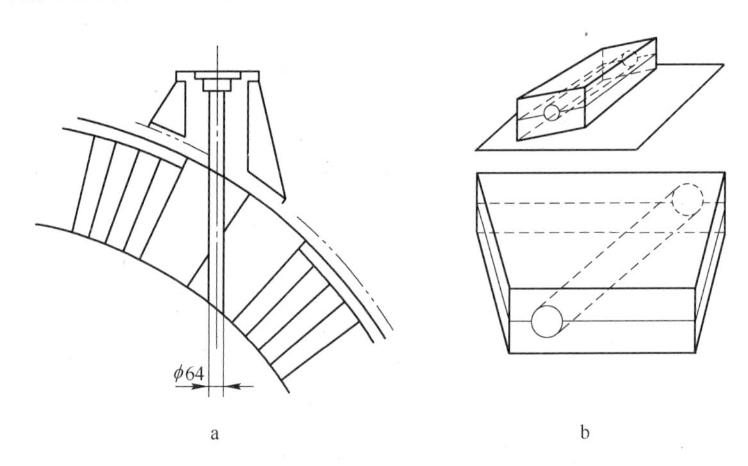

图6-94　风眼砌砖图（a）和新旧风口砖示意图（b）

该砖型由于一头大一头小，风口直接在砖中钻成。因此，在砌筑时无需添加异形砖，而且风口砖砌好后，其受力中心和转炉的中心位于同一圆心上，从而缓解了结构应力。同时，由于该砖是一整体，减少了铜锍等沿砖缝的渗透。

6.7.2.2　炉口处炉衬的改进

转炉炉口砌砖是结构强度最薄弱的部位，特别在炉口与圆形筒体的交接处，形状复杂，砖的加工量多，砖缝多而厚度难以掌握；而炉口又是加料（铜锍、石英熔剂、冷料）、倒渣、排烟的通道，工艺操作极为频繁，吹烟时排烟温度高达

1450℃以上。温度周期性的波动、铜渣喷溅和烟气的冲刷、炉口清理的机械碰撞磨损、Cu_2S 和 SO_2 的侵蚀等，内衬工作条件极为恶劣，使用寿命最短。生产过程中往往因炉口掉砖或损坏被迫停炉修理，影响转炉的工作效率。

炉口横截面形状为鼓形，上、下口是半径为 R 的拱形壁面，左、右拱形壁面的衬砖厚度有两种结构形式，如图 6-95a、b 所示，a 式衬砖厚度不变，均为 230mm，b 式衬砖厚度是变化的，对上炉口的内口衬砖厚度为 230mm，外口厚度为 180mm，对下炉口的外口衬砖厚度为 230mm，内口厚度为 180mm。贵溪冶炼厂铜硫吹炼转炉炉口衬砖原为 b 式结构，现改为 a 式结构（取消上炉口衬板，并取消连接部的加强筋板而增砌一道反拱，下炉口衬板下移 50mm 并加长至炉壳，上下炉口衬砖厚度均改为 230mm），改善了上炉口的结构强度，提高了炉口区炉衬使用寿命。

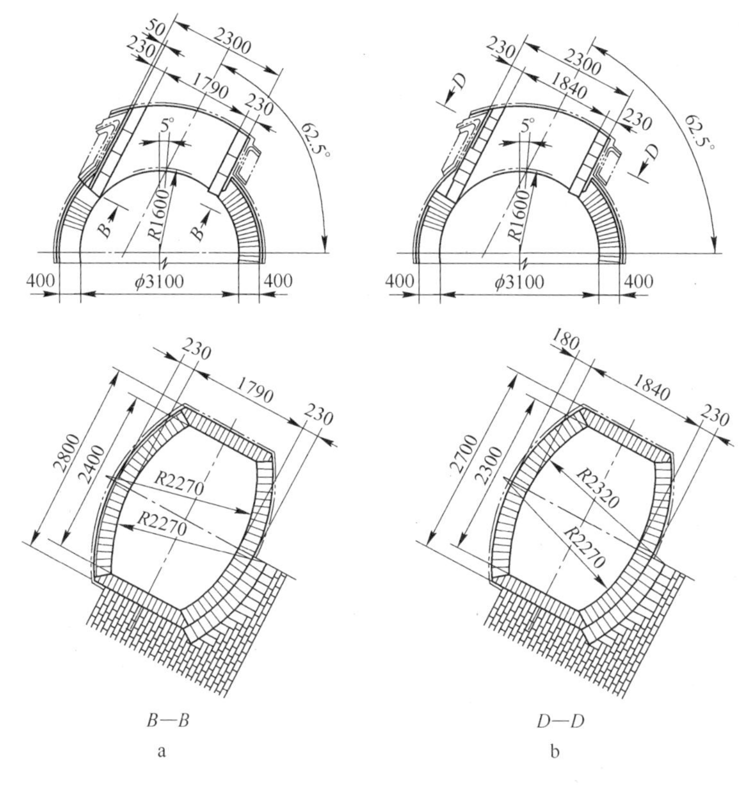

图 6-95　炉口砌砖

6.7.2.3　端墙砌砖的改进

转炉端墙有两种结构形式：直形端墙和球形端墙，其砌砖结构如图 6-96 所示。

以前，转炉多采用直形端墙。球形端墙在砌筑时采用环形砌筑法，因而有效

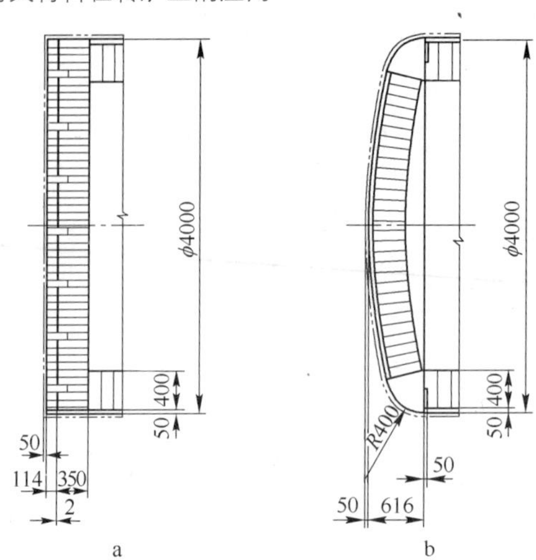

图 6-96 端墙砌砖

a—直形端墙；b—球形端墙

地减轻了应力集中，改善了炉衬的受力状态。

6.7.3 操作制度优化

6.7.3.1 吹炼制度

转炉的吹炼制度有三种：单炉吹炼、炉交换吹炼和期交换吹炼。目前，国内多采用单台吹炼炉交换吹炼。

A 单炉吹炼

工厂一般只有两台转炉，其中一台操作，一台备用。一炉吹炼作业完成后，重新加入铜锍，进行另一炉次的吹炼作业。单炉吹炼示意图如图 6-97 所示。

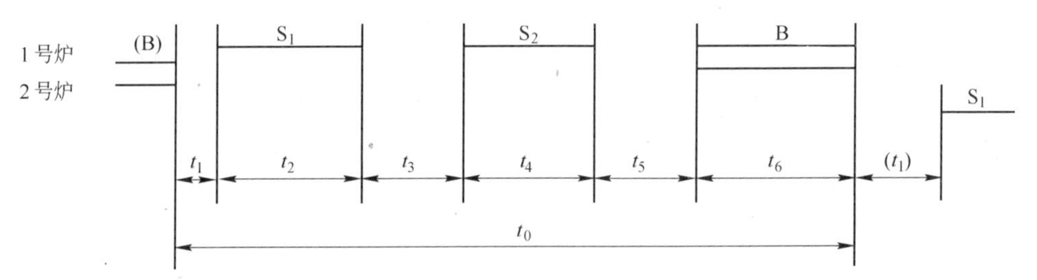

图 6-97 单炉吹炼作业计划

t_0—吹炼一炉全周期时间；t_1—前一炉 B 期结束后到下一炉 S_1 期开始的停吹时间，在此期间将粗铜放出并装入精炼炉，清理风眼并装 S_1 期的铜锍；t_2—S_1 期吹炼时间；t_3—S_1 期结束到 S_2 期开始的停吹时间，期间需要排出 S_1 期炉渣并送往铸渣机以及装入 S_2 期铜锍；t_4—S_2 期吹炼时间；t_5—S_2 期结束后到 B 期开始的停吹时间，其间需排出 S_2 期炉渣及由炉口装入冷料；t_6—B 期吹炼时间

B 炉交换吹炼

工厂一般有三台转炉时，一台备用，两台交替作业。在2号炉结束全炉吹炼作业之后，1号炉立即进行另一炉次的吹炼作业。但1号炉可在2号炉结束吹炼之前预先加入铜锍，2号炉可在1号炉投入吹炼作业之后排出粗铜，从而缩短了停吹时间。

C 期交换吹炼

工厂一般有三台转炉时，一台备用，两台交替作业。在1号炉的S_1期与S_2期之间，穿插进行2号炉的B_2期吹炼。将排渣、放粗铜、清理风眼等作业安排在另一台转炉投入送风吹炼后进行。仅在两台转炉切换作业时短暂停吹，缩短了停吹时间。

以每炉处理145t品位为50%的铜锍为例，按三种吹炼制度进行比较，鼓风量为32000m^3/h（标准状态），其结果见表6-31。

表6-31 送风时率及生产效率的比较

吹炼制度	送风时间/min	停风时间/min	全周期时间/min	送风时率/%	生产效率/%
单炉吹炼	290	170	460	63	100
炉交换吹炼	290	105	395	72	116
期交换吹炼	290	55	245	83	133

贵冶采用期交换吹炼，其目的在于提高转炉车间送风时率，改善向硫酸车间供烟气的连续性，保证闪速熔炼炉比较均匀地排放铜锍。

6.7.3.2 熔体温度

炉龄是转炉工作好坏的一项重要的技术经济指标。前面几部分中已经讨论了炉衬损毁的主要原因有三：化学侵蚀、机械损毁以及热应力。转炉损毁的三个主要原因都与温度有关。因此，在实际操作过程中，应杜绝高温作业。根据耐火材料的性质，一般造渣期温度控制在（1250±10）℃，造铜期温度控制在（1180±10）℃。影响炉温的主要因素有：

（1）铜锍量。铜锍初始温度与开始吹炼的时间有直接的关系，铜锍初始温度越高、铜锍量越大，至开吹的时间越短，则炉温越高；反之，则炉温越低。

（2）熔剂加入速度。熔剂加入速度越快，会使熔体温度局部降低，加入速度过慢，则化学反应放出的热量不足以使温度迅速升高。

（3）鼓风强度。鼓风强度处于合理的风料比时，反应比较强烈，导致熔体温度显著上升；鼓风强度过小，反应所需的氧供应不足，熔体温度的升高将会受到限制。

（4）冷料量。在铜锍吹炼过程中，加入冷料是为了消耗掉反应生成的过剩热量，避免高温作业，以减少炉壁用耐火材料的损耗。冷料量是决定转炉热状态的重要因素，冷料量过少，则炉内温度高，徒然加速内衬砖的消耗；冷料量过多，则炉内温度过低，给吹炼过程造成困难，或者不能形成好的炉渣，或者吹炼时间异常地延长。

6.7.3.3 操作停风时间

操作间隙停风时间将影响熔体温度，停风时间越长，温度下降越大。图 6-98 表明了停风时间对炉衬内不同部位温度时变速率的影响。停风时间越长，炉衬温度时变速率越大。

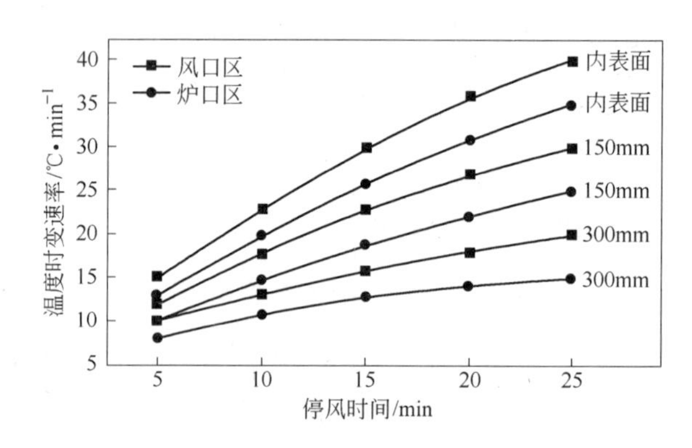

图 6-98 停风时间对炉衬内不同部位温度时变速率的影响

6.7.3.4 氧气含量范围

尽管富氧吹炼能使生产率得到提高，并可解决利用烟气制酸问题，但目前世界上所有铜转炉富氧鼓风的氧含量仍低于 30%。若氧含量高于这个水平，则转炉风口带的耐火材料的损坏会加大。

6.7.4 炉口尺寸优化

炉口面积的大小对转炉生产有着直接影响，炉口过小会使铜锍加入和炉渣、粗铜的排出速度变慢，冷料加入困难，烟气流速过快，恶化操作条件，使炉口经常黏结大量的熔渣，增加停风清理次数；炉口过大则削弱了筒体的强度和刚度，热损失过大，特别是当加料、排料等停风时，炉体过多的热损失会引起炉温大的波动，使炉衬过早损坏。为此，本部分将利用仿真技术优化炉口尺寸范围。

6.7.4.1 造渣期炉口面积大小对熔体温度的影响

造渣期炉口尺寸对熔体温度的影响分别如图 6-99 ~ 图 6-102 所示。

从仿真结果可知，在造渣期，鼓风强度相同时，随着炉口尺寸的变大，熔体的温度降低；炉口尺寸固定时，随着鼓风强度的增加，熔体的温度逐渐升高。

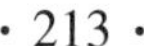

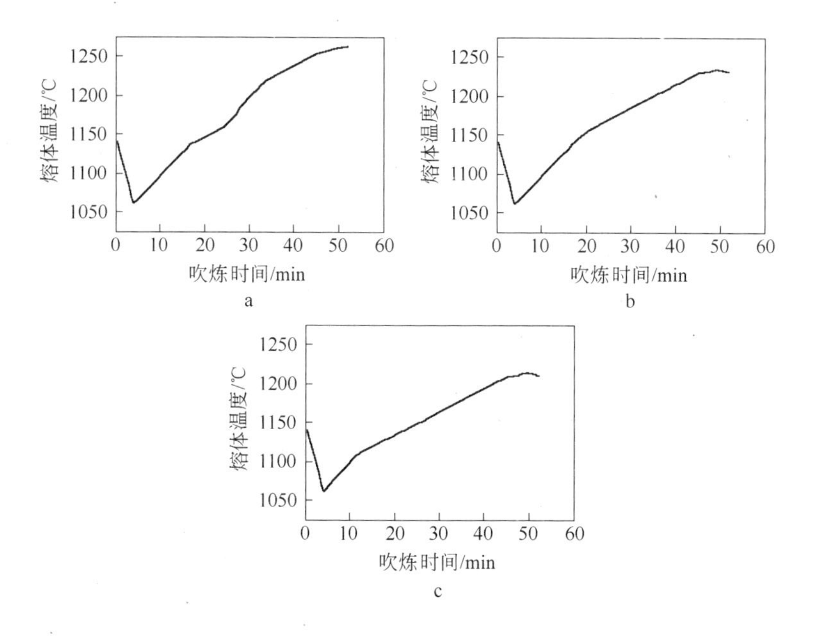

图 6-99　造渣期风量为 28000m^3/h 时炉口尺寸对熔体温度的影响

a—1.4m×1.9m；b—1.8m×2.3m；c—2.3m×2.7m

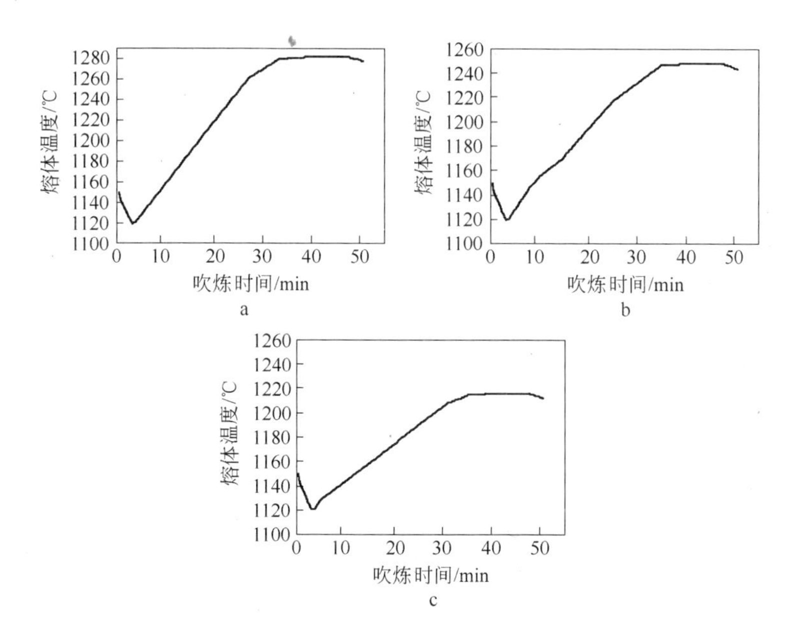

图 6-100　造渣期风量为 32000m^3/h 时炉口尺寸对熔体温度的影响

a—1.4m×1.9m；b—1.8m×2.3m；c—2.3m×2.7m

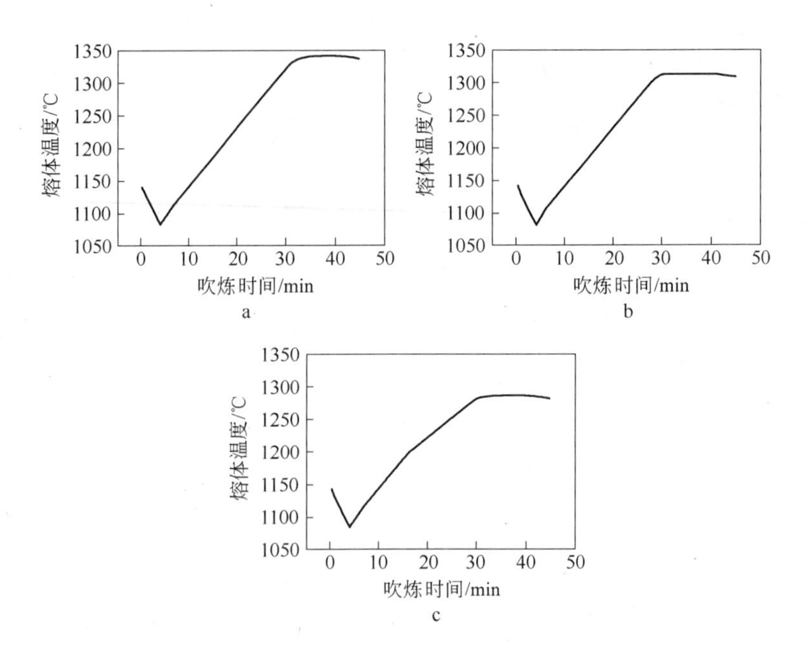

图 6-101　造渣期风量为 36000m³/h 时炉口尺寸对熔体温度的影响

a—1.4m×1.9m；b—1.8m×2.3m；c—2.3m×2.7m

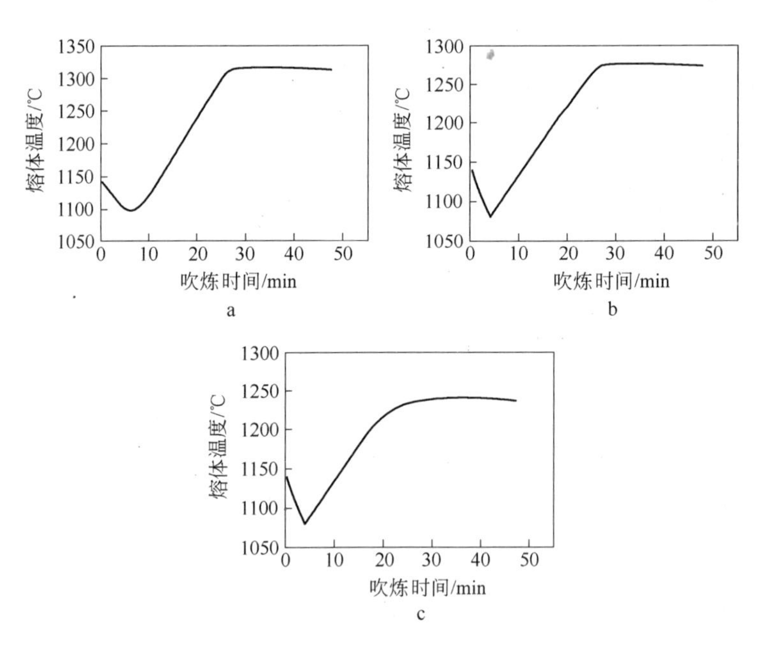

图 6-102　造渣期风量为 40000m³/h 时炉口尺寸对熔体温度的影响

a—1.4m×1.9m；b—1.8m×2.3m；c—2.3m×2.7m

6.7.4.2 造铜期炉口面积大小对熔体温度的影响

造铜期炉口尺寸对熔体温度的影响分别如图 6-103 ~ 图 6-106 所示，其中的风量均指标准状态下的风量。

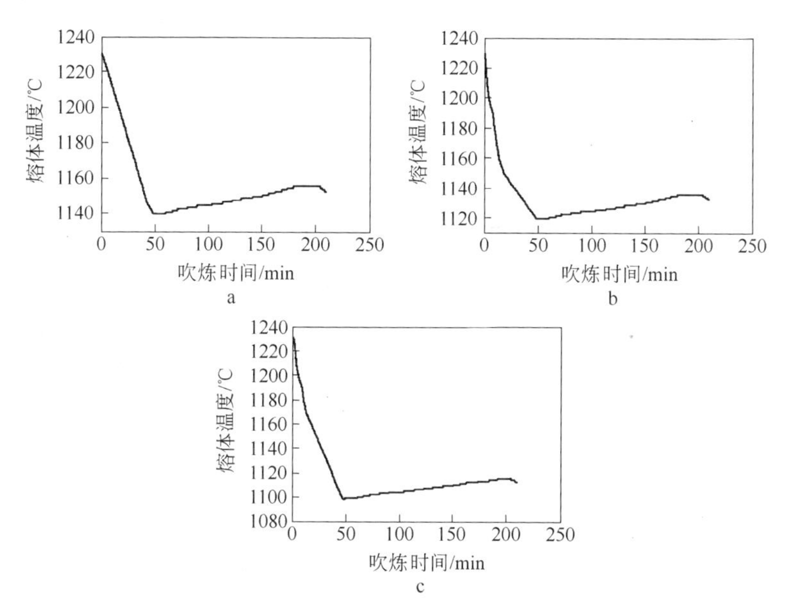

图 6-103 造铜期风量为 28000m^3/h 时炉口尺寸对熔体温度的影响

a—1.4m×1.9m；b—1.8m×2.3m；c—2.3m×2.7m

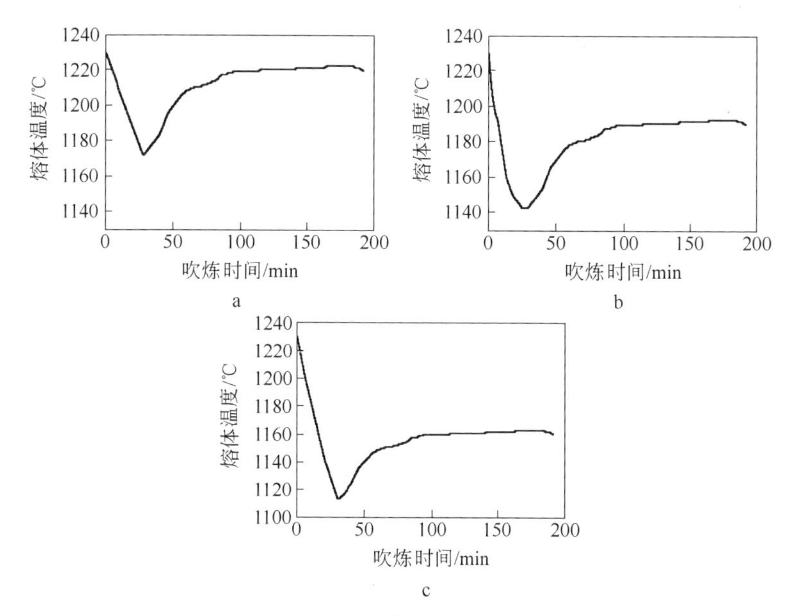

图 6-104 造铜期风量为 32000m^3/h 时炉口尺寸对熔体温度的影响

a—1.4m×1.9m；b—1.8m×2.3m；c—2.3m×2.7m

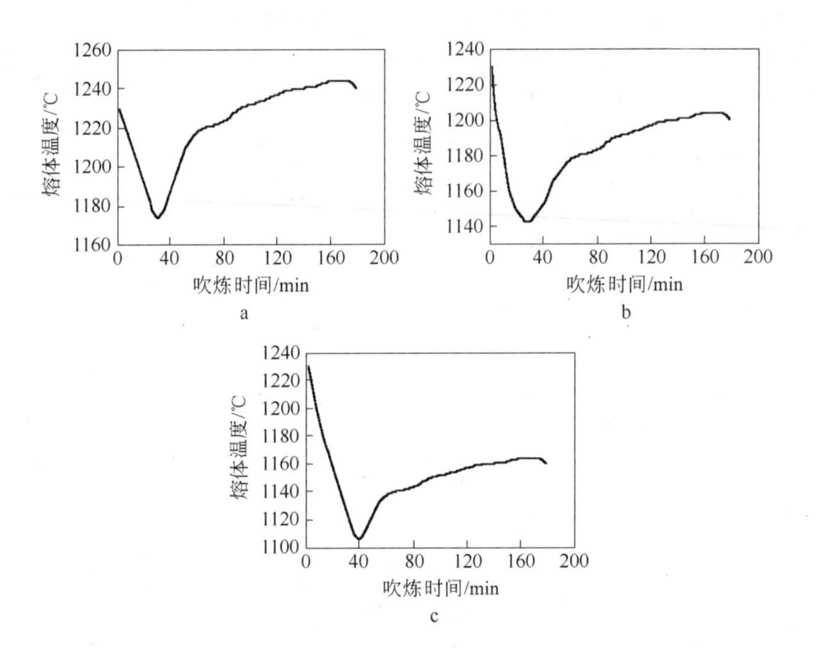

图 6-105　造铜期风量为 36000m^3/h 时炉口尺寸对熔体温度的影响

a—1.4m×1.9m；b—1.8m×2.3m；c—2.3m×2.7m

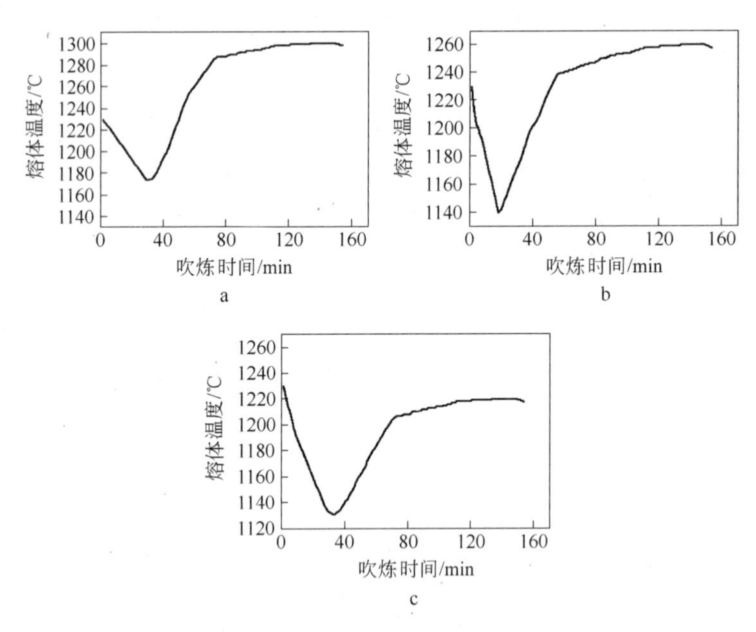

图 6-106　造铜期风量为 40000m^3/h 时炉口尺寸对熔体温度的影响

a—1.4m×1.9m；b—1.8m×2.3m；c—2.3m×2.7m

由图 6-103 ~ 图 6-106 可知，造铜期与造渣期的趋势相似，即鼓风强度相同时，随着炉口尺寸的变大，熔体的温度降低；炉口尺寸固定时，随着鼓风强度的增加，熔体的温度逐渐升高。

炉口面积的大小对转炉生产有着直接影响，从仿真结果中可以看出：在相同的鼓风强度下，熔体的温度随炉口面积比（炉口面积与最大炉膛面积之比）增大而明显降低（图 6-107）。

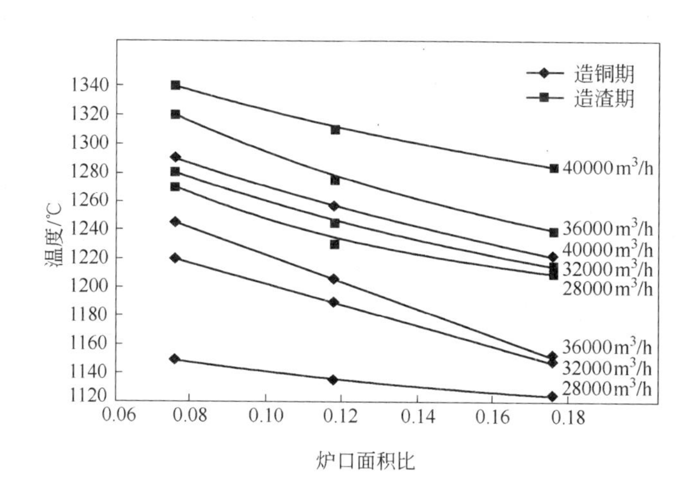

图 6-107 炉口面积比对熔体稳定温度的影响

炉口过小会使铜锍加入和炉渣、粗铜的倒出速度变慢，冷料加入困难，使炉口经常黏结大量的熔渣，增加停风清理次数；炉口过大则削弱了筒体的强度和刚度，热损失过大，特别是当加料、排料等停风时，炉体过多的热损失会引起炉温波动大，使炉衬过早损坏。

根据热场仿真计算和实际操作经验，炉口面积与熔体表面积之比在 0.18 ~ 0.25 之间为宜，炉口处烟气流速约为 6 ~ 8m/s。炉口面积确定后，炉口的长宽比在 1.15 ~ 1.35 之间。

6.7.5 小结

小结如下：

（1）对大型铜转炉用耐火材料的配置进行了优化。选用电熔再结合镁铬耐火材料/半再结合镁铬耐火材料作为风口区用耐火材料，而在其他操作环境不太苛刻的区域选用半再结合镁铬耐火材料/直接结合镁铬耐火材料作为炉衬材料；同时对砖型、炉体结构以及炉衬的合理砌筑进行了优化；此配置在贵溪冶炼厂 200t 转炉上使用，效果良好，将炉衬寿命提高到 250 炉次以上。

（2）炉口面积对熔体温度影响的仿真结果表明，在相同的鼓风强度下，熔体稳定温度随炉口面积比（炉口面积与最大炉膛面积之比）增大而明显降低；炉口面积与熔体表面积之比在 0.18 ~ 0.25 之间为宜，炉口的长宽比在 1.15 ~ 1.35 之间。

参考文献

[1] 朱祖泽，贺家齐. 现代铜冶金学[M]. 北京：科学出版社，2003.

[2] 重金属冶金学委会. 铜冶金[M]. 长沙：中南大学出版社，2004.

[3] Moskalyk R R, Alfantazi A M. Review of Copper Pyrometallurgical Practice: Today and Tomorrow [J]. Minerals Engineering, 2003, 16: 893 ~ 919.

[4] Robert Matusewicz, Joe Sofra. Ausmelt Technology-Developments in Copper Converting [C]. Proceedings-European Metallurgical Conference, EMC 2005, 1: 21 ~ 32.

[5] Mounsey E N, Li H, Floyd J W. The Design of the Ausmelt Technology Smelter at Zhong Tiao Shan's Houma Smelter, People's Republic of China [C]. 4th International Conference COPPER 99-COBRE 99, 1999, 5: 357 ~ 370 .

[6] 唐喜源，林荣跃. 澳斯麦特技术在华铜公司的应用实践[J]. 中国有色冶金，2005(4)：26 ~ 28.

[7] Ilkka V Kojo, Hannes Storch. Copper Production with Outokumpu Flash Smelting: An Update [C]. 2006 TMS Fall Extraction and Processing Division: Sohn International Symposium, 2006, 8: 225 ~ 238.

[8] Harris, Cameron. Bath Smelting in the Noranda Process Reactor and the EI Teniente Converter Compared[C]. 4th International Conference COPPER 99-COBRE 99, 1999, 5: 305 ~ 318.

[9] Zhang S, Lee W E. Use of Diagrams in Studies of Refractories Corrosion[J]. International Materials Reviews, 2000, 45(2): 41 ~ 59.

[10] 陈肇友. 含碳耐火材料在炼铜、炼镍转炉中使用效果不理想原因分析[J]. 耐火材料，1992，26(3)：177.

[11] 陈肇友. 炼铜炼镍转炉用耐火材料的选择与发展[J]. 耐火材料，1992，26(2)：108.

[12] 李勇. 高性能镁铬耐火材料的研制与应用研究[D]. 北京：北京科技大学，2002.

[13] 郭海珠，余森. 实用耐火原料手册[M]. 北京：冶金工业出版社，2000.

[14] 于仁红. 铜转炉介质对镁铬耐火材料侵蚀机理的研究[D]. 西安：西安建筑科技大学，2002.

[15] 洛阳耐火材料厂，白银有色金属公司，等. 白银炉优化配置用耐火材料的研制与生产(鉴定资料)，1996. 12.

[16] 李勇，刘慎生，李楚平，等. 重有色金属冶炼转炉炉龄的研究. 中钢集团洛阳耐火材料有限公司内部资料.

[17] 洛阳耐火材料厂，洛阳耐火材料研究所，等. 熔铸镁铬耐火材料的开发（鉴定资料）. 1996. 12.

[18] Routshka G. 有色金属工业用耐火材料//有色金属冶炼用耐火材料. 北京：冶金工业出版社，1984.

[19] 陈开献. 铜转炉用镁铬耐火材料的损毁机理与优化配置的研究[D]. 北京：北京科技大学，2002.

[20] R Mcpherson. Magnesuim Sulfate Formation in the Basic Linings of Copper Smelting Furnaces [J]. Ame. Ceram. Soc. Bulli. , 1969: 791 ~ 793.

[21] 李欣峰. 炼铜闪速炉熔炼过程的数值分析与优化[D]. 长沙：中南大学，2001.
[22] 比士瓦士 A K，达文波特 W G. 铜提取冶金[M]. 北京：冶金工业出版社，1980.
[23] 德国钢铁工程师协会. 渣图集[M]. 王俭，彭愉强，毛裕文，译. 北京：冶金工业出版社，1989.
[24] 李波. 固定式连续吹炼炉炉衬寿命的研究和操作优化策略[D]. 长沙：中南大学，1998.
[25] H Barthel. 铜熔炼炉中镁铬砖的蚀损//有色金属冶炼用耐火材料. 北京：冶金工业出版社，1984.
[26] Suhas V Patankar. Numerical Heat Transfer and Fluid Flow[M]. USA：Taylor & France Publishers，1980.
[27] Nicholas J Themelis. Transport and Chemical Rate Phenomena[M]. USA：Gordon and Breach Science Publisher SA，1995.
[28] 陶文铨. 数值传热学[M]. 北京：科学出版社，2000.
[29] 梅炽. 冶金传递过程原理[M]. 长沙：中南大学出版社，1987.
[30] 查金荣，陈家镛. 传递过程原理与应用[M]. 北京：冶金工业出版社，1997.
[31] 李庆扬，王能超. 数值分析[M]. 武汉：华中科技大学出版社，1986.
[32] R Sridhar. Thermodynamic Consideration in Copper Pyrometallurgy[J]. JOM，1997(4)：48 ~ 52.
[33] 钱滨江，伍贻文. 简明传热手册[M]. 北京：高等教育出版社，1984.
[34] 姚俊峰. 卧式转炉炉衬温度场的数值模拟[J]. 中国有色金属学报，2000(4)：546 ~ 550.
[35] 陈肇友. 澳斯麦特铜熔炼炉用耐火材料与保护层形成问题[J]. 中国有色冶金，2005(1)：27，28，44.
[36] 陈春林. 铜转炉铜锍吹炼过程热力学与动力学相关基础研究[D]. 北京：北京科技大学，1999.
[37] 梅秉良. 铜陵二冶转炉改造卓有成效[J]. 有色冶金设计与研究，1996，3：47.
[38] 陈美深. 铜陵冶炼转炉炉龄创全国最高水平[J]. 有色冶炼，1996，1：1 ~ 5.
[39] Ip S W，Toguri J M. Surface and Interfacial Tension of the Ni-Fe-S，Ni-Cu-S and Fayalite Slag Systems [J]. Metallurgical Transactions B.，1993，24(4)：657 ~ 668.
[40] 陈肇友. Cr_2O_3 在耐火材料中的行为[J]. 耐火材料，1990，24(2)：37 ~ 44.
[41] 王诚训. 镁铬铝系耐火材料[M]. 北京：冶金工业出版社，1995.

火材料配置示意图

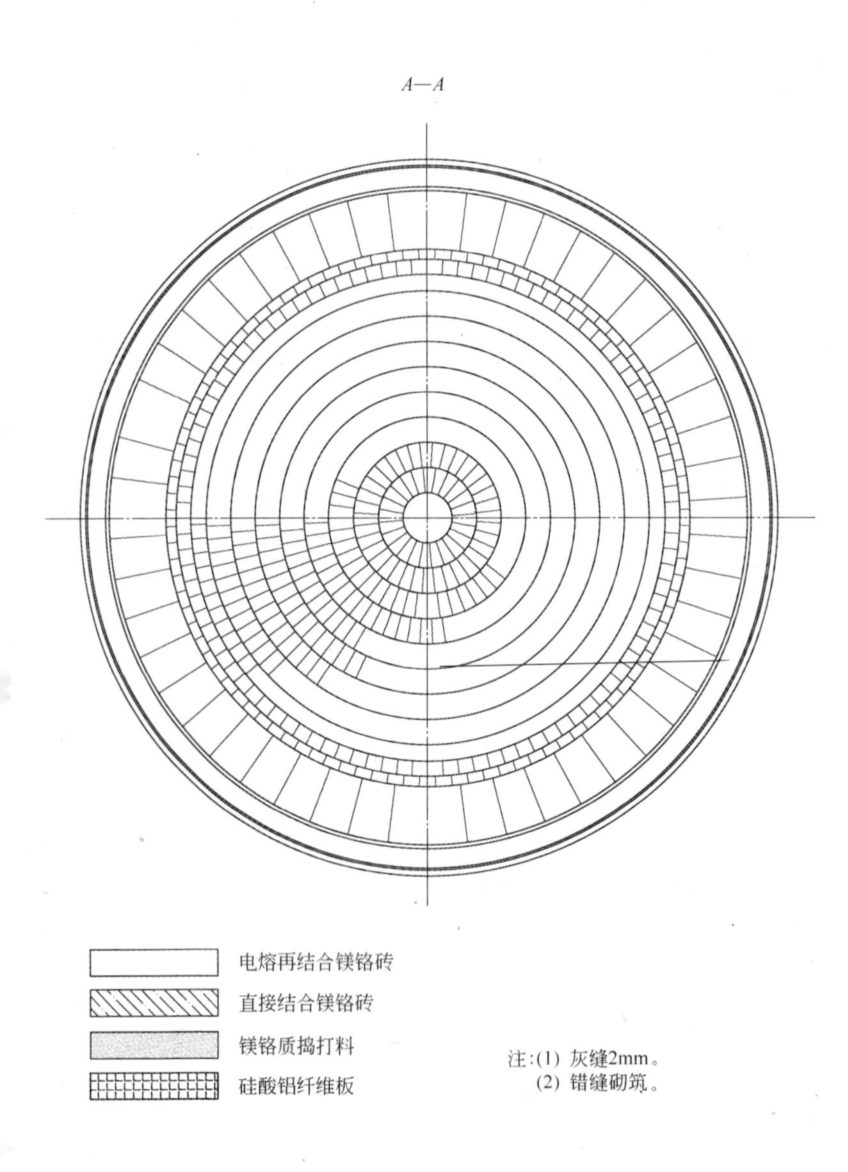

材料配置示意图

附录　铜冶金炉用耐火

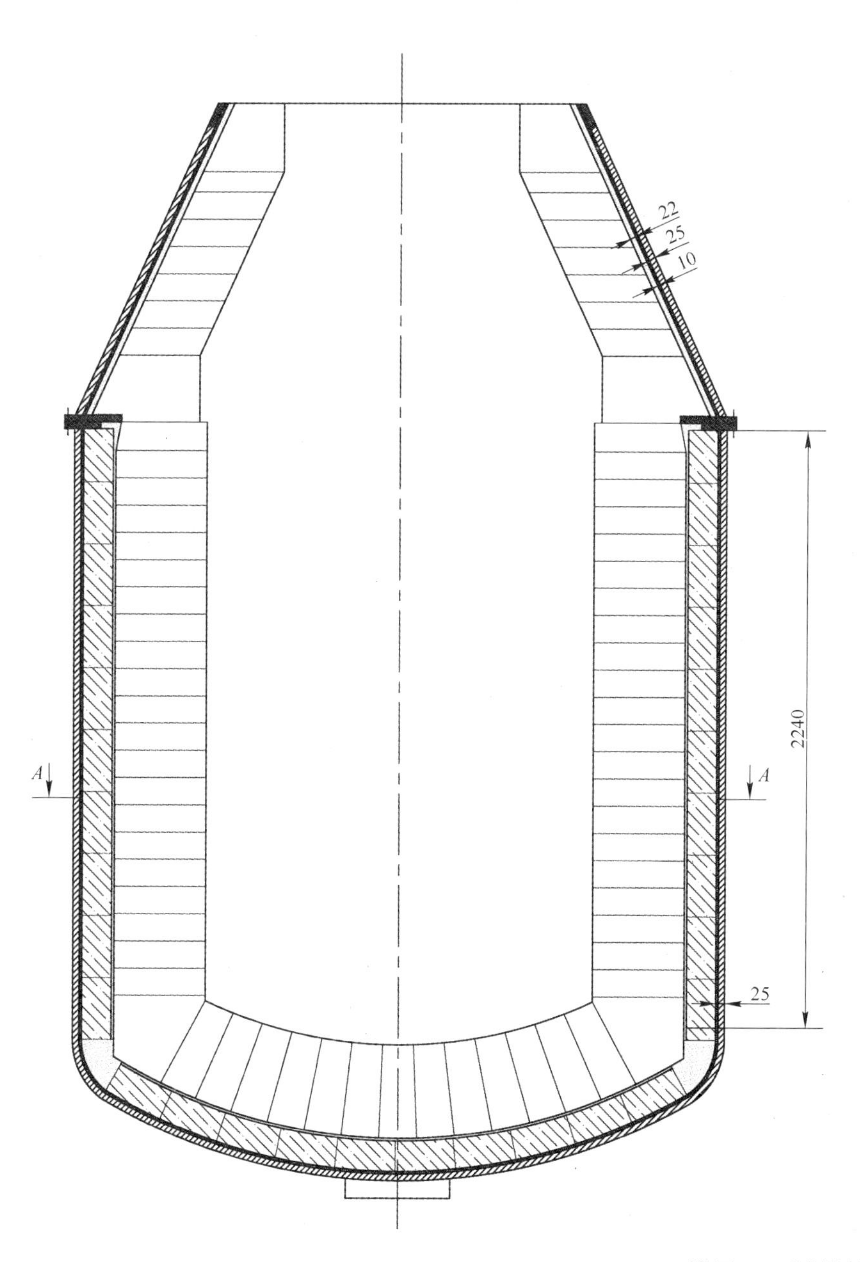

附图1　顶吹转炉用耐火材

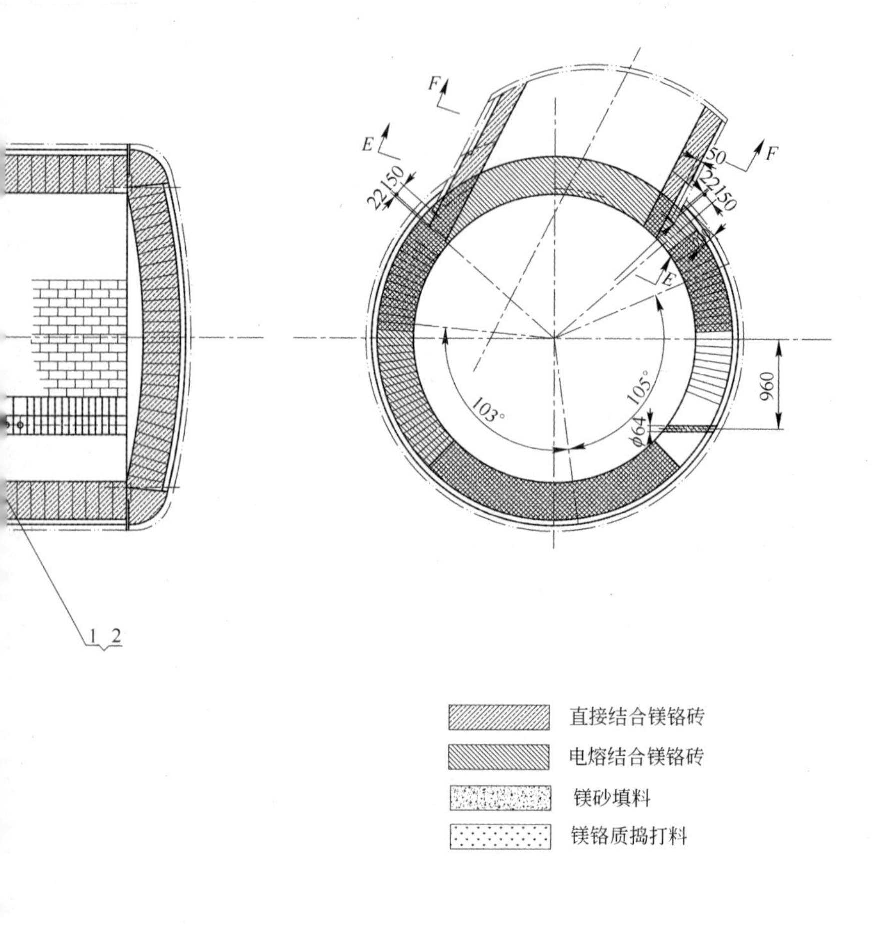

注：(1) 炉口的砖要错砌，要保证炉口的砖与筒体相交处的砖的加工质量与砌筑质量。

(2) 采用湿砌，砖缝控制1.0～1.5mm，采用干砌，砖缝控制0.5～1.0mm。

(3) 筒体圆周方向的砖要采用错砌，各环砖缝要错开，最后加1块砖打紧。

(4) 圆筒部分的镁砂填料要边砌边加填料塞进。

(5) 砌筑时需要加工砖找平，加工砖的砖厚不应小于砖厚度的2/3，必要时加工2块砖解决。

(6) 筒体长度D－3型砖每隔2块砖插入1块3mm的纸板，其他砖型每隔3块插入1块3mm厚的纸板。

(7) 筒体圆周方向每隔8块砖插入1块2mm厚的纸板。

(8) 端墙水平方向每隔3块砖放1块3mm纸板，上下每隔4块砖放1块3mm纸板。

(9) 图中未说明部分按GBJ11－87“工业炉砌筑工程施工及验收规范”处理。

┤配置示意图

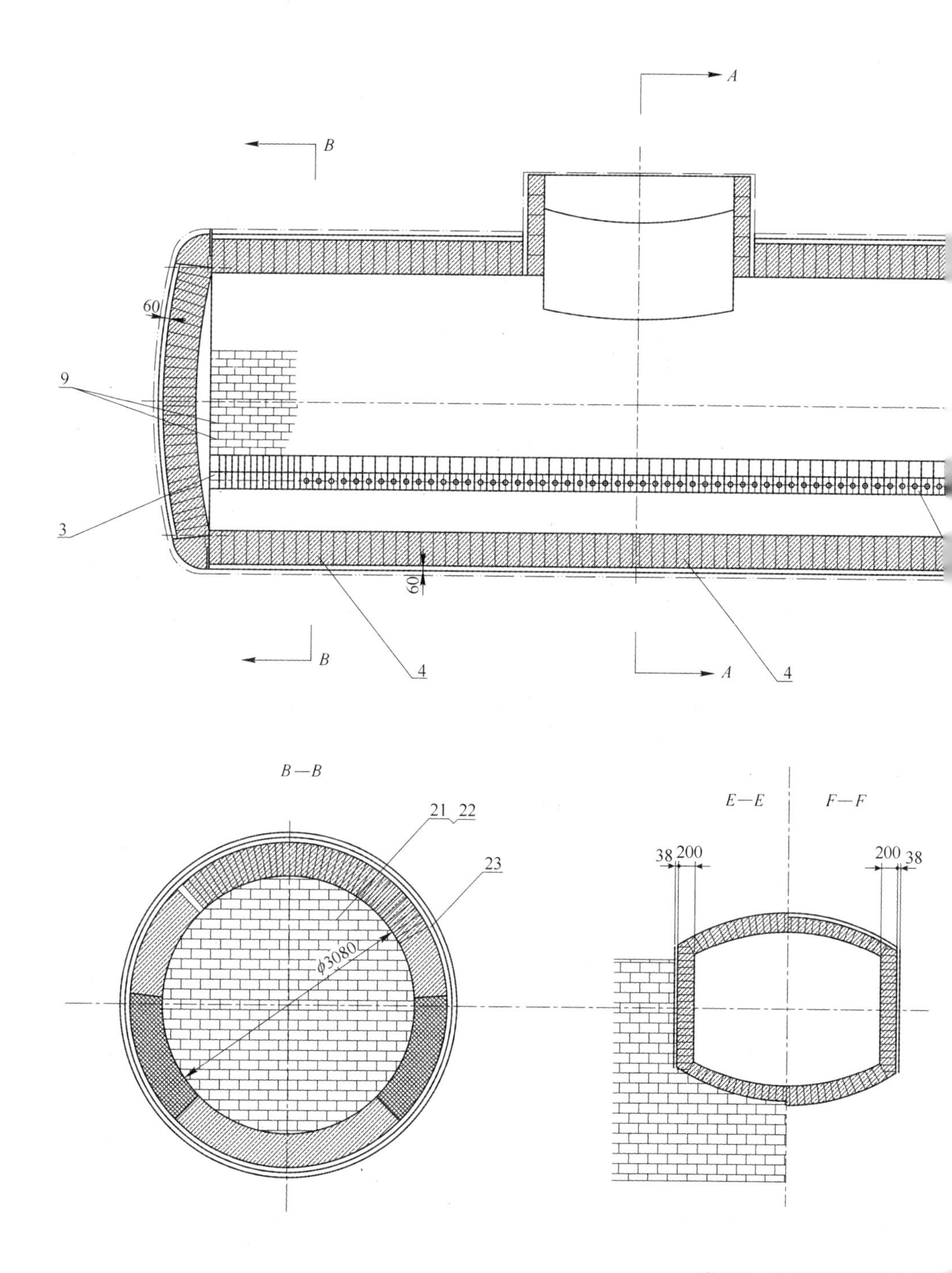

附图 2　P-S 转炉用耐火材料

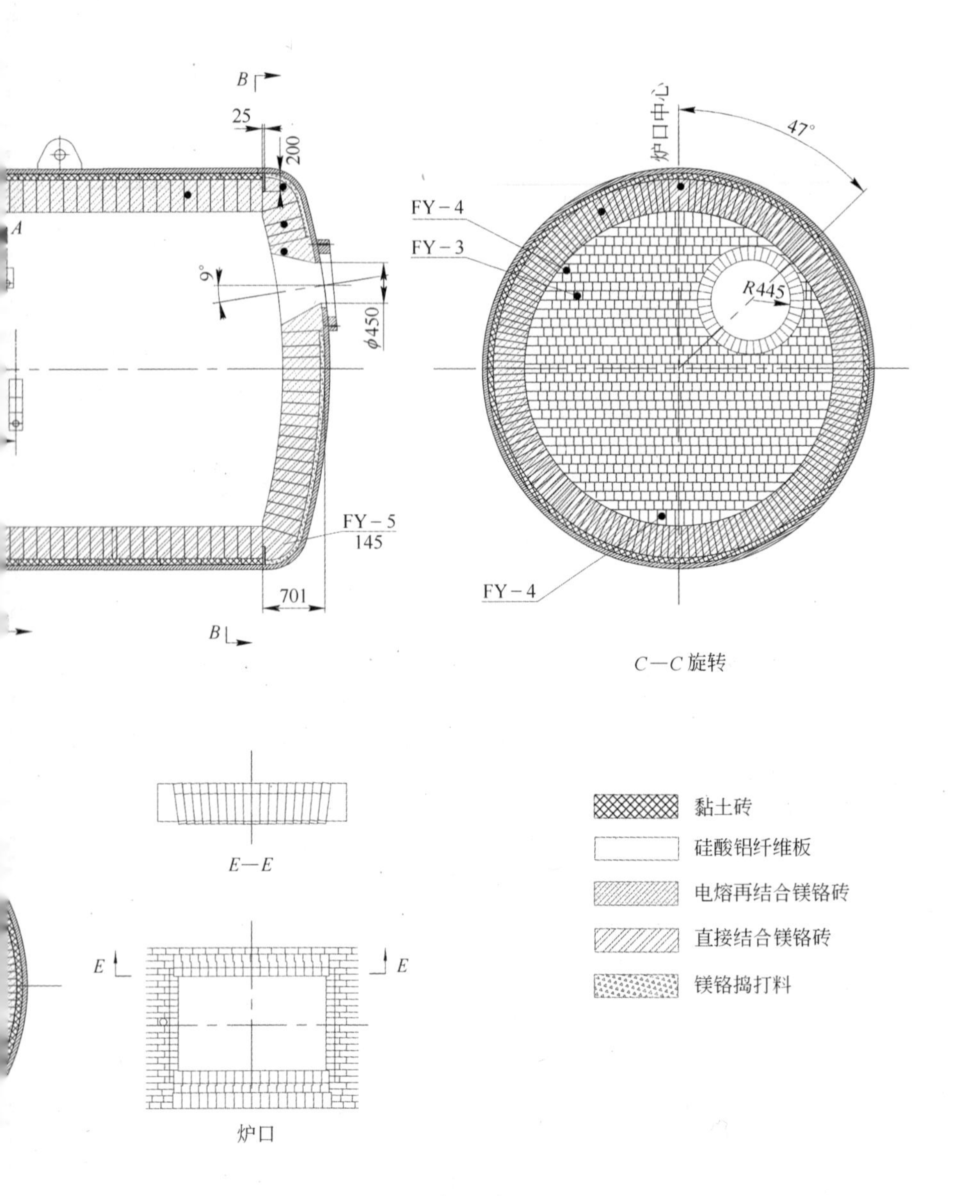

注：(1) 未特别标注灰缝尺寸的部位，砖与砖灰缝为≤2mm。

(2) 在砌筑时，应根据现场需要加工砖型。

(3) 层与层之间灰缝应错开位置，不应形成通缝。

(4) 在砌筑时，膨胀缝预留间隙长度方向每隔2块加入2mm的纸板，圆周方向每隔6块加2mm的纸板。

(5) 端墙水平每3层加3mm的纸板，竖向每隔3块加1块2mm纸板。

FY－6A
FY－12
FY－12A
FY－10
FY－11
FY－12
FY－6A

料配置示意图

D—D
A

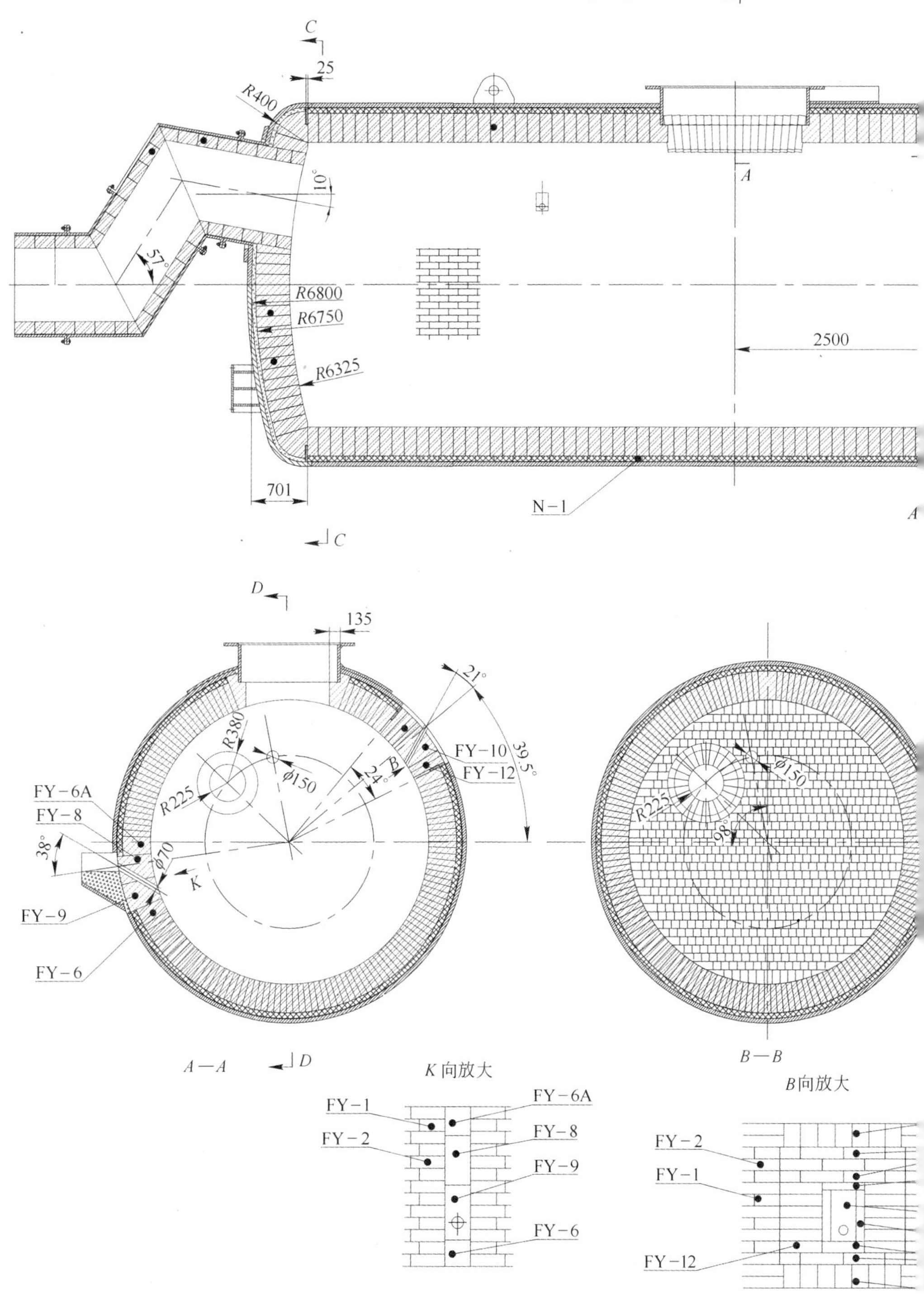

C
25
R400
10°
A
57°
R6800
R6750
R6325
2500
701
N－1
A
C
D
135
21°
R380
FY－10
FY－12
39.5°
φ150
24°
B
FY－6A
R225
FY－8
38°
φ70
K
FY－9
FY－6
φ150
R225
98°
A—A
D
B—B
K向放大
FY－1
FY－6A
FY－2
FY－8
FY－9
FY－6
B向放大
FY－2
FY－1
FY－12

附图3　阳极炉用耐火材

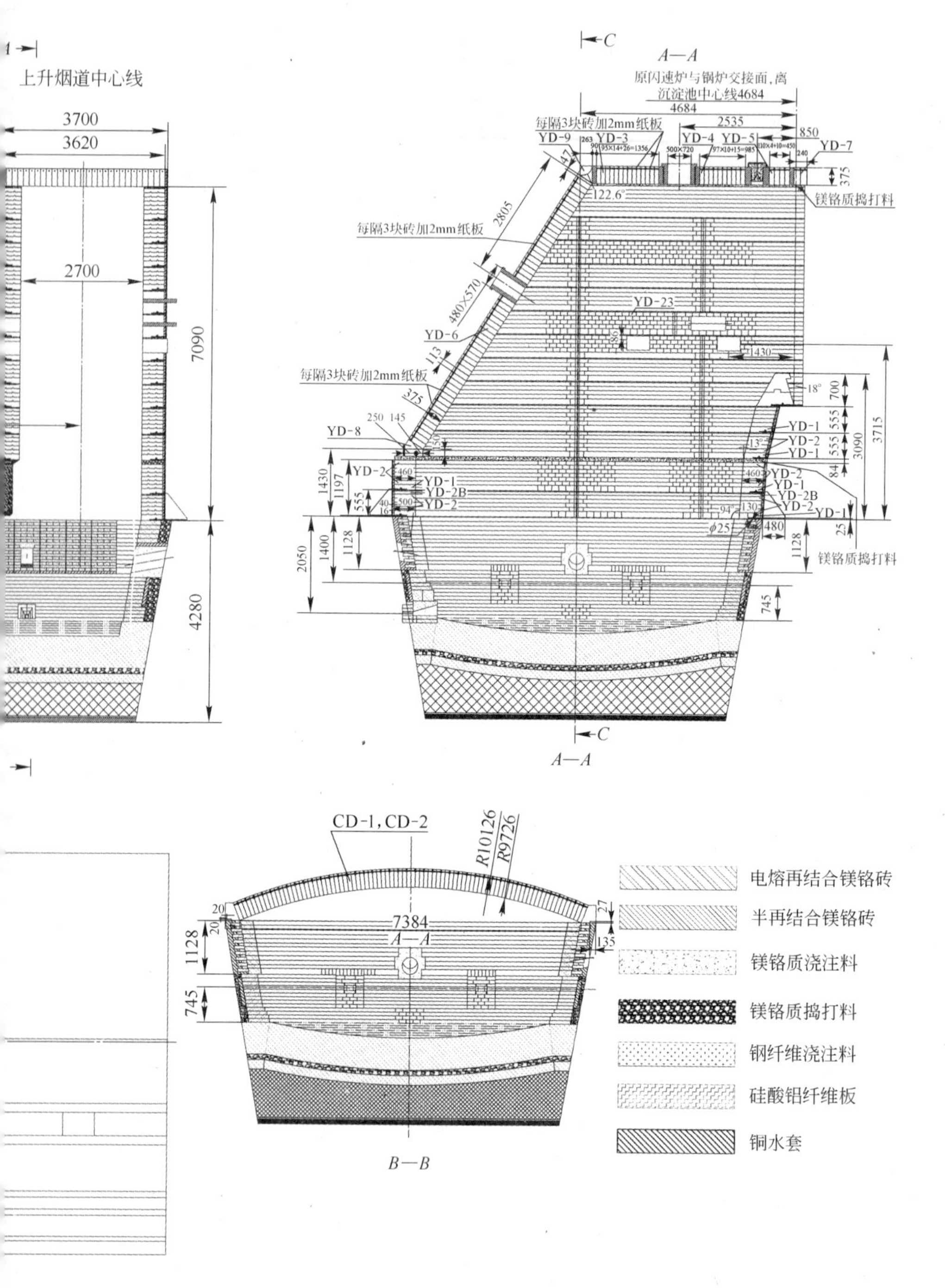
上升烟道中心线
3700
3620
2700
7090
4280
A—A
原闪速炉与锅炉交接面，离
沉淀池中心线4684
4684
2535
850
每隔3块砖加2mm纸板
YD-9
YD-3
YD-4
YD-5
YD-7
375
122.6°
镁铬质捣打料
2805
480×570
YD-6
YD-23
1430
113
375
18°
700
555
555
84
3090
3715
YD-8
250
145
YD-1
YD-2
YD-2B
460
500
1430
1197
555
130
94°
φ25
480
25
1128
2050
1400
745
CD-1，CD-2
R10126
R9726
7384
20
27
135
B—B
电熔再结合镁铬砖
半再结合镁铬砖
镁铬质浇注料
镁铬质捣打料
钢纤维浇注料
硅酸铝纤维板
铜水套

料配置示意图

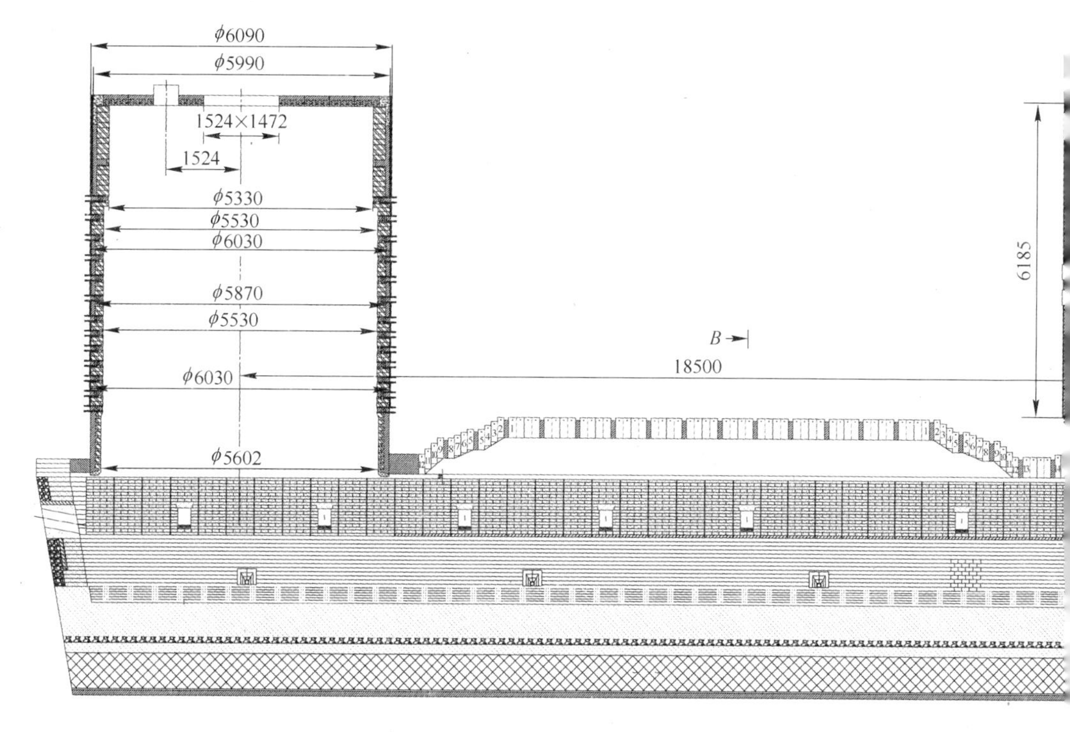

C－C

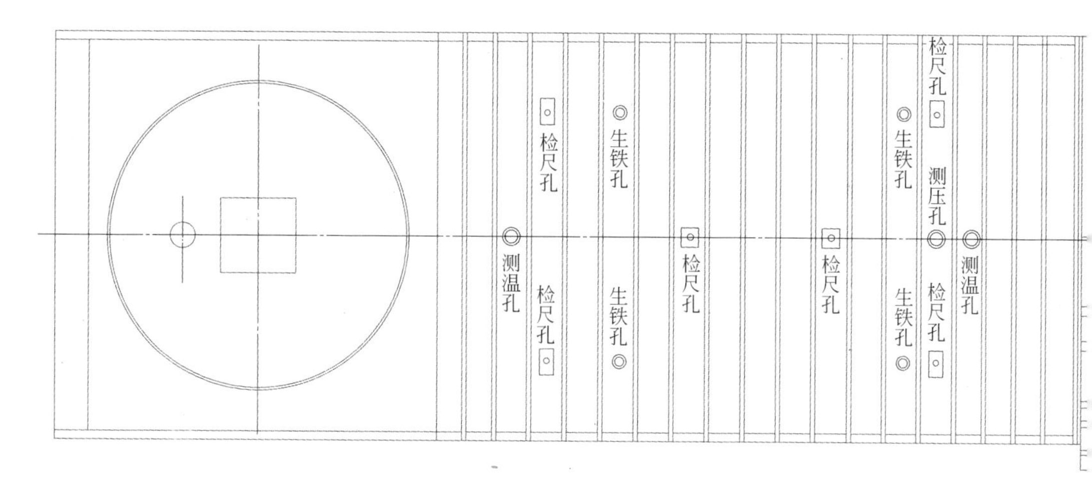

附图4　闪速炉用耐火材

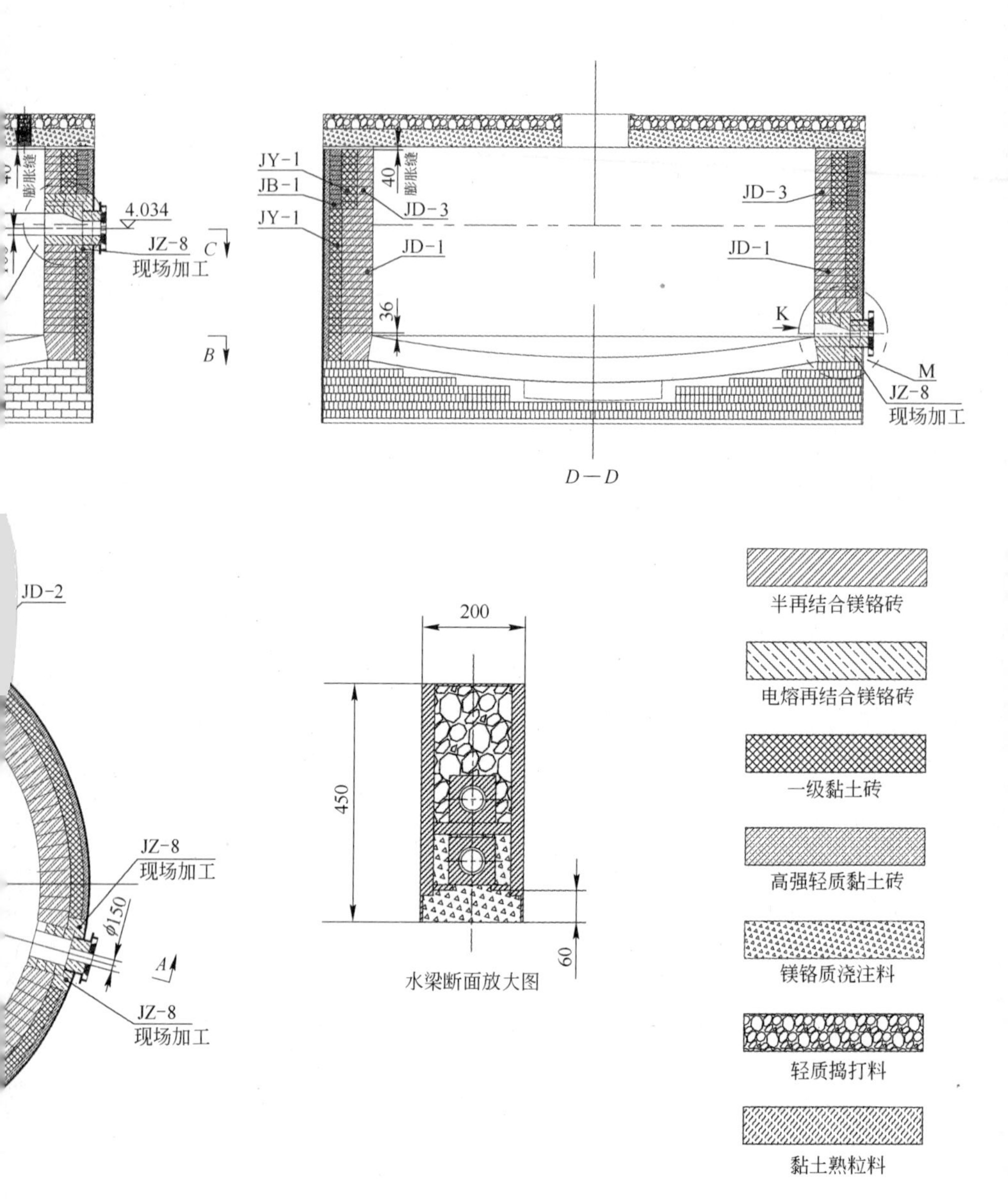

注：(1) 全部采用湿砌，砖与砖灰缝为≤2mm。

(2) 在砌筑时，应根据现场需要加工砖型。

(3) 层与层之间灰缝应错开位置，不应形成通缝。

(4) 膨胀缝预留：水平缝不加膨胀纸板，上部预留集中膨胀缝。工作层竖直缝每隔2块加入2mm的纸板，次工作层黏土砖竖缝每隔3块加一层2mm纸板。

(5) 炉顶砌筑图见设计院CNE40039FU3.0。

材料配置示意图

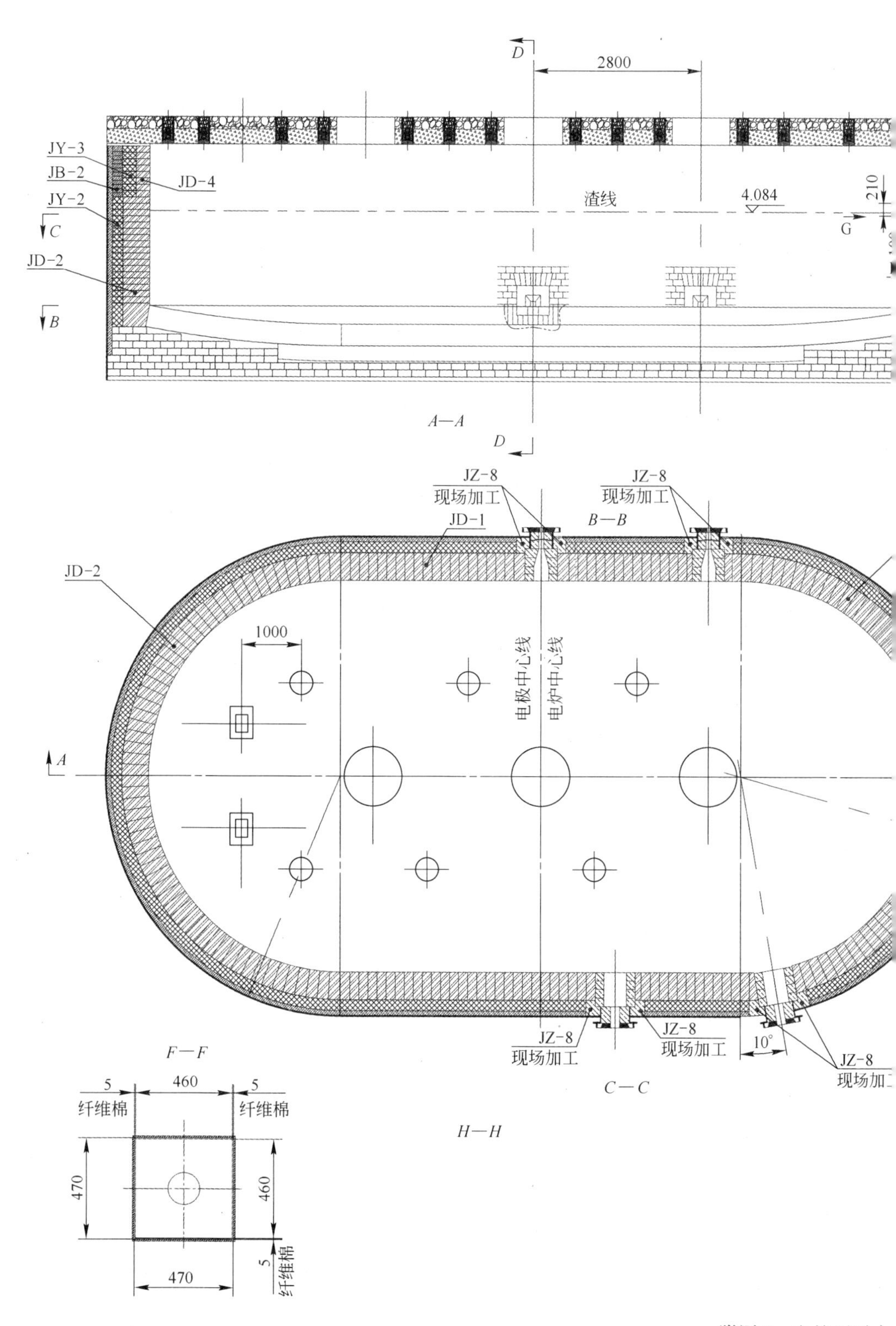
D
2800
JY-3
JB-2
JD-4
JY-2
渣线
4.084
210
C
G
JD-2
B
A—A
D
JZ-8
现场加工
JZ-8
现场加工
JD-1
B—B
JD-2
1000
电极中心线
电炉中心线
A
JZ-8
现场加工
JZ-8
现场加工
10°
JZ-8
C—C
F—F
5
460
5
纤维棉
纤维棉
470
460
5
纤维棉
470
H—H

附图5　电炉用耐火

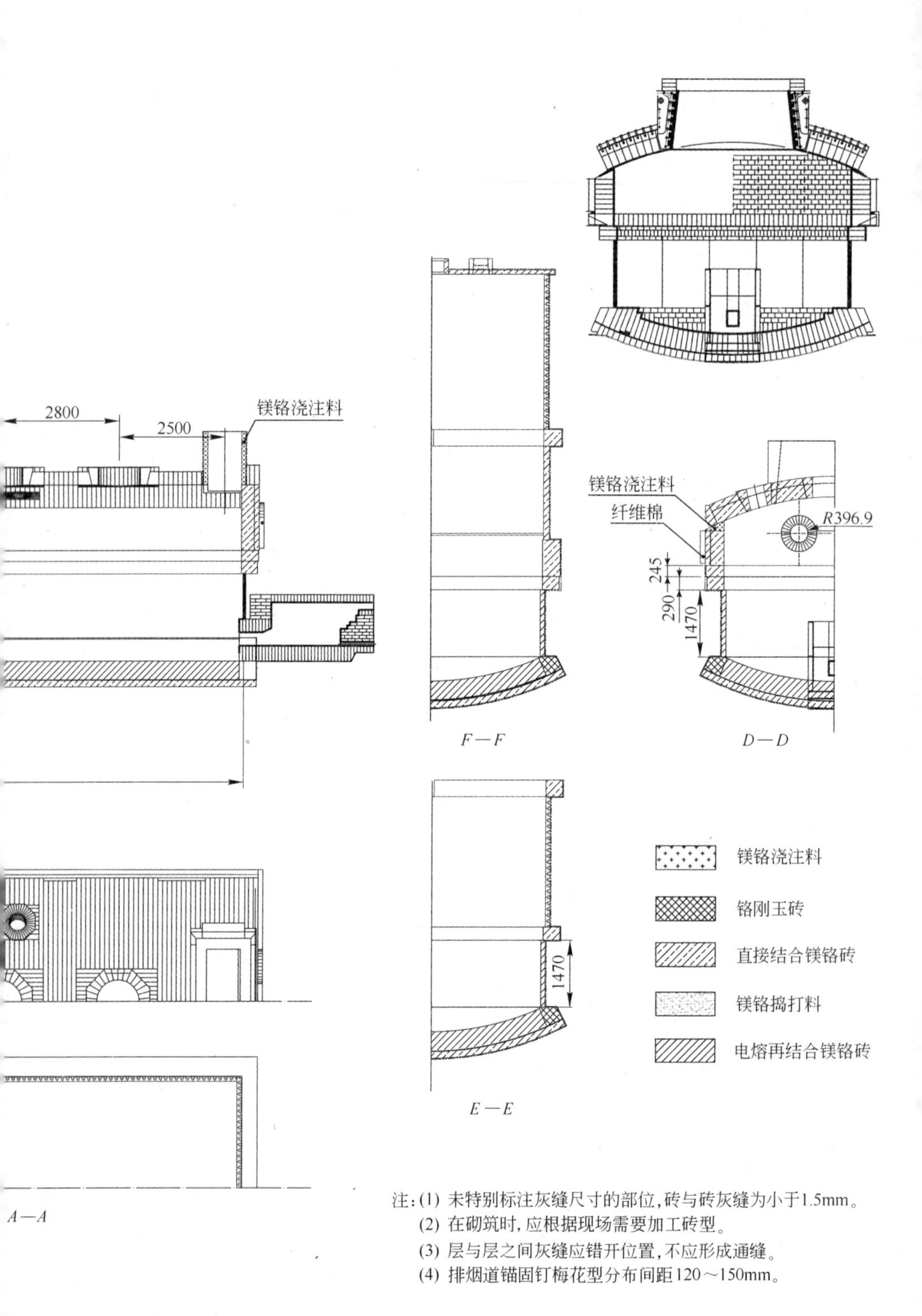

注：(1) 未特别标注灰缝尺寸的部位，砖与砖灰缝为小于1.5mm。
(2) 在砌筑时，应根据现场需要加工砖型。
(3) 层与层之间灰缝应错开位置，不应形成通缝。
(4) 排烟道锚固钉梅花型分布间距120～150mm。

耐火材料配置示意图

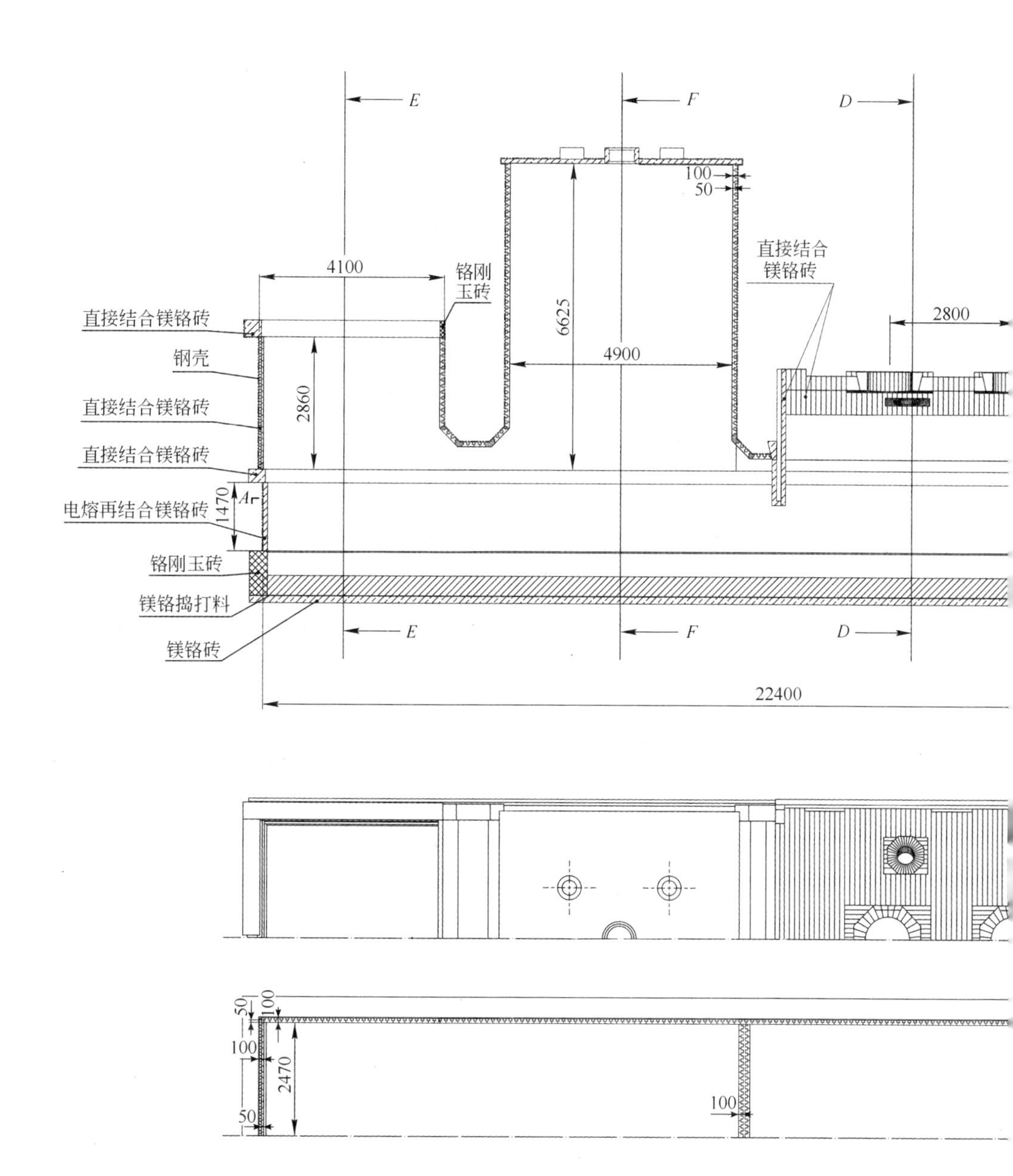
E
F
D
100
50
4100
铬刚
玉砖
直接结合
镁铬砖
直接结合镁铬砖
钢壳
6625
4900
2800
2860
直接结合镁铬砖
直接结合镁铬砖
1470
A
电熔再结合镁铬砖
铬刚玉砖
镁铬捣打料
镁铬砖
E
F
D
22400
50
100
100
2470
100
50

附图6　基夫塞特炉用

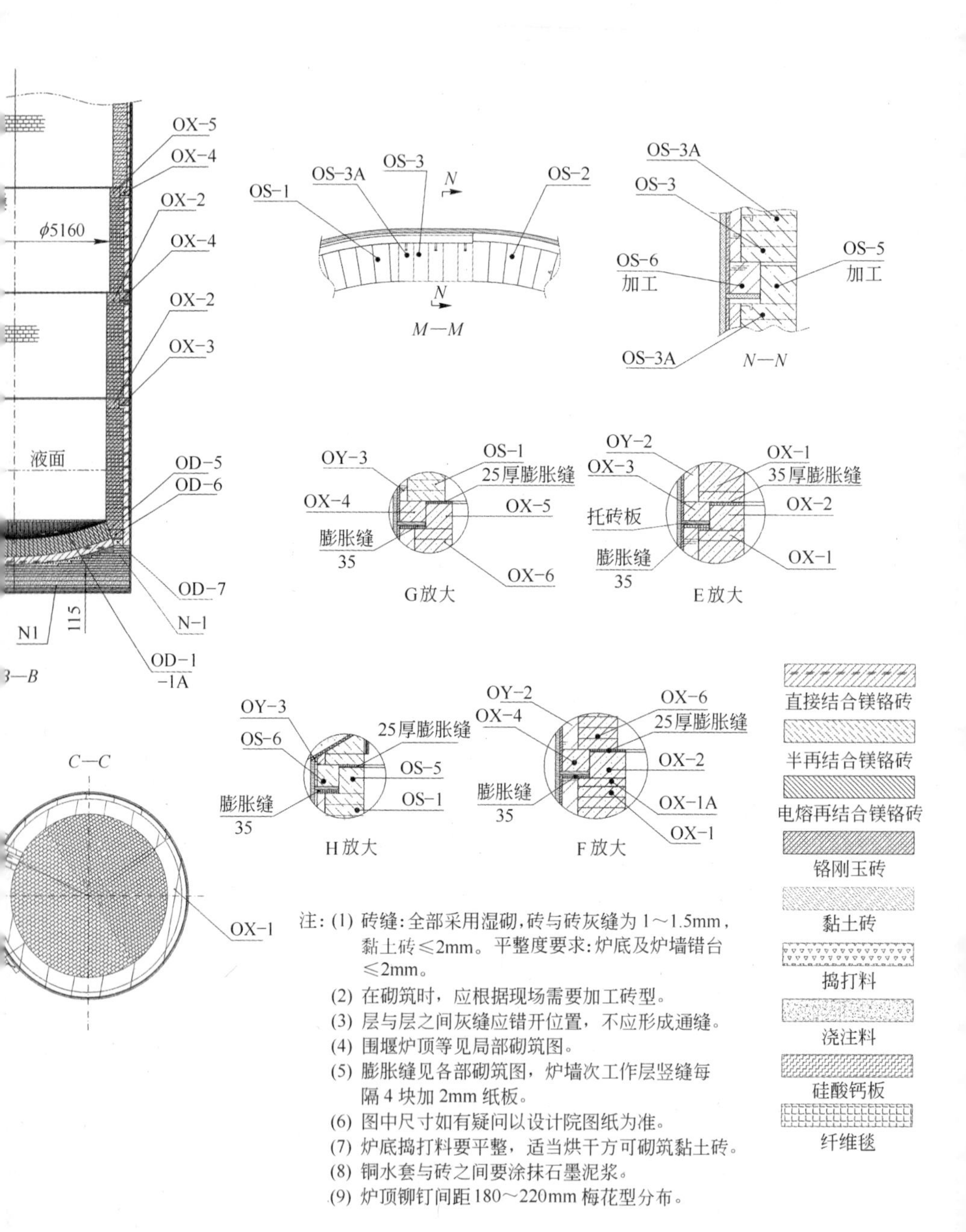

注：(1) 砖缝：全部采用湿砌，砖与砖灰缝为1～1.5mm，黏土砖≤2mm。平整度要求：炉底及炉墙错台≤2mm。

(2) 在砌筑时，应根据现场需要加工砖型。

(3) 层与层之间灰缝应错开位置，不应形成通缝。

(4) 围堰炉顶等见局部砌筑图。

(5) 膨胀缝见各部砌筑图，炉墙次工作层竖缝每隔4块加2mm纸板。

(6) 图中尺寸如有疑问以设计院图纸为准。

(7) 炉底捣打料要平整，适当烘干方可砌筑黏土砖。

(8) 铜水套与砖之间要涂抹石墨泥浆。

(9) 炉顶铆钉间距180～220mm梅花型分布。

耐火材料配置示意图

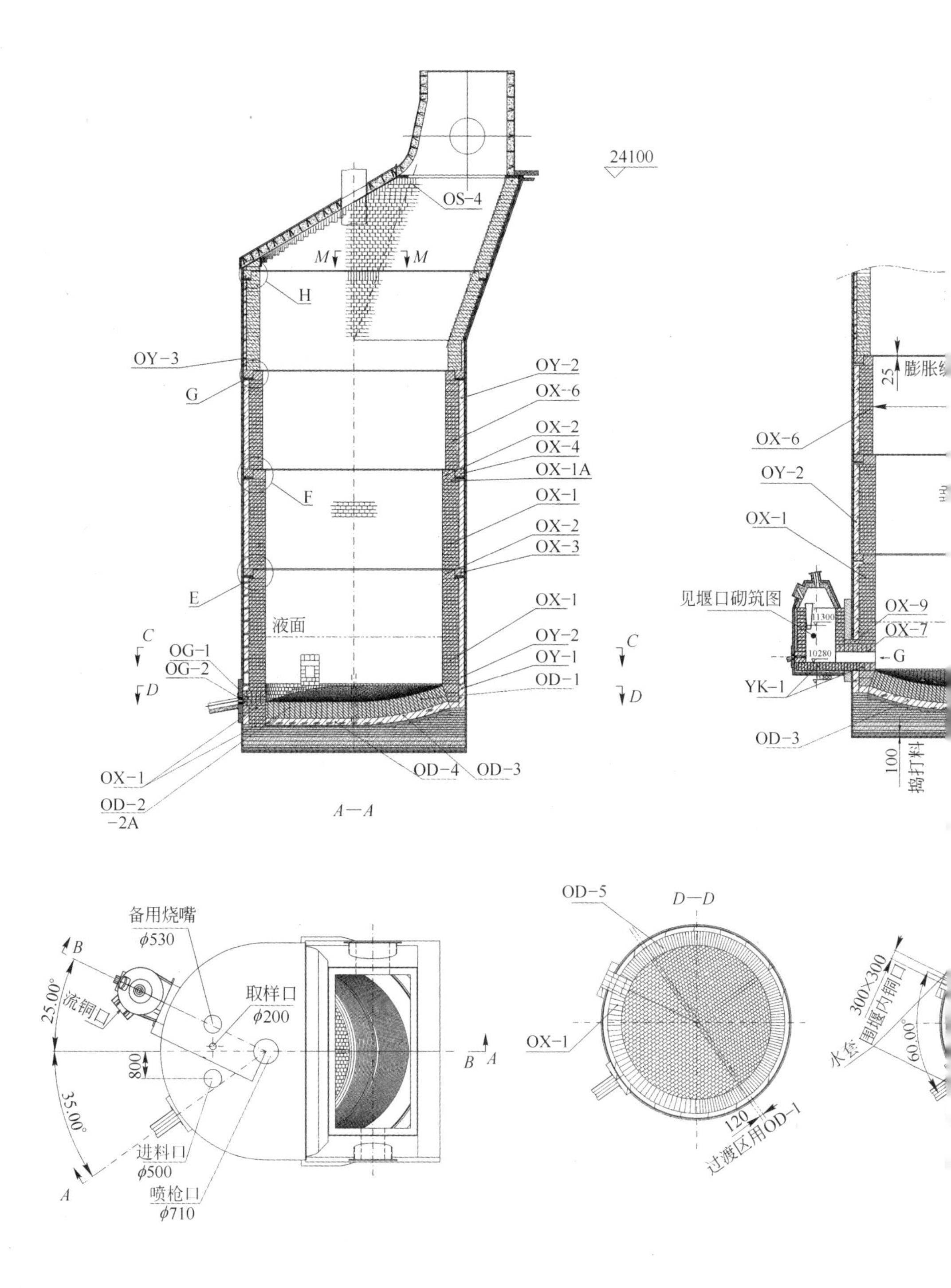
24100
OS-4
M
M
H
OY-3
G
OY-2
OX-6
OX-2
OX-4
OX-1A
F
OX-1
OX-2
OX-3
E
OX-1
液面
OY-2
C
OG-1
OG-2
OY-1
D
OD-1
OX-1
OD-4
OD-3
OD-2
-2A
A—A
25
膨胀
OX-6
OY-2
OX-1
见堰口砌筑图
11300
10280
OX-9
OX-7
G
YK-1
OD-3
100
捣打料
备用烧嘴
ϕ530
B
25.00°
流铜口
取样口
ϕ200
800
B
A
35.00°
进料口
ϕ500
A
喷枪口
ϕ710
OD-5
D—D
OX-1
120
过渡区用OD-1
300×300
围堰内铜口
水套
60.00°

附图7　澳斯麦特炉

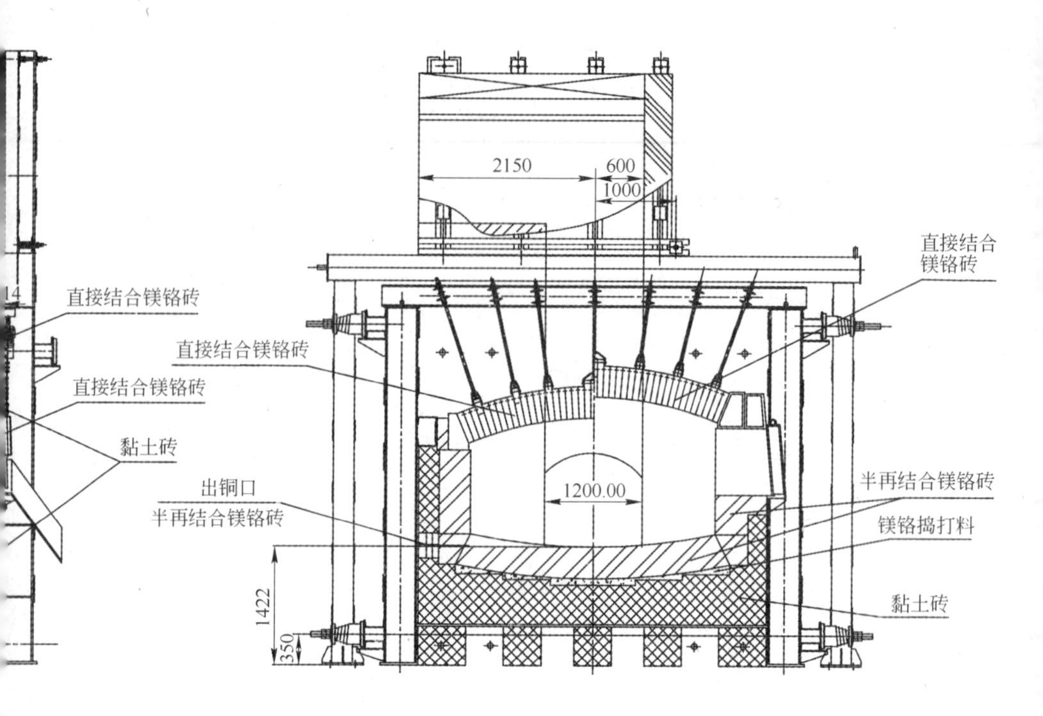
2150
600
1000
直接结合镁铬砖
直接结合镁铬砖
直接结合镁铬砖
直接结合镁铬砖
黏土砖
出铜口
半再结合镁铬砖
1200.00
半再结合镁铬砖
镁铬捣打料
黏土砖
1422
350

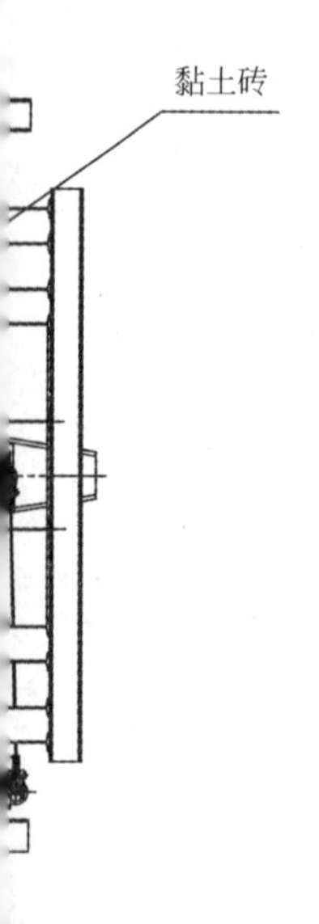
黏土砖

火材料配置示意图

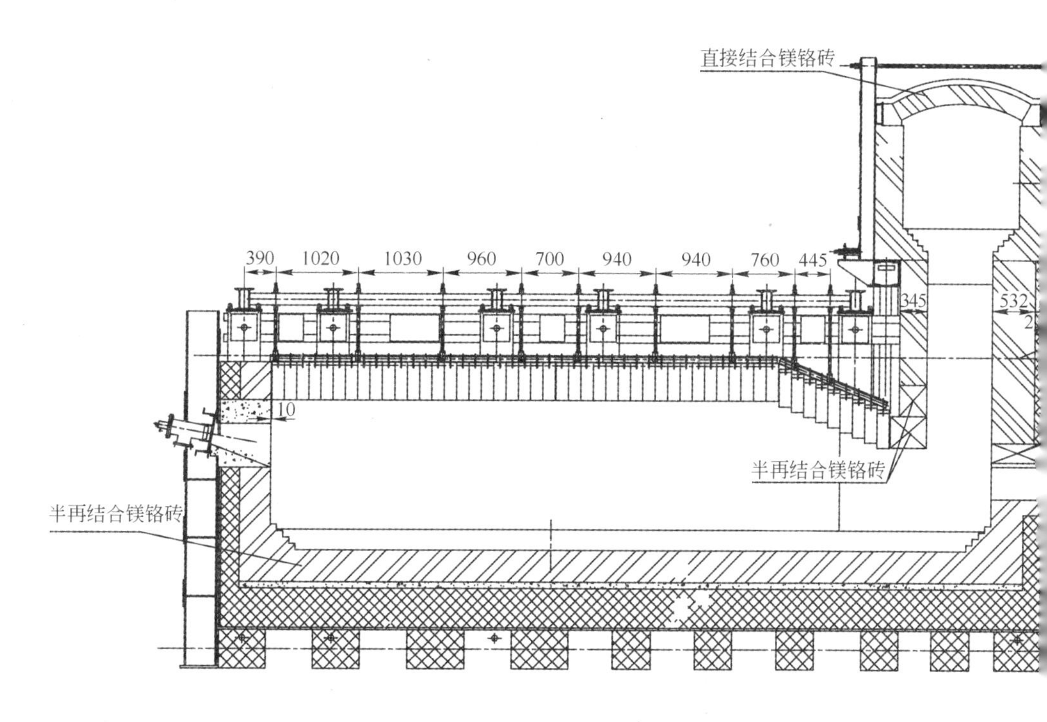
直接结合镁铬砖
390
1020
1030
960
700
940
940
760
445
345
532
10
半再结合镁铬砖
半再结合镁铬砖

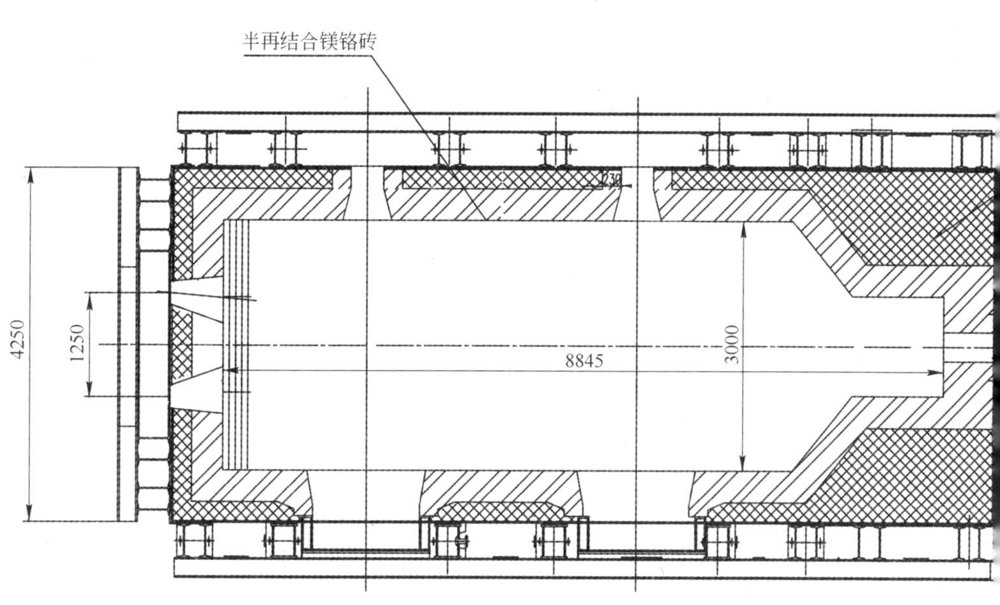
半再结合镁铬砖
4250
1250
8845
3000

附图 8　反射炉用耐

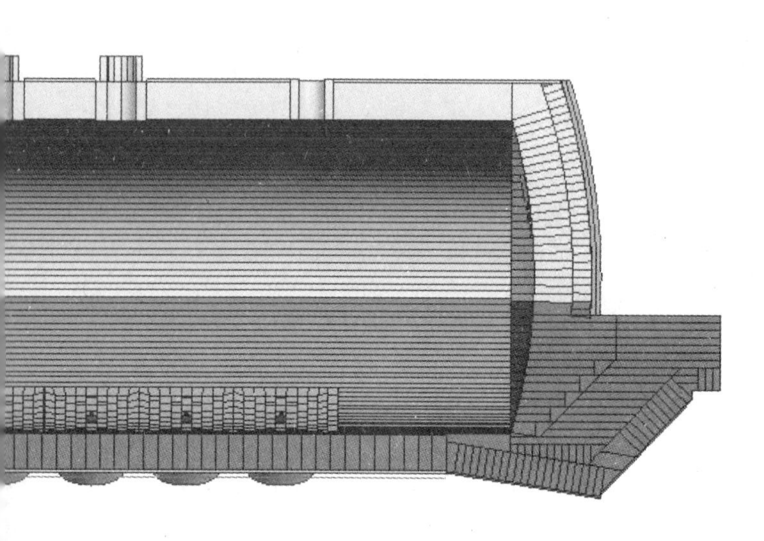

材料配置示意图

量为 16%，18%）；

含量为 20%）；

量为 26%）

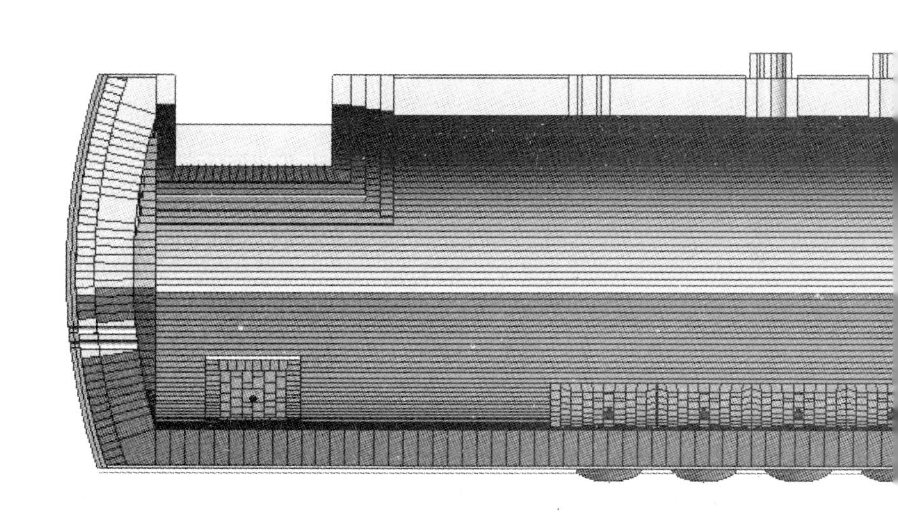

附图9　富氧底吹炉用耐火

推荐配置：渣线上部：直接结合镁铬砖（Cr_2O_3 含

渣线下部：电熔再结合镁铬砖（Cr_2O_3

风眼区：电熔再结合镁铬砖（Cr_2O_3 含